高等职业教育"十四五"系列教材

机电类专业

项目式电工技术教程

（第二版）

主　编　王子剑　任清海　王艳波

扫码加入学习圈
轻松解决重难点

南京大学出版社

内容简介

本教材从高职教育的培养目标出发,采用项目导向、模块组合、任务驱动的模式取舍和组织内容,使教材内容更贴近岗位技能的需求。本书内容主要包括四大部分:电路(直流电路、交流电路、瞬态电路)、磁路(电磁铁、变压器、电动机)、控制(继电-接触器控制、可编程控制器控制)、安全用电与电工测量,共11个项目。每个项目由三个模块(学习模块、技能模块、拓展模块)组成,每个模块含有若干个任务,各个任务目标明确、内容具体、操作性强,易于实现。为了便于学习,项目之首都有知识目标和技能目标,项目之尾配有内容小结和项目习题。

本书力求突出应用性和针对性,降低理论深度,减少推导计算。知识讲解,力求通俗易懂;内容取舍,力求够用为度;实践操作,力求培养能力。通篇内容,语言流畅,可读性强。

本书可作为高职高专工科电类专业的教材,也可供电大、成教相关专业选用及工程技术人员参考。

图书在版编目(CIP)数据

项目式电工技术教程 / 王子剑,任清海,王艳波主编. —2版. —南京:南京大学出版社,2022.7
ISBN 978-7-305-24679-1

Ⅰ.①项… Ⅱ.①王… ②任… ③王…
Ⅲ.①电工技术-高等职业教育-教材 Ⅳ.①TM

中国版本图书馆 CIP 数据核字(2021)第 130668 号

出版发行　南京大学出版社
社　　址　南京市汉口路 22 号　　　邮　　编　210093
出 版 人　金鑫荣
书　　名　项目式电工技术教程
主　　编　王子剑　任清海　王艳波
责任编辑　吴　华　　　　　　编辑热线　025-83596997
照　　排　南京开卷文化传媒有限公司
印　　刷　南京百花彩色印刷广告制作有限责任公司
开　　本　787×1092　1/16　印张 15.75　字数 383 千
版　　次　2022 年 7 月第 2 版　2022 年 7 月第 1 次印刷
ISBN 978-7-305-24679-1
定　　价　39.80 元

网　　址:http://www.njupco.com
官方微博:http://weibo.com/njupco
微信服务号:njuyuexue
销售咨询热线:(025)83594756

扫码可免费
获得教学资源

前　言

电工技术应用广泛,是高职高专电类各专业重要的技术基础课,其任务是使学生具备从事电类专业职业工种必需的电工技术的基本知识、基本方法和基本技能,并为学习后续课程、提高全面素质、形成综合职业能力打下基础。电工技术理论强、技术高,传统教材强调知识的系统性和完备性,枯燥的"全而深"的理论不符合高职教育的特点,不适合高职学生的情况,因此必须对高职高专教材进行改革。

本教材是根据高职高专培养人才的特点及目标,以新的教学理念和教学模式对传统电工技术知识体系进行了合理取舍和优化重组后编写而成的。它是编者们多年从事高职高专教育教学的经验积累和别人成功经验的借鉴,体现了编者们对高职教育的认识和理解。本教材以就业为导向,以应用为目的,以基础知识、基本技能为引导,采用项目导向、模块组合、任务驱动的模式,将"教、学、做"有机地融为一体,强化了对学生兴趣和能力的培养。

本教材具有以下特点。

(1) 以项目组织内容。教材内容主要包括四大部分:电路(直流电路、交流电路、瞬态电路)、磁路(变压器、电动机)、控制(继电-接触器控制、可编程控制器控制)、安全用电与电工测量。四部分内容由 11 个项目组成。每个项目分为三个模块(学习模块、技能模块、拓展模块),每个模块含有若干个任务,各个任务目标明确、内容具体、操作性强,易于实现。为了便于学习,项目之首都有知识目标和技能目标,项目之尾配有内容小结和项目习题。项目中的三个模块,三位一体,相辅相成。学习模块体现了学生学习知识的系统性;技能模块使理论与实践的结合更加紧密;拓展模块开阔了视野,增强了学生的自学能力和获取新知识的欲望。

(2) 以任务突破难点。项目比较大,包含许多知识点,学起来有难度。把大项目细化为一个个具体的小任务时,可以使学生"跳一跳,够得着",易于成功,进而突破难点。同时带着任务去学习,会让学生有一种使命感和责任感,能提高学习的主动性和积极性,进而提高学习的兴趣和效果。

(3) 以实践掌握理论。电工技术理论性强,实践性强,仅学理论难以真正理解和掌握,只有通过大量的实验和实训才能更好地理解和掌握电工技术,形成一定的专业技能。因此在每个项目中都安排有技能性模块,让学生在"做中学,学中做",打破实验室与教室的界限,有条件可以把教室搬进实验室,尽可能在实验室上课,这样效果会更好。

(4) 表现形式,图文并茂。本书尽量采取以图代文、以表代文的形式,增强教材的直观性和生动性。

(5) 注重实用,可读性强。本书力求突出应用性和针对性,降低理论深度,减少推导计算。知识讲解,力求循序渐进,通俗易懂;内容取舍,力求够用为度;实践操作,力求培养能力。通篇内容,条理清晰,语言流畅,可读性强。

　　本教材由安阳职业技术学院王子剑、任清海、王艳波担任主编。项目一、项目二、项目三及前言、附录由王子剑编写,项目四、项目五、项目六、项目七由王艳波编写,项目八、项目九、项目十、项目十一由任清海编写。本书在编写过程中得到了领导、专家、出版社的大力支持和协助,在此表示感谢。

　　高质量的教材是培养高素质人才的保证,也是我们专业建设的一项重要内容,因为教材是知识的主要载体和教学的基本工具,直接关系到高职高专教育能否为社会培养并输送符合要求的高技能人才。由于电工技术的飞速发展,电工技术教材也应与时俱进、不断更新,以适应新的发展。鉴于编者水平有限,时间比较仓促,书中难免有不妥之处,恳请读者批评指正,提出宝贵意见,以便今后改进。

编者
2021 年 9 月

目　录

项目一 认识电路 —— 简单直流电路

知识目标

1. 了解电路的概念、作用、组成等基本概念;理解电路的基本物理量含义;理解参考方向的含义及其与实际方向的关系;了解电路的三种基本状态的特点。
2. 理解基本电路元件的特征和模型;掌握电路模型的概念和应用。
3. 掌握实际电源的两种电路模型及其等效变换方法。
4. 熟练掌握电路的串、并联特点及其相关计算。
5. 熟练掌握部分电路和闭合电路的欧姆定律计算。
6. 掌握简单电路的分析计算方法。

技能目标

1. 懂得电工实验的基本要求,掌握电工实验的基本程序。
2. 学会正确使用万用表。
3. 熟悉直流仪表、直流电源的使用方法。
4. 学会电路中电压、电流的测量方法及误差分析方法。

模块一 学习性任务

电路理论是电工技术的基础,学习电工技术要从电路开始。故我们先从电路的基本概念入手,来认识和学习电路的特点和规律。

1.1 任务一 电路的基本概念和主要物理量

1.1.1 电路的基本概念

一、电路的概念

所谓电路,简单地说就是电流流通的路径。在日常的生产、生活中广泛应用着各种各样的电路,它们都是根据某种需要将实际器件按一定方式连接起来,以形成电流的通路。如图 1-1-1 所示是常见的手电筒电路,它主要由电池、灯泡、开关和金属连片组成。将手电筒的开关接通时,金属片把电池和灯泡连接成通路,就有电流通过灯泡,使灯泡发光。

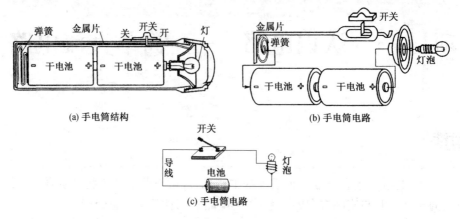

(a) 手电筒结构　　　　　　　　　　(b) 手电筒电路

(c) 手电筒电路

图 1-1-1　手电筒结构与电路

二、电路的作用

电路的种类很多,用途各异,但其基本作用可以概括为以下两大类。

(1) 实现电能的传输、分配和转换

有些电路主要是实现电能的传输、分配和转换的。如电厂的发电机把机械能、热能、原子能等非电形式的能量转换为电能,再通过变压器、输电线等送给用户,并通过白炽灯、电动机、电炉等负载把电能转换成光能、机械能、热能等其他形式的能量。这类电路称为电力电路或电工电路,对这类电路的主要要求是在传送和转换电能的过程中损耗的能量要少,效率要高。由于这类电路的功率一般较大,俗称强电电路,如图 1-1-2(a)所示。

(2) 实现信号的传递、存储和处理

还有些电路主要是实现信号的传递、存储和处理的,如通信系统中的电路。日常生活中手机、电话机、电脑、电视机的作用就是将接收到的信号经过处理,转换成声音或图像等,这类电路称为信号电路或电子电路。图 1-1-2(b)所示的电路中,话筒将语音信号转换为电信号,经放大器进行放大处理传递给扬声器,以驱动扬声器发音。信号电路中虽然也伴随着能量的传输和转换,但损耗和效率一般不是主要考虑的问题。对信号电路的主要要求是信号传递的质量,如不失真、抗干扰能力强等。由于这类电路的功率一般较小,俗称弱电电路。

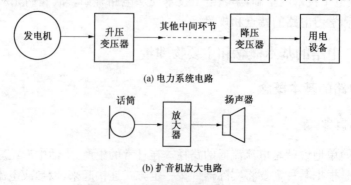

(a) 电力系统电路

(b) 扩音机放大电路

图 1-1-2　两种典型的电路示意图

三、电路的组成

实际电路的种类很多,但是不论电路的具体形式和复杂程度如何不同,每一个完整的电路都是由电源、负载、控制和保护装置、连接导线四个部分按照一定方式连接起来的闭合回路,如图 1-1-1(c)所示的手电筒照明电路。

(1) 电源

电源是产生电能或电信号的装置,如各种发电机、电池、传感器、稳压电源、信号源等。

电工电路中的电源是提供电能的设备,它将其他形式的能转换为电能。例如干电池将化学能转换为电能,发电机将机械能转换为电能等。电子电路中的信号源也是一种电源,但它与发电机和蓄电池等一般电源不同,其主要作用是产生电压信号和电流信号。各种非电的信息和参量(如语言、音乐、图像、温度、压力、位移、速度与流量等)均可通过相应的变换成为电信号,从而进行传递和转换。电路的这一作用广泛应用于电子技术、测量技术、无线电技术和自动控制技术等许多领域。

(2) 负载(用电器)

负载是取用电能的设备,它将电能转换为其他形式的能。例如白炽灯将电能转换为热能和光能,电动机将电能转换为机械能、热能,扬声器将电能转换为声能等。

(3) 控制和保护装置

控制和保护装置是用来控制电路的通断,保护电路安全工作的。如电路中的开关、熔断器等。

(4) 导线

导线是用来把电源、负载、开关等按照要求连接起来,组成电流路径(电路)的。

四、元件模型与电路模型

(1) 元件模型(理想电路元件)

各种实际电路都是由电阻器、电容器、线圈、半导体管、变压器等实际元件、器件或部件组成。通常,元件指成分简单的基本初级产品,如电阻、电容、电感、按键开关等。器件指较复杂的基本产品,如二极管、三极管、集成电路等。部件则指由元件、器件组成的结构更复杂的中间产品,如显卡、声卡、鼠标、变压器、电动机等。部件具备较复杂的功能,但是不能独立完成工作。为叙述方便,以下统称为元件。

实际电路元件在工作时往往同时发生着较为复杂的多种物理现象,譬如说一个实际的滑动电阻器有电流流过时还会产生磁场,因而还兼有电感的性质;一个实际电源总有内阻,因而在使用时不可能总保持定值的端电压;连接导体总有一点电阻,高频时甚至还有电感。也就是说,单一电磁性质的元件很难找到,事实上很难制造出理想的电路元件。因此,人们在设计制作某种电路元件时是利用它的主要物理性质,忽略它的次要物理性质而实现的。如电阻器是利用它的电阻性质,电源是利用它正负极间能保持有一定电压的性质,导体是利用它能使电流顺利流过的性质。

实际电路元件难以用数学模型描述,往往给分析电路带来困难。因此,必须在一定的条件下对实际元件加以近似化,忽略它的次要性质,用一个足以表征其主要性能的元件模型来表示(又称理想电路元件)。"元件模型"是从实物中经过合理简化抽象出来的理想化产物,它表征或近似地表征实际元件的性质和其中发生的物理现象,对研究分析实际问题十分方便。

各种实际元件在一定条件下都可以求得它的模型。在电工技术中,常用的基本元件模型有五种:① 电阻元件:表示消耗电能、转换为其他形式能的元件,如电阻器、灯泡、电炉等。可用理想电阻来反映其在电路中消耗电能的这一主要特征。② 电容元件:表示产生电场、储存电场能量的元件,如各种电容器。可用理想电容来反映其储存电能的特征。③ 电感元件:表示产生磁场、储存磁场能量的元件,如各种电感线圈。可用理想电感来反映其储存磁能的特征。④ 电源元件:表示能将其他形式的能量转换为电能的元件。有两种类型,即理想电压源和理想电流源。这些理想元件及其不同组合可以用来表示千万种实际部件,通常用国家统一规定的标准图形符号和文字符号表示,如图 1 - 1 - 3 所示。

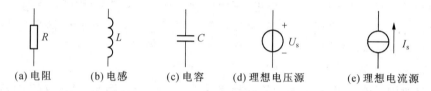

(a) 电阻　　(b) 电感　　(c) 电容　　(d) 理想电压源　　(e) 理想电流源

图 1 - 1 - 3　元件模型(理想电路元件)

以上元件模型都具有两个端钮,称为二端元件。除二端元件外,还有多端元件,如三端元件三极管,四端元件变压器、受控源、互感器等。后面我们将讨论这些理想元件的性能和如何来表示实际部件的问题。需注意的是:同一实际电路部件在不同的应用条件下,其电路模型可以有不同的形式,如新电池可用一个理想电压源表示,旧电池要用理想电压源与电阻串联来表示。不同的实际器件只要有相同的主要电气特性,在一定的条件下可用相同的模型表示,如灯泡、电炉等在低频电路中都可用理想电阻表示。

(2) 电路模型(电路图)

实际电路不仅不便于对电路进行分析和计算,同时也不便于画图,即便画出来也很难看清各个元器件是如何连接的。为了在电路分析中简化分析和计算,可用理想电路元件(或其某种组合)来代替实际的电路元件。这样由理想电路元件构成的电路称为电路模型。用国家统一规定的标准图形符号和文字符号(可参阅本书附录中的附表 5)表示的电路模型称为电路原理图,简称电路图。图 1 - 1 - 4 是手电筒的实际电路与电路模型(电路图)。今后我们研究的电路都是这种由元件模型构成的电路。

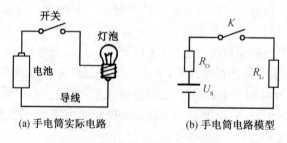

(a) 手电筒实际电路　　　　(b) 手电筒电路模型

图 1 - 1 - 4　手电筒实际电路与电路模型

1.1.2 电路的主要物理量

电路的工作状态往往由电路的一些物理量来反映,下面来介绍电路的一些主要物理量。

一、电流

(1) 电流的概念

电荷在电场力(外电路)或其他力(内电路中化学力、电磁力等)作用下,在电路中有规则地定向运动,就形成了电流。或简单地说电荷的定向运动形成电流。只有运动的电荷才能使电器工作,才能发生能量转换。

(2) 电流的大小

电流的大小(即强弱)用电流强度来表示,简称为电流,用符号 i 表示,是用单位时间内通过导体某一截面的电荷量来量度的。设在 dt 时间内通过导体某一横截面的电荷量为 dq,则通过该横截面的电流为

$$i = \frac{dq}{dt} \qquad (1-1-1)$$

我国法定计量单位是以国际单位制(SI)为基础的。它规定电流的单位是 A(安[培])。当每 1 s(秒)内通过导体截面的电荷量为 1 C(库[仑])时,电流为 1 A。故 1 A=1 C/s。计量微小电流时,以 mA(毫安)或 μA(微安)为单位。它们之间的换算关系为

$$1\ A = 10^3\ mA = 10^6\ \mu A$$

(3) 电流的方向

1) 电流的实际方向

习惯上,人们规定正电荷移动的方向或负电荷移动的反方向为电流的实际方向,如图 1-1-5 所示。

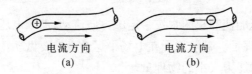

电流方向　　　　　电流方向
(a)　　　　　　　(b)

图 1-1-5　电流的方向

在一般情况下电流是随时间而变的,如果电流不随时间而变,$dq/dt=$ 常数,即大小和方向都不随时间而变化,则这种电流称为直流电流,用符号 I 表示,它所通过的路径就是直流电路。在直流时

$$I = \frac{q}{t} \qquad (1-1-2)$$

2) 电流的参考方向

电流的方向是客观存在的。在简单电路情况下,人们很容易判断出电流的实际方向,如图 1-1-6(a)中所示的 I_1、I_2。倘若在图中 A、B 点之间再接入一个电阻 R,如图 1-1-6(b)所示,那么该电阻中电流的实际方向就很难直观判定了。另外,在交流电路中,电流是随时间变化的,在图上也无法表示其实际方向。为了解决这一问题,需引入电流的参考方向这一概念。

对于电流这种具有两种可能方向的物理量,可以任意选定一个方向作为某支路电流的参考方向,用箭头表示在电路图上,以此参考方向作为计算的依据。计算完毕后,对于某一条支路,若在设定的参考方向下算出 $I>0$,表明电流的实际方向与设定的参考方向一致;反之,若算出 $I<0$,则表明电流的实际方向与所选的参考方向相反。

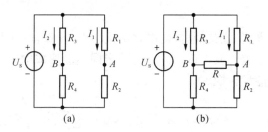

图 1-1-6　电流方向的判断图

3) 电流实际方向与参考方向的关系

采用了电流的参考方向以后,电流就变为代数量了(有正、有负)。在选定的参考方向下,根据电流的正、负,就可以确定电流的实际方向,如图 1-1-7 所示。本书电路图上所标出的电流方向没特殊说明的都指参考方向。

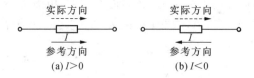

1-1-7　电流的参考方向与实际方向

二、电压

(1) 电压的概念

电压就像水压,水压能使静止的水按一定的方向流动,那么电压就是能使导体中电荷按一定方向运动的一个物理量。带电粒子在电场中运动必然要做功。电压就是衡量电场力推动电荷运动,对电荷做功能力大小的物理量。

设某电源有 A、B 两个极板,如图 1-1-8 所示,A 极板带正电,B 极板带负电,因而两极板间形成电场。当用导线将电源的正、负极与负载连接成一个闭合电路时,正电荷将在电场力的作用下由正极 A 经导线和负载流向负极 B(实际上在金属导体中是自由电子由负极流向正极),从而形成电流,这时电场力对电荷做功。不同的电场对电荷做功的本领不同,电场力做功的本领用电压来度量。

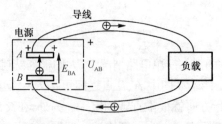

图 1-1-8　电压与电动势

（2）电压的大小

A、B 两点之间的电压 U_{AB} 在数值上等于单位正电荷在电场力作用下，由 A 点经外电路移动到 B 点电场力所做的功。若电场力移动电荷 q 所做的功为 W，则移动单位电荷所做的功为

$$u_{ab}=\frac{dW_{ab}}{dq} \tag{1-1-3}$$

在国际单位制中，电压的单位是 V（伏[特]）。当电场力把 1C（库[仑]）的电荷从一点移到另一点所做的功为 1 J（焦[耳]）时，该两点间的电压为 1 V。计量微小电压时，则以 mV（毫伏）或 μV（微伏）为单位。计量高电压时，则以 kV（千伏）为单位。它们之间的换算关系为

$$1\ V=10^3\ mV=10^6\ \mu V$$

（3）电压的方向

1）电压的实际方向

电压的实际方向习惯上规定为从高电位（势）点指向低电位点，即电位降低的方向。

电压的方向有 3 种表示方法，如图 1-1-9 所示。（a）用箭头的指向表示，箭头由高电立指向低电位端；（b）则用"＋"、"－"标号分别表示高电位端和低电位端；（c）用双下标来表示，如 U_{ab} 表示 ab 两点间电压的方向是从 a 指向 b 的。以上 3 种表示方法其意义是相同的，只需任选一种标出即可。

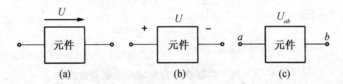

图 1-1-9　电压的方向的三种表示方法

在一般情况下电压是随时间而变的，如果电压不随时间而变，$dW_{ab}/dq=$ 常数，即大小和方向都不随时间而变化，则这种电压称为直流电压，用符号 U 表示，在直流时

$$U_{ab}=\frac{W_{ab}}{q} \tag{1-1-4}$$

2）电压的参考方向

在电路分析时，电压的实际方向有时很难确定，因此同样可以任意选定电路电压的参考方向。在标定了电压的参考方向之后，电压的数值就有了正、负之分。当电压为正（$U>0$）时，电压的实际方向与参考方向一致；电压为负（$U<0$）时，电压的实际方向与参考方向相反，如图 1-1-10 所示。

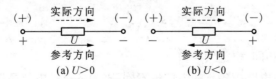

图 1-1-10　电压的参考方向与实际方向

3）电压实际方向与参考方向的关系

采用了电压的参考方向以后，电压就变为代数量了(有正、有负)。在选定的参考方向下，根据电压的正、负，就可以确定电压的实际方向，如图 1-1-10 所示。本书电路图上所标出的电压方向没特殊说明的都指参考方向。

4）电压、电流的关联参考方向

在分析和计算电路时，电压和电流的参考方向的假定原则上是任意的。但为了方便起见，元件上的电压和电流常取一致的参考方向，即电流从正极性端流入该元件，从负极性端流出。这样选择的某一段电路的电流与电压的参考方向称为关联的参考方向。否则，为非关联参考方向。

在图 1-1-11 中，图(a)所示的 U 与 I 参考方向一致，为关联参考方向，则其电压与电流的关系是 $U=IR$，而图(b)所示的 U 与 I 参考方向不一致，称为非关联参考方向，则电压与电流的关系是 $U=-IR$。可见，在列写电压与电流的关系式时，式中的正、负号由它们的参考方向是否为关联参考方向来决定。电路计算一般要先标出电流和电压的参考方向再进行计算。参考方向可以任意选定，但一经选定，在电路的分析计算过程中不应改变。

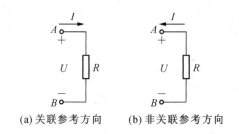

(a) 关联参考方向　　　　(b) 非关联参考方向

图 1-1-11　关联参考方向与非关联参考方向

三、电位

(1) 电位与电压的关系

在分析电路或进行电气设备的调试、检修时，经常要用电位(势)的概念来讨论问题。也就是选择电路中的某一点作为参考点，然后测量各点的电位，看其是否符合设计数值。

电位的含义是：在电路中任选一点作为参考点(记作 O)，则某点 a 到参考点 O 的电压就叫作 a 点的电位，也就是电场力把单位正电荷从 a 点移到参考点 O 所做的功。电位的符号用字母 V 加单下标的方法来表示，如 V_a、V_b，分别表示 a 点和 b 点的电位。

对照电位与电压的定义，不难理解电路中任意一点的电位，实质就是该点与参考点之间的电压，而电路中任意两点之间的电压，则等于这两点电位之差，即

$$V_a = U_{ao} \tag{1-1-5}$$

$$U_{ab} = V_a - V_b \tag{1-1-6}$$

电位单位与电压相同，也是伏(特)。

参考点选的不同，电路中各点的电位也不同，因为各点的电位高低是相对于参考点而言的，但任意两点间的电位差不变，即两点间的电压值与参考点的选择无关。因此，计算电路中各点电位时，必须先选定电路中某一点作为电位参考点，它的电位称为参考电位，并设参

考电位为零。其他各点的电位,比参考点电位高的电位为正,比参考点电位低的为负。电位参考点的选取原则上是任意的,但实用中常选大地为参考点,在电路图中用图形符号"⏚"表示。有些设备的外壳是接地的,凡与机壳相连的各点,均是零电位点。有些设备的机壳不接地,则选择许多导线的公共点(通常是机壳或底板)作参考点,电路中用图形符号"⏛"或"⊥"表示。

(2) 电位的计算

既然电路中任一点的电位就是该点到参考点的电压,那么电路中电位的计算实质上就是电压的计算。简单地说,要计算电路中某一点的电位,就是从参考点出发,沿着任选的一条路径"走"到该点,遇到电位升高取正值,遇到电位降低取负值,累计其代数和就是该点的电位。

例 1-1-1　在图 1-1-12 中,若分别以 a 点、b 点为参考点,求 a、b、c、d 各点电位和 U_{ab}、U_{ac} 之值。

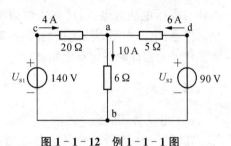

解　(1) 以 a 点为参考点时,有 $V_a=0$,则

$$V_b=U_{ba}=-10\times6=-60\ V$$
$$V_c=U_{ca}=4\times20=80\ V$$
$$V_d=U_{da}=5\times6=30\ V$$
$$U_{ab}=-U_{ba}=60\ V$$
$$U_{ac}=-U_{ca}=-80\ V$$

图 1-1-12　例 1-1-1 图

(2) 以 b 点为参考点时,有 $V_b=0$,则

$$V_a=U_{ab}=10\times6=60\ V$$
$$V_c=U_{cb}=U_{S1}=140\ V$$
$$V_d=U_{db}=U_{S2}=90\ V$$
$$U_{ab}=60\ V$$
$$U_{ac}=-4\times20=-80\ V$$

由以上讨论结果可见:电路中各点电位值的大小是相对的,随参考点的改变而改变;而两点间的电压值是绝对的,与参考点的选取无关。

分析电子电路时用电位来讨论问题,会给电路分析带来方便,如某电路有 4 个节点(三条或三条以上支路的汇合点称为节点),任意两个节点之间都有电压,当用电压来讨论问题时,就会涉及 6 个不同的电压值。然而改用电位来讨论时,选取其中 1 个节点为参考点,设其电位为零,则只需讨论其余 3 节点的电位就可以了。因此,在电子线路中,往往不再把电源画出,而改用电位标出,即把电源的一端(通常是负极)作为参考点,另一端用等于电源电压的电位来表示。图 1-1-13 是电路的一般画法与用电位表示的习惯画法对照,后者各点的电位一目了然,有利于对电路的电位分析。

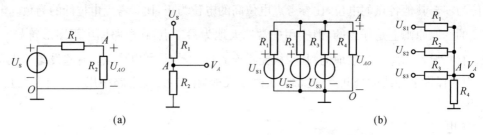

图 1-1-13　电路的一般画法与用电位表示的习惯画法

（3）等电位的概念

如果电路中某两点间电压的计算结果为零，则表示该两点等电位。两等电位点之间若原无导线连接，则用导线连接这两点后，此导线中不会有电流通过。高压带电作业时，要求人体与高压电线等电位，这样人体即使碰到高压电线也不会有电流通过，可以保证人身安全。注意：电路中用短线连接的两点，对于同一参考点的电位是相等的。两点间若连接有正常工作的元器件时一定有电压。

四、电动势

（1）电动势的概念

在图 1-1-8 所示的电路中，正电荷在电场力作用下不断从 A 极板经负载流向 B 极板，如果没有一种外力作用，A 极板因正电荷的减少电位逐渐降低，而 B 极板则因正电荷的增多电位逐渐升高，这样 A、B 两点之间的电位差就会减小，最后减为零。连接导线上的电流也会减小，最为零。为了维持导线中的电流，必须使 A、B 两极板间保持一定的电压，这就要借助外力使移动到 B 极板的正电荷经过另一路径回到 A 极板，在这过程中外力要克服电场力做功，这种外力是非电场力，称为电源力。为了衡量电源力对电荷做功的能力，引出电动势这个物理量。

（2）电动势的大小

电动势在数值上等于电源力将单位正电荷从电源负极（B 点）移到电源正极（A 点）所做的功，电动势用 E 或 U_S 表示，即

$$E = \frac{W_{\text{外}}}{q} \tag{1-1-7}$$

电动势的单位与电压相同，也是 V（伏［特］）。

（3）电动势的方向

电动势的实际方向规定为在电源内部由低电位（负极）指向高电位（正极），即电位升高的方向，与电源电压的实际方向相反，标注如图 1-1-14 所示，参考方向也可用箭头、双下标或"＋"、"－"极性表示。

（4）电源端电压与电动势关系

1）电源端电压 U_S 反映的是电场力在外电路将正电荷由高电位点（正极）移向低电位点（负极）做功的能力。电动势

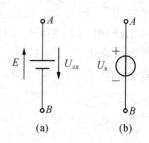

图 1-1-14　电动势标注方法

E 反映的是电源力将电源内部的正电荷从低电位点(负极)移向高电位点(正极)做功的能力。

2) 若不考虑电源内损耗,则电源电动势在数值上与它的端电压相等,但实际方向相反,即 $E=-U_S$,如图 1-1-14 所示。

3) 电源对电路的作用效果可以用电动势来表示,也可以用电压来表示,电动势 E 和电压 U_S 反映的是同一件事,所以,在很多情况下,常常不是用电动势 E 而是用电源正负极之间的电压来表示电源的作用效果。

(5) 电动势与电压的区别

1) 电动势与电压具有不同的物理意义。电动势表示的是非电场力(外力)做功的本领,而电压则表示电场力做功的本领,电动势使电源两端产生电压。

2) 对于一个电源来说,既有电动势又有电压。但电动势仅存在于电源内部,而电压不仅存在于电源内部,也存在于电源外部。

3) 电动势与电压的方向相反。电动势是从低电位指向高电位,即电位升的方向,而电压是从高电位指向低电位,即电位降的方向。

五、电功和电功率

(1) 电功

电功,简单地说就是电流所做的功(本质上是电场所做的功)。电流在经过电器设备时会发生能量的转换,能量转换的大小就是电流所做功的大小,用符号 W 表示,国际单位为焦耳(J),常用单位为千瓦时(kW·h),$1\text{ kW·h}=3.6\times10^6\text{ J}$。

在图 1-1-15 所示的电路中 a、b 两点间的电压为 U,流过的电流为 I,根据电压的定义可知,当正电荷 q 在电场的作用下通过电阻 R 从 a 点移到 b 点,电场所做的功为

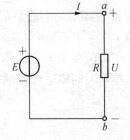

$$W=qU=UIt \qquad (1-1-8)$$

这个功也就是电阻 R 在 t 时间内所吸收的电能,对于电阻来说吸收的电能全部转换成热能,其大小为

$$W_R=UIt=I^2Rt \qquad (1-1-9)$$

图 1-1-15　电功与电功率

(2) 电功率

电功率就是能量转换的速率(快慢),即单位时间内电器设备能量转换的大小,简称为功率。电功率的符号用 P 表示,在电流、电压关联参考方向下,电功率的计算公式为

$$p=\frac{dW}{dt}=ui \qquad (1-1-10)$$

在直流电路中,电功率的计算公式为

$$P=\frac{W}{t}=UI \qquad (1-1-11)$$

这说明,当电流、电压取相关联的参考方向时,某电路消耗的功率等于 I 与 U 两者的乘积。由于电压和电流都是代数量,故功率也是代数量,有正、有负。当 I 与 U 参考方向一致

时,若求得 $P>0$,则电路实际消耗功率;若 $P<0$,则电路消耗负功率,即实际提供功率。当 I 与 U 参考方向不一致时,则电路消耗的功率为 $P=-UI$。

在国际单位制中,功率的单位是 W(瓦特)。此外,功率的单位还有 kW(千瓦)和 mW (毫瓦)。它们之间的关系为

$$1 \text{ kW}=10^3 \text{ W}=10^6 \text{ mW}$$

当电路接通后,电路中就有了电能和非电能的转换。根据能量转换和守恒定律,电路中电源供出的电能应等于负载消耗或吸收的电能的总和。

(3)电功与电功率的区别

1)电功是指一段时间内电流所做的功,或者说一段时间内负载消耗的能量;电功率是指单位时间内电流所做的功,或者说是指单位时间内负载消耗的电能。

2)电功用电能表来计量,电功率用瓦特表测量。

3)电功和电功率常用的单位分别是千瓦时和瓦(千瓦),这是两个不同的概念,不能混淆。

(4)电流的热效应

当电流通过金属导体时,导体会发热。这是因为电流通过导体时,要克服导体电阻的阻碍作用而做功,促使导体分子的热运动加剧,就有部分电能转换为内能,使导体的温度升高,导体发出热量。这种由电能转化为内能而放出热量的现象,叫作电流的热效应。

在导体中,若电能全部转化成内能,则在一段时间内,导体所发出的热量就等于同一时间内所消耗的电能。因此有

$$Q=W=Pt=I^2Rt \tag{1-1-12}$$

1841 年英国物理学家焦耳通过实验得出同样结论:电流通过导体时所产生的热量 Q 与电流 I 的平方、导体本身的电阻 R 以及通电时间 t 成正比,这个关系称为焦耳定律。

当电流单位为 A、电阻单位为 Ω、时间单位为 s 时,热量的单位为 J(焦[耳])。

单位时间内电流通过导体产生的热量,通常称为电热功率,其表示为

$$P_Q=\frac{Q}{t}=I^2R \tag{1-1-13}$$

电流的热效应在日常生活和现代工业生产中都有很广泛的应用。例如,电饭煲、电热水器、电焊、电烙铁等,都是利用电流的热效应来为生产和生活服务的。同样,电流的热效应也有不利的一面,因为各种电气设备中的导线等都有一定的电阻,通电时,电气设备的温度会升高,如变压器、电动机等电气设备中,电流通过线圈时产生的热量会使这些设备的温度升高,如果散热条件不好,严重时可能烧坏设备。

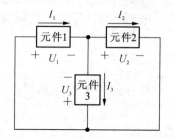

例 1-1-2 在图 1-1-16 中,电流、电压的参考方向已标出。$I_1=4$ A,$I_2=10$ A,$I_3=-6$ A,$U_1=-60$ V,$U_2=60$ V,$U_3=-60$ V。求各元件的功率,并判断是发出功率还是取用功率,验证功率是否平衡。

解　元件 1:I 与 U 参考方向一致

图 1-1-16　例 1-1-2 的电路图

$$P_1 = U_1 I_1 = -60 \times 4 \text{ W} = -240 \text{ W}$$

$P_1 < 0$，故元件 1 发出功率，是电源。

元件 2：I 与 U 参考方向一致

$$P_2 = U_2 I_2 = 60 \times 10 \text{ W} = 600 \text{ W}$$

$P_2 > 0$，故元件 2 消耗功率，是负载。

元件 3：I 与 U 参考方向不一致

$$P_3 = -U_3 I_3 = -(-60) \times (-6) \text{ W} = -360 \text{ W}$$

$P_3 < 0$，故元件 3 发出功率，也是电源。

$$P_2 + P_2 + P_2 = (-240 + 600 - 360) \text{W} = 0 \text{ W}$$

满足 $\sum P = 0$，功率平衡，说明计算正确。

1.2 任务二 电路的基本规律

1.2.1 理想元件的特性

一、电阻元件

（1）电阻的基本概念

对电流呈现的阻碍作用称为电阻，用字母 R 表示。电路中各元件的电阻是客观存在的，不是说有了电流才会有电阻。电路图中常用的电阻符号如图 1-2-1 所示。

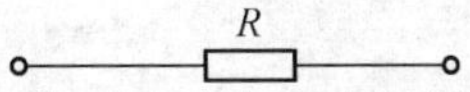

图 1-2-1 电阻的图形符号

在国际单位制中，电阻的单位是 Ω（欧[姆]），当电路两端的电压为 1 V，通过的电流为 1 A 时，则该段电路的电阻就为 1 Ω。较大的计量单位有 kΩ（千欧）和 MΩ（兆欧）。它们之间的换算关系

$$1 \ \Omega = 10^{-3} \text{ k}\Omega = 10^{-6} \text{ M}\Omega$$

习惯上人们常称电阻元件为电阻，故"电阻"这个名词以及它的符号 R 具有双重含义，它既表示电路元件，又表示元件的参数。

（2）电阻定律

导体的电阻不仅和导体的材料、种类有关，而且还和导体的几何尺寸有关。实验证明，同一材料的导体电阻和导体长度 L 成正比，和导体的截面积 S 成反比，这个结论称为电阻定律。公式表达式为

$$R = \rho \frac{L}{S} \tag{1-2-1}$$

式中，L 的单位为 m；S 的单位为 mm^2；R 的单位为 Ω；ρ 叫作导体的电阻率，单位是 $\Omega\text{mm}^2/\text{m}$。不同的材料电阻率不同。

需要指出，导体的电阻与温度也有关系。通常金属导体的电阻随温度的升高而增大。一般金属导体的电阻在温度变化不大时其值变化很小，可以近似地认为不变。有些半导体

材料的电阻随温度升高而明显减小,如热敏电阻。有些金属和某些合成材料,在温度降到一定的值时,电阻突然变为零,这种现象称为超导电性。超导电性的实用价值很大,已经显示出良好的前景。有关内容可参阅相关资料,此处不再细谈。

(3)电阻的伏安特性

表征电阻两端电压与电流之间关系的图形曲线称为电阻的伏安特性曲线。

电阻可分为线性电阻和非线性电阻。如果伏安特性曲线是一条过原点的直线,如图1-2-2所示,这样的电阻元件称为线性电阻元件。线性电阻的阻值不变,与其工作电压或电流无关。还有许多电阻元件的伏安特性曲线是一条通过原点的曲线,这样的电阻元件称为非线性电阻元件,如二极管等。图1-2-3所示为二极管伏安特性曲线。非线性电阻元件的阻值不是常数,而是随着通过它的电流或电压的变化而变化。

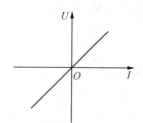

图1-2-2 线性电阻的伏安特性　　　　图1-2-3 二极管的伏安特性

(4)电阻消耗的功率

电阻元件总是在消耗功率,所以电阻元件是耗能元件。线性电阻元件的功率为

一般式
$$p=ui=i^2R=\frac{u^2}{R} \tag{1-2-2}$$

直流式
$$P=UI=I^2R=\frac{U^2}{R} \tag{1-2-3}$$

理想电阻元件是从实际电阻器抽象出来的理想模型。像白炽灯、电炉、电烙铁等这类实际耗电器件,当忽略其电感、电容作用时,可将它们抽象为只具有消耗电能性质的电阻元件。由于制作材料的电阻率与温度有关,实际电阻元件通过电流后的发热会使温度升高而影响电阻阻值,例如40 W白炽灯的灯丝电阻在不发光时阻值约为100 Ω,正常发光时,灯丝温度可达2 000 ℃以上,这时的电阻超过1 000 Ω。可见,白炽灯不是线性电阻。但是在正常工作条件下,一般电阻器的伏安特性近似为一条直线,可以视为线性电阻。

二、电容元件

(1)电容元件的基本概念

电容器(简称电容)是一种存放电荷的容器,是电气设备和电子产品中常用的电路元件,它的品种、规格很多,但就电容器的基本结构而言,它都是由两块金属极板中间充满介质(如空气、云母、绝缘纸、塑料薄膜、陶瓷等)构成,如图1-2-4(a)所示。当忽略电容器的漏电阻和电感时,可将其抽象为只具有储存电场能量性质的电容元件,如图1-2-4(b)所示。

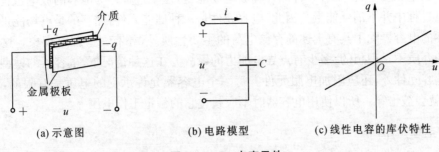

(a) 示意图　　　　　(b) 电路模型　　　　(c) 线性电容的库伏特性

图 1 - 2 - 4　电容元件

研究表明,电容器极板上储存的电荷 q,与外加电压 u 成正比,即

$$q = Cu \qquad (1-2-4)$$

式中,比例系数 C 称为电容,是表征电容元件特性的参数。当 C 是常数时,其库伏特性是通过原点的一条直线,如图 1 - 2 - 4(c)所示。库伏特性为直线的电容称为线性电容。一般电容器都可认为是线性电容。

在国际单位制中,电容的单位是 F(法[拉])。当将电容器充上 1 V 的电压时,极板上若储存了 1 C(库[仑])的电荷,则该电容器的电容就是 1 F。工程上一般采用 μF(微法)或 pF(皮法)为单位。它们之间的关系为

$$1\ F = 10^3\ mF = 10^6\ \mu F = 10^9\ nF = 10^{12}\ pF$$

习惯上称电容元件为电容,故电容这个名词以及它的符号 C 有双重含义,它既表示电容元件,又表示电容元件的参数。当电容器的电容只与电容器的结构、介质、形状有关,与电容两端的电压大小无关,是一个常数时,该电容器是一个线性电容元件。

(2) 电容元件的电压、电流关系

当电压和电流的参考方向一致时,如图 1 - 2 - 4(b)所示,则有

$$i = \frac{dq}{dt} = C\frac{du}{dt} \qquad (1-2-5)$$

上式表明,电容元件中通过的电流是由于电容元件上储存的电荷发生变化引起的,电流的大小与元件两端的电压对时间的变化率成正比,其比例常数为 C。即只有电容上的电压变化时,电容上才有电流流动。电压变化越快,电流越大。当电容元件两端加恒定电压时,因 $(du/dt)=0$,故 $i=0$,电容元件相当于开路,可见电容元件有隔直流的作用。

(3) 电容元件的电场能量

电容器有时将电荷储存在电容器中,有时将储存在电容器中的电荷释放出来。其储存和释放电荷的过程实质上是电能与电场能相互转换的过程。电容元件极板间储存的电场能量为

$$W_C = \int_0^t ui\,dt = \int_0^u Cu\,du = \frac{1}{2}Cu^2 \qquad (1-2-6)$$

该式表明,电容元件在某时刻储存的电场能量只与该时刻电容元件的端电压有关。当电压增加时,电容元件从电源吸收能量,储存在电场中的能量增加,这个过程称为电容的充

电过程。当电压减小时,电容元件向外释放电场能量,这个过程称为电容的放电过程。电容在充放电过程中并不消耗能量。因此,电容元件是一种储能元件,储存的是电场能量。

实际的电容器除了具有上述的存储电荷的主要性质外,还有一些漏电现象。这是由于电容中的介质不是理想的,多少有点导电能力的缘故。在这种情况下,电容器的模型中除了上述的电容元件外,还应附加电阻元件。每一个电容器允许承受的电压是有限的,电压过高,介质就会被击穿。所以使用电容器时不应超过它的额定工作电压。

三、电感元件

(1) 电感元件的基本概念

由导线绕成的线圈称为电感线圈。当电流通过线圈时,线圈周围就建立了磁场,储存能量,有磁力线(用磁通 Φ 表示)穿过线圈。磁力线的方向与电流方向有关,由右手螺旋定则确定。电感线圈及其电流与磁通的方向如图 1-2-5(a)所示。若线圈有 n 匝,那么穿过线圈的总磁通(也称磁链 Ψ)为 $n\Phi$,即 $\Psi = n\Phi$。磁通链的单位和磁通的单位相同,是 Wb(韦[伯])。

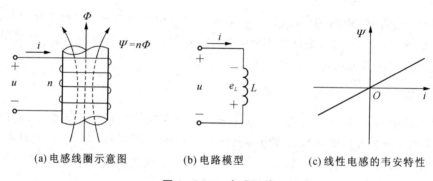

(a)电感线圈示意图　　　　(b)电路模型　　　　(c)线性电感的韦安特性

图 1-2-5　电感元件

一个线圈的磁链 Ψ 与所通电流 i 的比值叫作电感线圈的自感系数,简称自感或电感,用符号 L 表示,其值决定于线圈的形状、尺寸和介质。如电感元件的自感系数为常量,其韦安特性是通过原点的一条直线,如图 1-2-5(c)所示。这种电感元件就称为线性电感。

$$L = \frac{\Psi}{i} \qquad\qquad (1-2-7)$$

在国际单位制中,电感的单位为亨[利](H),mH(毫亨)或 μH(微亨)。它们之间的换算关系为

$$1\ \mathrm{H} = 10^3\ \mathrm{mH} = 10^6\ \mu\mathrm{H}$$

习惯上人们常把电感元件称为电感,故电感这个名词以及它的符号 L,既表示电路元件,又表示元件的参数,同样有双重含义。由于实际的电感线圈是用导线绕制而成的,因此实际线圈应包含电感和损耗电阻两部分。如果线圈的损耗电阻很小,可以忽略不计时,则线圈可以等效为一个理想电感元件。理想电感元件的图形符号如图 1-2-5(b)所示。

(2) 电感元件的电压、电流关系

根据电磁感应定律,当电感元件中的电流 i 变化时,磁场也随之变化,并在线圈中产生

自感电动势 e_L。当电压、电流、电动势的参考方向一致时，如图 1-2-5(b)所示，则有

$$u=-e_L=\frac{\mathrm{d}\Psi}{\mathrm{d}t}=L\,\frac{\mathrm{d}i}{\mathrm{d}t} \tag{1-2-8}$$

上式表明，电感元件两端的电压是与电感线圈中因电流变化而产生的自感电动势相平衡的，电压的大小与线圈电流对时间的变化率成正比，比例系数就是电感 L。L 是表征电感元件特性的参数。电流变化越快，电感元件产生的自感电动势越大，与其平衡的电压也越大。当电感元件中流过稳定的直流电流时，因 $(\mathrm{d}q/\mathrm{d}t)=0$，$e_L=0$，故 $u=0$，这时电感元件相当于短路，即电感对直流相当于短路。

（3）电感元件的磁场能量

当电流通过电感线圈时，周围会产生磁场，说明电路供给电感的电能此时转化成了磁场能量，存储在线圈中。可以证明，在 t 时刻，电感元件储存的磁场能量为

$$W_L=\int_0^t ui\,\mathrm{d}t=\int_0^i Li\,\mathrm{d}i=\frac{1}{2}Li^2 \tag{1-2-9}$$

式中，若 L 的单位为亨（H），i 的单位为安（A），则 W_L 的单位为焦［耳］（J）。

该式表明，电感元件在某时刻储存的磁场能量，与该时刻流过的电流的二次方成正比。当电流增加时，电感元件从电路吸收电能，转换为磁场能量储存起来；当电流减小时，它释放磁场能量转换为电能还给电路。电感与电阻不同，电感并不消耗能量，是一种储能元件。

实际的电感除了具有上述的存储磁场能量的主要性质外，还有一些能量损耗，模型中除了上述的电感元件外，还应附加电阻元件。

四、理想电压源

若电源两端的电压恒定，与流过它的电流无关（即与外部负载的大小无关）时，该电源称为理想电压源，又称为恒压源。它相当于一个只产生电动势而没有内部能量损耗的电源。图 1-2-6 是理想电压源电路图及其伏安特性曲线，图中点画线框内是理想电压源的符号。U_S 为理想电压源的电压。理想电压源的端电压为

$$U=U_S \tag{1-2-10}$$

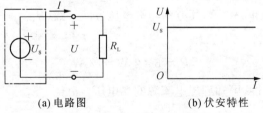

(a) 电路图   (b) 伏安特性

图 1-2-6 理想电压源

理想电压源的电流 I 取决于外电路。理想电压源实际上是不存在的，但如果一个实际电源的内阻远小于负载电阻，则端电压基本恒定，就可以忽略内阻的影响，近似地认为它是一个理想电压源。通常，稳压电源（或称为稳压器）和新的干电池都可近似地认为是理想电压源。

五、理想电流源

若电源输出的电流恒定,与外电路负载的大小无关时,该电源称为理想电流源,又称为恒流源。它相当于一个只产生电流而没有内部能量损耗的电源。图 1-2-7 是理想电流源电路图及其伏安特性,图中点画线框内是理想电流源的符号,I_S 为理想电流源的电流。理想电流源的输出电流为

$$I=I_\mathrm{S} \tag{1-2-11}$$

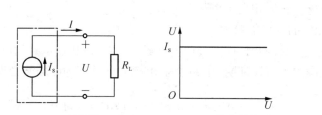

(a) 电路图　　　　　　(b) 伏安特性

图 1-2-7　理想电流源

理想电流源的端电压 U 取决于外电路。同样,理想电流源实际上也是不存在的,但如果一个实际电源的内阻远大于负载电阻,则电流基本恒定,也可近似地认为是理想电流源。通常,恒流电源(或称恒流器)光电池和在一定条件工作的晶体管都可近似地认为是理想电流源。

一般来说,理想电压源和理想电流源在电路中都是用来提供(产生)电能的,但有时也可能从电路中吸取(消耗)电能,例如蓄电池工作时向外电路提供电能,而处于充电状态时则从外电路吸取电能。如何判断电源是提供电能还是吸取电能,可根据电压、电流参考方向结合电功率值的正、负来确定。

例 1-2-1　电路如图 1-2-8 所示,求:

(1) 理想电压源的电流和功率;

(2) 理想电流源的端电压和功率;

(3) 电阻的端电压和功率。

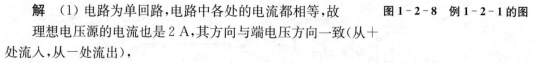

图 1-2-8　例 1-2-1 的图

解　(1) 电路为单回路,电路中各处的电流都相等,故理想电压源的电流也是 2 A,其方向与端电压方向一致(从＋处流入,从－处流出),

故　　　　　　　　　$P_1=6\times2\text{ W}=12\text{ W}$

(2) 按图中所示极性,可知理想电流源的端电压

$$U=(2\times5+6)\text{ V}=16\text{ V}$$

理想电流源的电流方向与端电压方向不一致,故

$$P_2=-16\times2\text{ W}=-32\text{ W}$$

(3) 按图中所示 I 的极性,可知电阻的端电压

$$U_R=2\times5\text{ V}=10\text{ V}$$

电阻消耗的功率为 $\qquad$ $P_3 = 2 \times 10 \ \text{W} = 20 \ \text{W}$

理想电流源的功率为负值,表示它是提供功率的,是电路中的电源;理想电压源的功率为正值,表示它是吸取功率的,是电路中的负载。计算结果说明电路中电源提供的功率等于负载消耗或吸收的功率总和。

1.2.2 欧姆定律

欧姆定律与基尔霍夫定律是分析电路的最基本也是最重要的定律。欧姆定律反映了线性元件上电流与电压的约束关系,基尔霍夫定律反映了电路中电流之间或电压之间的约束关系。本节先介绍欧姆定律。

一、部分电路的欧姆定律

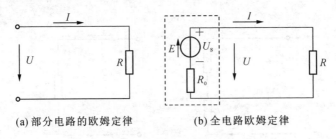

(a) 部分电路的欧姆定律   (b) 全电路欧姆定律

图 1-2-9 欧姆定律

部分电路(一段电路)欧姆定律如图 1-2-9(a) 所示。当电阻两端加上电压时,电阻中就会有电流通过。德国物理学家欧姆用实验的方法研究并得出结论:在一段没有电动势而只有电阻的电路中,电流 I 与电阻两端的电压 U 成正比,与电阻 R 成反比,这个结论叫作欧姆定律。电流、电压取关联参考方向时,欧姆定律可表示为

$$I = \frac{U}{R} \qquad\qquad (1-2-12)$$

由上式还可得出 $\qquad\qquad U = IR \ \text{或} \ R = \dfrac{U}{I}$

需要指出的是,电流、电压取非关联参考方向时,欧姆定律公式右边应加一负号。

二、闭合电路的欧姆定律

闭合(全)电路欧姆定律如图 1-2-9(b) 所示。图中电源的电动势 E 和电源的内阻 R_0 构成了电源的内电路;负载电阻只是电源的外电路,外电路和内电路共同组成了闭合电路。闭合电路的欧姆定律内容为:闭合电路的电流跟电源的电动势成正比,跟内、外电路的电阻之和成反比。在图 1-2-9(b) 所示参考方向时,闭合电路的欧姆定律可表示为

$$I = \frac{E}{R_0 + R} \qquad\qquad (1-2-13)$$

由上式还可得出 $\qquad\qquad E = IR + IR_0 = U + IR_0$

式中 IR_0 称为电源的内部压降,U_0 称为电源的端电压。当电路闭合时,电源的端电压 U

等于电源的电动势 E 减去内部压降 IR_0。电流愈大,则电源的端电压下降得愈多。

注意:欧姆定律与电阻定律(见本书 1.2.1)不同,不要混淆。

1.2.3　电阻的串联、并联和混联

在电路中元件的连接形式是多种多样的,其中最基本的是串联、并联和混联。

一、电阻的串联

如果在电路中有若干个电阻按照顺序首尾相连,各电阻通过同一电流,这样的连接称为电阻的串联。为了方便起见,下面以两个电阻为例讨论问题,所得结论同样适合多个电阻情况。

图 1-2-10(a)所示是两个电阻串联的电路,它可以用一个等效电阻(有时称为这两个电阻的总电阻)来代替,如图 1-2-10(b)所示。等效的条件是在同一电压 U 的作用下电流 I 保持不变。

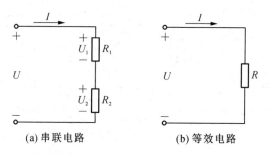

(a) 串联电路　　　　　　(b) 等效电路

图 1-2-10　两个电阻的串联

串联电阻电路的特点:

① 各串联电阻中流过的电流相同,即

$$I=I_1=I_2 \qquad\qquad (1-2-14)$$

② 两端总电压等于各个电阻上的电压之和,即

$$U=U_1+U_2 \qquad\qquad (1-2-15)$$

③ 总电阻等于各个串联电阻之和,等效电阻比每个电阻都大,即

$$R=R_1+R_2 \qquad\qquad (1-2-16)$$

④ 串联电阻上电压的分配与其阻值成正比,电阻越大,分得的电压越高,即

$$\frac{U_1}{U_2}=\frac{IR_1}{IR_2}=\frac{R_1}{R_2}$$

或

$$\begin{cases} U_1=IR_1=\dfrac{R_1}{R_1+R_2}U & (1-2-17) \\[3mm] U_2=IR_2=\dfrac{R_2}{R_1+R_2}U & (1-2-18) \end{cases}$$

⑤ 串联电路消耗的总功率等于串联各电阻消耗的功率之和,即

$$P=P_1+P_2 \tag{1-2-19}$$

二、电阻的并联

如果在电路中有若干个电阻的首、尾分别相连,并承受同一电压,这样的连接称为电阻的并联。图1-2-11(a)所示是两个电阻并联的电路,它也可以用一个等效电阻(有时称为这两个电阻的总电阻)来代替,如图1-2-11(b)所示。

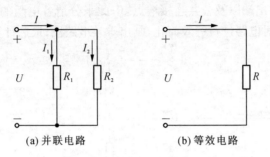

(a) 并联电路   (b) 等效电路

图 1-2-11 两个电阻的并联

并联电阻电路的特点:

① 各并联电阻两端的电压相等。即

$$U=U_1=U_2 \tag{1-2-20}$$

② 电路总电流等于各个并联电阻上的电流之和。即

$$I=I_1+I_2 \tag{1-2-21}$$

③ 并联电阻的总电阻(等效电阻)的倒数等于各个并联电阻的倒数之和。即

$$\frac{1}{R}=\frac{1}{R_1}+\frac{1}{R_2}$$

两个电阻并联时有 $\quad R=\dfrac{R_1R_2}{R_1+R_2} \tag{1-2-22}$

并联电路的等效电阻比每个电阻都小。

④ 并联各电阻上电流的分配与电阻的大小成反比,电阻越大,电流越小,即

$$\frac{I_1}{I_2}=\frac{\dfrac{U}{R_1}}{\dfrac{U}{R_2}}=\frac{R_2}{R_1}$$

或

$$\begin{cases} I_1=\dfrac{U}{R_1}=\dfrac{IR}{R_1}=\dfrac{R_2}{R_1+R_2}I & (1-2-23) \\[3mm] I_2=\dfrac{U}{R_2}=\dfrac{IR}{R_2}=\dfrac{R_1}{R_1+R_2}I & (1-2-24) \end{cases}$$

⑤ 并联电路消耗的总功率等于并联各电阻消耗的功率之和,即

$$P=P_1+P_2 \qquad\qquad (1-2-25)$$

三、电阻的混联

实际应用的电路大多包含串联电路和并联电路,既有电阻的串联又有电阻的并联的电路叫电阻的混联,如图 1-2-12 (a)所示。混联电路的串联部分具有串联的性质,并联部分具有并联的性质。计算混联电路的等效电阻时,一般采用电阻逐步合并的方法,关键在于认清总电流的输入端与输出端以及公共连接端点,由此来分清各电阻的连接关系;再根据串、并联电路的基本性质,对电路进行等效简化,画出等效电路图;最后计算出电路的总电阻。

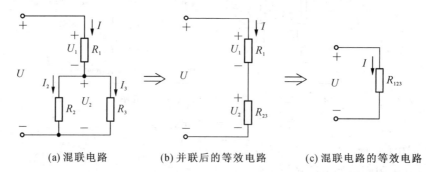

(a) 混联电路　　　　(b) 并联后的等效电路　　　　(c) 混联电路的等效电路

图 1-2-12　电阻的混联电路

计算混联电路的等效电阻的步骤如下:

1) 先要把电路整理和化简成容易看清的串联或并联关系。

2) 根据简化的电路进行计算。

1-2-12(a)中电阻 R_2 和 R_3 并联后与电阻 R_1 串联,图 1-2-12(b)为电阻 R_2 和 R_3 并联后的等效电路,图 1-2-12 (c)为混联电路的等效电路,其等效电阻为

$$R=R_1+\frac{R_2R_3}{R_2+R_3}$$

1.2.4　实际电源的两种模型

在电路中,一个实际电源在提供电能的同时,必然还要消耗一部分电能。因此,实际电源的电路模型应由两部分组成:一是用来表征产生电能的理想电源元件,另一部分是表征消耗电能的理想电阻元件。由于理想电源元件有理想电压源和理想电流源两种,故实际电源的电路模型也有两种,即电压源模型和电流源模型。

一、电压源模型

一个实际的电源(无论是发电机、电池还是各种信号源)可以用一个理想电压源和一个内阻相串联的理想电路元件的组合来代替。这种电源的电路模型称为实际电源的电压源模型。图 1-2-13(a)所示的电路是电压源模型与外电路的连接。

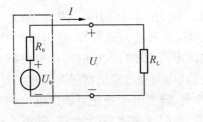
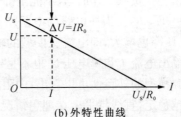

(a) 电压源模型与外电路的连接   (b) 外特性曲线

图 1-2-13 电压源模型

使用电源时，人们最关心的问题是当负载变化时，电路中的电流 I 与电源的端电压 U 将如何变化。U 与 I 之间的关系，称为电源的外特性。

直流电压源模型的外特性方程为

$$U = U_S - IR_0 \tag{1-2-26}$$

式中 U_S 和 R_0 是常数，U 与 I 之间的关系是线性关系，$I=0$ 时，$U=U_S$；$U=0$ 时，$I=U_S/R_0$。由这两个特殊点即可作出外特性曲线，如图 1-2-13(b) 所示。

当电压源模型接负载工作时，输出电压 U 在数值上小于电源的电压 U_S，两者之差是内阻上的电压降 $\Delta U = IR_0$。当外电路的电阻 R_L 减小时，输出电流 I 增加，输出电压 U 随之下降。可见，电压源模型的端电压 U 和输出电流 I 都不是定值，都与外电路的情况有关。

从电压源模型的外特性可以看出，内阻越小，输出电流变化时输出电压的变化就越小，即输出电压越稳定，外特性曲线越平。在理想情况下，内阻 $R_0=0$，U 为定值，即成为理想电压源，它的外特性曲线是一条平行于 I 轴的直线，如图 1-2-6 所示。

二、电流源模型

直流电压源模型的外特性方程 $U=U_S-IR_0$ 可改写为

$$I = \frac{U_S}{R_0} - \frac{U}{R_0} = I_S - \frac{U}{R_0} \tag{1-2-27}$$

式中 I_S 是电源的短路电流，$I_S=U_S/R_0$；I 是电源的输出电流；U 是电源的端电压；R_0 为电源内阻。式 (1-2-27) 表明，一个实际电源也可以用一个理想电流源 I_S 和电阻 R_0 相并联的电路模型来表示，如图 1-2-14(a) 所示，这种电源的电路模型称为电流源模型。

式 (1-2-27) 是直流电流源模型的外特性方程。式中，I_S 和 R_0 是常数，I 和 U 之间的关系是线性关系，$U=0$ 时，$I=I_S$；$I=0$ 时，$U=I_S R_0$。由这两点可作外特性曲线，如图 1-2-14(b) 所示。

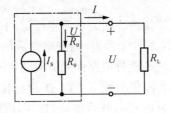
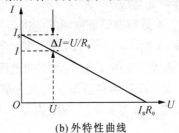

(a) 电流源模型与外电路的连接   (b) 外特性曲线

图 1-2-14 电流源模型

电流源模型接负载工作时,I_S 不能全部输送出去,有一部分在内阻上通过,故 I 小于 I_S,两者之差 $\Delta I = U/R_0$。当外电路的电阻增加时,由分流公式可知,在内阻上通过的电流增大,内阻上的压降也增大,即电流源模型的输出电压 U 增加,这时输出电流减小。可见,电流源模型的输出电流 I 和端电压 U 也不是定值,也与外电路的情况有关。

从电流源模型的外特性可以看出,内阻越大,输出电压变化时输出电流的变化就越小,即输出电流越稳定,直线越平。在理想情况下,内阻无穷大,I 为定值,即成为理想电流源,它的外特性曲线是一条平行于 U 轴的直线,如图 $1-2-7$ 所示。

三、电压源模型和电流源模型的等效变换

图 $1-2-13(a)$ 所示的电压源模型和图 $1-2-14(a)$ 所示的电流源模型都可作为同一个实际电源的电路模型,可以有相同的外特性,因此,相互之间可以进行等效变换。

如已知 U_S 与 R_0 串联的电压源模型,则与其等效的电流源模型为 I_S 与 R_0 并联,$I_S = U_S/R_0$;

如已知 I_S 与 R_0 并联的电流源模型,则与之等效的电压源模型为 U_S 与 R_0 串联,$U_S = I_S R_0$。

实际上,凡是理想电压源 U_S 与电阻串联的电路都可与理想电流源 I_S 与电阻并联的电路等效变换,如图 $1-2-15$ 所示。电路的等效变换有时能使复杂的电路变得简单,便于分析计算。

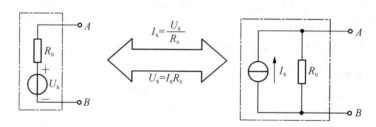

图 1-2-15　电压源模型与电流源模型的等效变换

$$(1-2-28)$$

在进行电压源模型和电流源模型的等效变换时还需注意:

① 等效变换是对外电路等效,对电源内部并不等效。如当外电路开路时,电压源模型中无电流,内电阻不消耗功率;而电流源模型中仍有内部电流,内阻要消耗一定的功率。

② 等效变换时两种电路模型的极性必须一致,即电流源模型流出电流的一端与电压源模型的正极性端相对应。

③ 理想电压源和理想电流源不能进行这种等效变换。因为理想电压源的内阻 $R_0 = 0$,而理想电流源的内阻 $R_0 = \infty$,两者不满足等效变换条件。再者,理想电压源的电压恒定不变,电流随外电路而变;而理想电流源的电流恒定,电压随外电路而变。故两者不能等效。

例 1-2-2　设有两台直流发电机并联工作,共同供电给 $R = 24\ \Omega$ 的负载电阻。其中一台发电机的电动势为 130 V,内阻为 1 Ω;另一台发电机的电动势为 117 V,内阻为 0.6 Ω。试求负载电流。

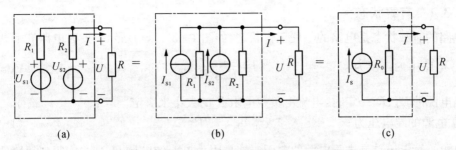

图 1-2-16 例 1-2-2 的电路及其等效变换

解 先将两台直流发电机用电压源模型代替并画出电路如图 1-2-16(a)所示。图中

$$U_{S1} = 130 \text{ V}, R_1 = 1 \text{ }\Omega$$
$$U_{S2} = 117 \text{ V}, R_2 = 0.6 \text{ }\Omega$$

再利用电压源模型与电流源模型的等效变换关系,将电压源模型变换成电流源模型,如图 1-2-16(b)所示。图中

$$I_{S1} = U_{S1} / R_1 = (130/1) \text{ A} = 130 \text{ A}$$
$$I_{S2} = U_{S2} / R_2 = (117/0.6) \text{ A} = 195 \text{ A}$$

然后将两个并联的电流源模型合并成一个等效电流源模型,如图 1-2-16(c)所示。图中

$$I_S = I_{S1} + I_{S2} = (130 + 195) \text{ A} = 325 \text{ A}$$
$$R_0 = \frac{R_1 R_2}{R_1 + R_2} = \frac{1 \times 0.6}{1 + 0.6} \text{ }\Omega = 0.375 \text{ }\Omega$$

所以负载电流

$$I = \frac{R_0}{R_0 + R} I_S = \frac{0.375}{0.375 + 24} \times 325 \text{ A} = 5 \text{ A}$$

1.3 任务三 电路的工作状态

实际电路在使用过程中,可能处于有载、开路(空载)或短路三种不同的基本状态。如图 1-3-1 所示。用 U_1 表示电源的端电压(U_{AB}),用 U_2 表示负载的端电压(U_{CD}),下面来讨论电路的状态。

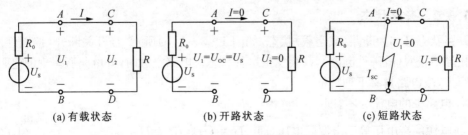

(a) 有载状态   (b) 开路状态   (c) 短路状态

图 1-3-1 电路的三种基本状态

1.3.1　有载状态

电路的有载状态是电路的一般工作状态,如图 1-3-1(a)所示。此时电路有下列特征:

① 电路中的电流为

$$I = \frac{U_S}{R_0 + R} \tag{1-3-1}$$

当电源的 U_S、R_0 一定时,电流由负载电阻 R 的大小来决定。

② 电源的端电压为

$$U_1 = U_S - IR_0 \tag{1-3-2}$$

电源的端电压总是小于电源的电压。这是因为电源的电压 U_S 减去内阻电压降 IR_0 后,才是电源的输出电压 U_1。若忽略线路上的压降,则负载的端电压 U_2 等于电源的端电压 U_1。

③ 电源的输出功率为

$$P_1 = U_1 I_1 = (U_S - IR_0)I = U_S I - I^2 R_0 \tag{1-3-3}$$

上式表明,电源电压发出的功率 $U_S I$ 减去内阻上的消耗 $I^2 R_0$ 才是供给外电路的功率 P_1。即电源发出的功率等于电路各部分所消耗的功率和。由此可见,整个电路中功率是平衡的。

在恒压供电的系统中,一般用电设备都是并联于供电线路上的,因此,接入的负载越多,总电阻越小,电路中电流便越大,输出功率也越大。在电工技术上把这种情况称为负载增大。显然,所谓负载大小指的是负载电流或功率的大小,而不是电阻的大小。

在实际电路中,所有电气设备和元器件,其工作电流、电压和功率等,都有一定的使用限额,这种限额称为额定值。额定值是制造厂综合考虑产品的可靠性、经济性和使用寿命等因素而制定的,它是使用者使用电气设备和元器件的依据。例如某白炽灯标明 220 V、100 W,这就是它的额定值,即额定电压为 220 V,额定功率为 100 W。它告诉使用者,该白炽灯在 220 V 电压下才能正常工作,这时消耗功率为 100 W。通过计算还可求得该白炽灯在 220 V 电压下流过的电流为 $I = P/U = (100/220)$ A $= 0.45$ A,这便是该白炽灯的额定电流。如果使用值超过额定值较多,会使电气设备和元器件损伤,影响寿命,甚至烧毁;如果使用值低于额定值较多,则不能正常工作,有时也会造成设备的损坏。例如电压过低时,白炽灯发光不足,电动机因拖不动生产机械而发热。因此,电气设备和元器件在使用值等于额定值时工作是最合理的,既保证能可靠工作,充分发挥其效能,又保证有足够的使用寿命。额定值用带有下标"N"的字母来表示。如额定电压和额定电流分别用 U_N 和 I_N 表示,额定功率用 P_N 表示,这些额定值常标记在设备的铭牌上。

通常,当实际使用值等于额定值时,电气设备的工作状态称为额定状态(或满载);当实际功率或电流大于额定值时,电气设备工作在过载(或超载)状态;当实际功率和电流小于额定值时,电气设备工作在轻载(或欠载)状态。

1.3.2　开路状态

开路状态又称为断路(或空载)状态,如图 1-3-1(b)所示,当开关断开(控制性断路)或连接导线松脱(故障性断路),都会发生这种状态。电路空载时,外电路所呈现的电阻可视为无穷大,故电路具有下列特征:

① 电路中的电流为零,即

$$I = 0 \tag{1-3-4}$$

② 电源的端电压等于电源的电压,即

$$U_1 = U_S - IR_0 = U_S \tag{1-3-5}$$

此电压称为空载电压或开路电压,用 U_{OC} 表示,其值等于电源电动势。由此可以得出测量电源电动势的方法。

③ 电源的输出功率 P_1 和负载所吸收的功率 P_2 均为零。这是因为,电源对外不输出电流,故

$$P_1 = U_1 I_1 = 0 \tag{1-3-6}$$

$$P_2 = U_2 I_2 = 0 \tag{1-3-7}$$

1.3.3 短路状态

当电源的两个输出端钮(A、B)由于某种原因(如电源线绝缘损坏、操作不慎等)相接触时,会造成电源被直接短路的情况,如图 1-3-1(c)所示。

当电源短路时,电路具有下列特征:

① 电源中的电流最大,但对负载输出的电流为零。

此时电源中的电流为

$$I_S = \frac{U_S}{R_0} \tag{1-3-8}$$

此电流称为短路电流。在一般供电系统中,电源的内电阻 R_0 很小,故短路电流 I_{SC} 很大。但对外电路无电流输出,即 $I=0$。

② 电源和负载的端电压均为零,即 $U_1 = U_S - I_{SC} R_0 = 0$

$$U_S = I_{SC} R_0 \quad \text{而} \quad U_2 = 0$$

上式表明电源的电压全部落在电源的内阻上,因而无输出电压。

③ 电源对外输出功率 P_1 和负载所吸收的功率 P_2 均为零,这是因为,电源对外电路既不输出电压,也不输出电流,即

$$P_1 = U_1 I = 0 \tag{1-3-9}$$

$$P_2 = U_2 I = 0 \tag{1-3-10}$$

而这时电压所发出的功率为 $P_E = U_S I_S = \dfrac{U_S^2}{R_0} = I_S^2 R_0 \tag{1-3-11}$

这些功率全部消耗在内阻上,这就使电源的温度迅速上升,有可能导致烧毁电源及其他电气设备,甚至引起火灾。电源的短路,通常是一种严重事故,应力求防止发生,因此在实际电路中通常都安装有熔断器或其他自动保护装置,一旦发生短路,能迅速断开故障电路,确保电源和其他电气设备的安全。

但是,并非所有短路都是事故,有时为了满足电路工作的某种需要,可以将局部电路(如某一电路元件或某一仪表等)短路(称为短接)或按技术要求对电源设备进行短路实验,这些属于正常现象。如图 1-3-2 所示,当不需要测量电流时,可闭合开关 S,将电流表短路,以保护电流表。

例 1-3-1 图 1-3-3 所示电路中,电源的电动势 U_S 为 12 V,内阻 R_0 为 0.2 Ω,求开关 S 分别与 1,2,3,4 端相接时电路中的电流和电源的端电压。

解 S 与 1 端相接时:

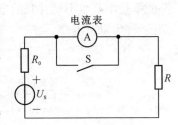

图 1-3-2 局部电路短路

$$I_{R1} = \frac{E}{R_0 + R_1} = \frac{12}{0.2 + 2.2} \text{ A} = 5 \text{ A}$$

$$U_{R1} = E - I_{R1}R_0 = 12 - 5 \times 0.2 \text{ V} = 11 \text{ V}$$

S 与 2 端相接时：

$$I_{R2} = \frac{E}{R_0 + R_2} = \frac{12}{0.2 + 0.1} \text{ A} = 40 \text{ A}$$

$$U_{R2} = E - I_{R2}R_0 = 12 - 40 \times 0.2 \text{ V} = 4 \text{ V}$$

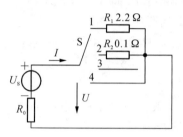

图 1-3-3　例 1-3-1 的图

S 与 3 端相接时(开路状态)：$I_{R3} = 0$，$U = E = 12$ V

S 与 4 端相接时(短路状态)：$I_{R4} = I_S = \dfrac{E}{R_0} = \dfrac{12}{0.2}$ A = 60 A

$$U = E - I_S R_0 = 12 - 60 \times 0.2 \text{ V} = 0 \text{ V}$$

这时由于输出电压为零，故电源对外电路不做功，电源内阻上消耗的功率

$$P_0 = I_S^2 R_0 = 60^2 \times 0.2 \text{ W} = 720 \text{ W}$$

电源发出的功率 $P_S = U_S I_S = 12 \times 60$ W = 720 W 全部消耗在电源内阻上了。

1.4　任务四　简单电路分析方法

1.4.1　简单电路

电路按其结构形式可分为简单电路和复杂电路。简单电路就是各部分是以串、并联形式连接的电路，最简单的电路只有一个回路，即所谓单回路电路。复杂电路就是有一部分电路既不是串联也不是并联的电路。凡不能用串联、并联的方法将多个回路化简为单回路电路的，称为复杂电路。

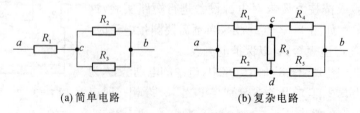

(a) 简单电路　　　　　　　　　(b) 复杂电路

图 1-4-1　简单电路与复杂电路

图 1-4-1(a)是一个简单的混联电路，假定电流从 a 点进，b 点出，各支路电流的流向

显然是 $a \rightarrow c \rightarrow b$，即不论电路参数（各电阻的值）如何，各支路电流流向由电路结构唯一确定，其他简单电路也都具备这个特点。图(b)是一个复杂电路（桥式电路），假定电流从 a 点进，b 点出，则 cd 段支路电流有两种可能的流向：$c \rightarrow d$ 或 $d \rightarrow c$。其他复杂电路也有类似的情况，即它至少有一条支路的电流流向不能由电路结构唯一确定，要确定电路电流流向，还要知道电路参数，因此，简单电路任一支路的电流方向均由其结构决定，而跟电路参数无关。复杂电路至少有一条支路的电流方向不能由结构唯一确定，它和电路参数有关。

1.4.2 简单电路的分析方法

简单电路一般采用串并联公式、欧姆定律、电压源模型和电流源模型的等效变换进行分析与计算，对复杂电路还需应用基尔霍夫定律及支路电流法、叠加定理、戴维南定理等专用方法去分析。复杂电路的分析放在项目二中介绍。本节以一个例题为例来介绍简单电路的分析方法。

例 1-4-1 有一混联电路如图 1-4-2(a)所示，已知 $R_1 = 10\ \Omega$，$R_2 = 5\ \Omega$，$R_3 = 2\ \Omega$，$R_4 = 3\ \Omega$，电源电压 $U = 125\ V$，试求电流 I、I_1 和 I_2。

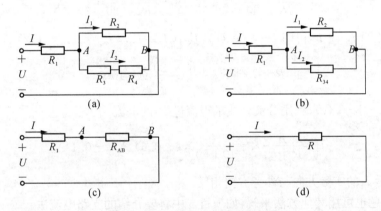

图 1-4-2 例 1-4-1 的电路图

解 (1) R_3 和 R_4 串联可等效为一个电阻 R_{34}，如图 1-4-2(b)所示，即

$$R_{34} = R_3 + R_4 = (2+3)\ \Omega = 5\ \Omega$$

(2) R_2 和 R_{34} 并联可等效为一个电阻 R_{AB}，如图 1-4-2(c)所示，即

$$R_{AB} = \frac{R_2 R_{34}}{R_2 + R_{34}} = \frac{5 \times 5}{5+5}\ \Omega = 2.5\ \Omega$$

(3) R_1 和 R_{AB} 串联可等效为一个电阻 R，如图 1-4-2(d)所示，即

$$R = R_1 + R_{AB} = (10 + 2.5)\ \Omega = 12.5\ \Omega$$

(4) 根据欧姆定律得

$$I = \frac{U}{R} = \frac{125}{12.5}\ A = 10\ A$$

(5) 由图 1-4-2(b)所示电路，根据分流公式得

$$I_1 = \frac{R_{34}}{R_2 + R_{34}} I = \frac{5}{5+5} \times 10\ A = 5\ A$$

$$I_2 = \frac{R_2}{R_2 + R_{34}}I = \frac{5}{5+5} \times 10 \ \text{A} = 5 \ \text{A}$$

例 1 - 4 - 2　图 1 - 4 - 3 所示电路中，已知 $U_{S1} = 12 \ \text{V}$，$U_{S2} = 24 \ \text{V}$，$R_1 = R_2 = 20 \ \Omega$，$R_3 = 50 \ \Omega$，试求通过 R_3 的电流 I_3。

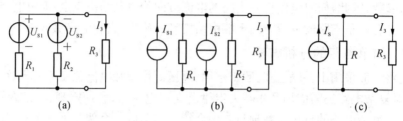

图 1 - 4 - 3　例 1 - 4 - 2 的电路图

解　化电压源模型为等效电流源模型，得电路图如图 1 - 4 - 3(b) 所示，其中

$$I_{S1} = \frac{U_{S1}}{R_1} = \frac{12}{20} = 0.6 \ \text{A} \quad I_{S2} = \frac{U_{S2}}{R_2} = \frac{24}{20} = 1.2 \ \text{A}$$

合并电流源 I_{S1} 与 I_{S2} 得图 1 - 4 - 3 (c)，其中 $I_S = I_{S1} - I_{S2} = (0.6 - 1.2) \ \text{A} = -0.6 \ \text{A}$

$$R = R_{S1} \parallel R_{S1} = \frac{R_1}{2} = \frac{20}{2} \ \Omega = 10 \ \Omega$$

根据图 1 - 4 - 3 (c)，利用分流公式求得流过 R_3 的电流

$$I_3 = \frac{R}{R + R_3}I_S = \frac{10}{10 + 50} \times (-0.6) \ \text{A} = -0.1 \ \text{A}$$

负号表示 I_3 的实际方向与参考方向相反。

说明：本题也可用其他方法来解，如项目二中将要介绍的支路电流法。

模块二　技能性任务

1.5　任务一　电工实验须知

打开手机微信，扫描以下二维码获得任务一的内容。

1.6　任务二　万用表的使用方法

一、万用表的用途

万用表是万用电表的简称,它是一种多用途、多量程的便携式电工仪表。一般的万用表可以测量直流电流、直流电压、交流电压和电阻等,有些万用表还可测量电容、功率、晶体管共射极直流放大系数 h_{FE} 等,所以万用表是从事电气和电子设备的安装、调试与维修的人员所必备的电工仪表之一。万用表有指针式(模拟式)和数字式两种,在此着重介绍指针式万用表的结构、主要技术指标、使用方法及维护。

二、指针式万用表的基本结构

指针式万用表的型号很多,但基本结构是类似的。它主要由表头、挡位转换(测量选择)开关、测量电路 3 个基本部分及表盘、表壳和表笔等组成。表头采用高灵敏度的磁电式机构,是测量的显示装置;转换开关用来选择被测电量的种类和量程;测量电路将不同性质和大小的被测电量转换为表头所能接受的直流电流。

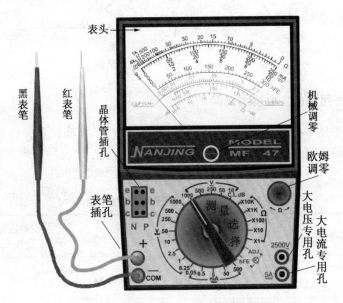

图 1-6-1　MF47 型万用表面板图

各种型号的万用表的外形不尽相同,图 1-6-1 为 MF47 型万用表面板图,它由提把(图中没画出)表头、测量选择开关、欧姆挡调零旋钮、表笔插孔、晶体管插孔等部分构成。万用表面板上部为微安表头,表头的下边中间有一个机械调零器,用以校准表针的机械零位。如图 1-6-2 所示表针下面的 6 条刻度线,从上往下依次是:电阻刻度线、电压电流刻度线、晶体管 β 值刻度线、电容刻度线、电感刻度线和电平刻度线。标度盘上还装有反光镜,读数时应移动视线使表针与反光镜中的表针镜像重合,以保证读数无视差。面板下部中间是测量选择开关,只需转动旋钮即可选择各量程挡位,使用方便。测量选择开关指示盘与表头标度盘相对应,按交流红色、晶体管绿色、其余黑色的规律印制成 3 种颜色,使用时不易出错。如图 1-6-1 所示，MF47 型万用表共有 4 个表笔插孔，面板左下角有正、负表笔插孔，一般习惯上将红表笔插入正插孔，黑表笔插入负插孔。面板右下角有 2 500 V 和 5 A 专用插孔，当测量 1 000~2 500 V 交、直流电压时，正表笔应改为插入 2 500 V 专用插孔；当测量 500 mA~5 A 直流电流时，正表笔应改为插入 5 A 专用插孔。面板下部右上角是欧姆挡调零旋钮，用于校准欧姆挡的"0 Ω"指示。如图 1-6-1 所示，面板下部左上角是晶体管插孔，该插孔左边标注为"N"，检测 NPN 型晶体管时插入此孔；插孔右边标注为"P"，检测 PNP 型晶体管时插入此孔。

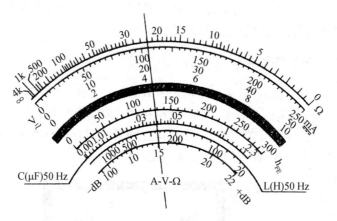

图 1-6-2　万用表的标尺示例

三、指针式万用表的主要技术指标

万用表的主要技术指标有测量种类、量程、电压灵敏度、准确度等。电压灵敏度是用直流或交流电压挡每伏刻度对应的内阻来表示的。MF47 型万用表的技术指标如表 1-6-1 所示。

表 1-6-1　MF47 型万用表的技术指标

测量种类	挡位数	挡位和量程范围	电压灵敏度及最大电压降	准确度等级
直流电流	6	0~0.05 mA，0~0.5 mA，0~5 mA，0~50 mA，0~500 mA，0~5 A，5 A(专用插孔)	0.5 V	25
直流电压	9	0~0.25 V，0~1 V，0~2.5 V，0~10 V，0~50 V，0~250 V	20 kΩ/V	2.5
		0~500 V，0~1 000 V，0~2 500 V(2 500 V 专用插孔)	4 kΩ	
交流电压	6	0~10 V，0~50 V，0~250 V，0~500 V，0~1 000 V，0~2 500 V(2 500 V 专用插孔)		
直流电阻	5	R×1 Ω 挡(0~4 kΩ)，R×10 Ω 挡(0~40 kΩ)，R×100 Ω 挡(0~400 kΩ)R×1 kΩ 挡(0~4 MΩ)，R×10 kΩ 挡(0~40 MΩ)	R×1 中心刻度为 21 Ω	2.5

续表

测量种类	挡位数	挡位和量程范围	电压灵敏度及最大电压降	准确度等级
音频电平	5	10 V～挡(－10～22 dB),50V～挡(4～36 dB) 250 V～挡(18～50 dB),500V～挡(24～56 dB) 100 V～挡(30～62 dB)	0 dB＝ 1 mW/6 00 Ω	*
晶体管直流电流放大系数	1	h_{FE}挡(β:0～300)		
电感	1	10 V～挡(20～1 000 H)		
电容	l	10 V～挡(0.001～0.3 μF)		

注：* 表示参考电平为 600 Ω 负载上得到 1 mW 功率。

四、指针式万用表的使用

1. 准备工作

由于万用表种类、型号很多,在使用前要做好测量的准备工作。

(1) 熟悉转换开关、旋钮、插孔等的作用,检查表盘符号,"⌐"表示水平放置,"⊥"表示垂直使用。

(2) 了解刻度盘上每条刻度线所对应的被测电量。

(3) 检查红色和黑色两根表笔所接的位置是否正确,红表笔插入"＋"插孔,黑表笔插入"－"插孔。如用交、直流 2 500 V 测量端,在测量时黑表笔不动,将红表笔插入高压插口。

(4) 进行机械调零,旋动万用表面板上的机械零位调整螺钉,使指针对准刻度盘左端的"0"位置。

2. 测量直流电流

(1) 把转换开关拨到直流电流挡,选择合适的量程。

(2) 将被测电路断开,将万用表串接于被测电路中。务必注意正、负极性,应使电流从红表笔流入,从黑表笔流出,不可接反。

(3) 根据指针稳定时的位置及所选量程正确读数。电流表指示的读数方法是:满度值(刻度线最右边)等于所选量程挡位数,根据表针指示位置折算出测量结果。在图 1－6－3 的示例中,当测量选择开关位于"0.05 mA"挡时,指示值为 35 μA;选择开关位于"5 mA"挡时,指示值为 3.5 mA;选择开关位于"500 mA"挡时,指示值为 350 mA;依此类推。

3. 测量直流电压

(1) 把转换开关拨到直流电压挡,并选择合适的量程。当被测电压数值范围不清楚时,可先选用较高的测量范围挡,再逐步选用低挡,测量的读数最好选在满刻度的 2/3 处附近。

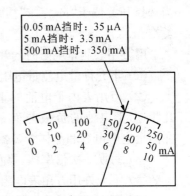

图 1－6－3　电流表指示的读数方法

(2) 把万用表并接到被测电路上,红表笔接到被测电压的正极,黑表笔接到被测电压的负极,不能接反。

(3) 根据指针稳定时的位置及所选量程正确读数。电压表指示的读数方法是:满度值(刻度线最右边)等于所选量程挡位数,根据表针指示位置折算出测量结果。图1-6-4示例中,当测量选择开关位于"10 V"挡时,指示值为7 V;当选择开关位于"50 V"挡时,指示值为35 V;当选择开关位于"250 V"挡时,指示值为175 V;依此类推。

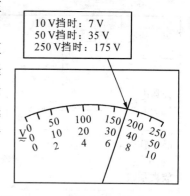

图1-6-4 电压表指示的读数方法

4. 测量交流电压

(1) 把转换开关拨到交流电压挡,选择合适的量程。

(2) 将万用表两根表笔并接在被测电路的两端,不分正、负极。

(3) 根据指针稳定时的位置及所选量程正确读数,读数方法与测量直流电压时相同,但需注意的是其读数为交流电压的有效值。

用万用表测量电压或电流时的注意事项如下:

(1) 测量时,不能用手触摸表笔的金属部分,以保证安全和测量的准确性。

(2) 测直流量时要注意被测电量的极性,避免指针反打而损坏表头。

(3) 不能带电调整挡位或量程,避免转换开关的触点因产生点弧而被损坏。

(4) 测量完毕后,将转换开关置于交流电压最高挡或空挡(OFF)。

5. 测量电阻

(1) 把转换开关拨到欧姆挡,合理选择量程。

(2) 两表笔短接,转动零欧姆调节旋钮,使指针打到电阻刻度右边的"0 Ω"处。

(3) 使被测电阻脱离电源,用两表笔接触电阻两端,用表头指针显示的读数乘所选量程的倍率数即为所测电阻的阻值。欧姆表刻度线的特点是:刻度线最右边为"0 Ω",最左边为"∞",且为非线性刻度。欧姆表指示的读数方法是:表针所指数值乘以量程挡位,即为被测电阻的阻值。图1-6-5示例中,当测量选择开关位于"R×1"挡时,指示值为20 Ω;当选择开关位于"R×10"挡时,指示值为200 Ω;当选择开关位于"R×1 k"挡时,指示值为20 kΩ;依此类推。

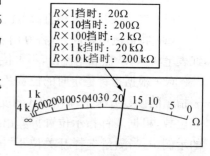

图1-6-5 欧姆表指示的读数方法

用万用表测量电阻时的注意事项如下:

(1) 不允许带电测量电阻,否则会烧坏万用表。

(2) 万用表内干电池的正极与面板上的"－"号插孔相连,干电池的负极与面板上的"＋"号插孔相连。在测量电解电容和晶体管等器件的电阻时要注意极性。

(3) 每换一次倍率挡,要重新进行欧姆调零。

(4) 不允许用万用表电阻挡直接测量高灵敏度表头内阻,以免烧坏表头。

(5) 不准用两只手捏住表笔的金属部分测电阻,否则会将人体电阻并接于被测电阻而引起测量误差。

（6）测量完毕后，将转换开关置于交流电压最高挡或空挡（OFF）。

6. 测量电容

测量电容时，采用 10 V、50 Hz 的交流电压作为信号源，万用表应置于"交流电压 10 V"挡。应该注意的是 10 V、50 Hz 的交流电压必须准确，否则会影响测量的准确性。测量时，将被测电容 C 与任一表笔串联后，再串接于 10 V 交流电压回路中，如图 1-6-6 所示，万用表即指示出被测电容 C 的容量。

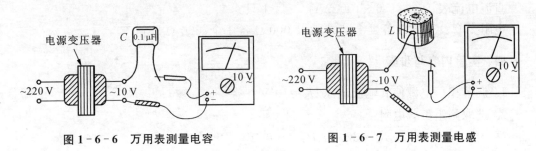

图 1-6-6 万用表测量电容   图 1-6-7 万用表测量电感

7. 测量电感

测量电感与测量电容方法相同，将被测电感 L 与任一表笔串联后，再串接于 10 V 交流电压回路中，如图 1-6-7 所示，万用表即指示出被测电感 L 的电感量。

8. 测量晶体管的直流电流放大倍数

将万用表上的测量选择开关转动至"ADJ（校准）"挡位，两表笔短接，调节欧姆挡调零旋钮使表针对准 h_{FE} 刻度线的"300"刻度。然后分开两表笔，将测量选择开关转动至"h_{FE}"挡位即可插入晶体管进行测量。万用表上的晶体管插孔，左半边供测量 NPN 型晶体管用，右半边供测量 PNP 型晶体管用，万用表表针所指示的数值即为晶体管的直流放大倍数。

五、万用表的维护

1. 每次使用完万用表后，应拔出表笔。

2. 将转换开关置于交流电压最高挡或空挡，防止下次开始使用时不慎烧坏万用表。

3. 若长时间搁置不用时，应将万用表中的电池取出，以防止电池电解液渗漏而腐蚀万用表内部电路。

4. 平时要保持万用表的干燥、清洁，严禁震动与机械冲击。

1.7 任务三 直流电路中电压、电流的测量

一、实验目的

1. 熟悉直流仪表的使用方法和万用表的使用方法。

2. 学习电路中电压、电流的测量方法及误差分析。

3. 掌握直流电源的使用方法。

二、实验原理

本实验是一个认识实验，通过实验了解实验室以及电工实验台、电工实验板的面板

布置和结构,电源的配置和位置。同时学会使用直流电源和直流仪表测量电路中的电压和电流,并分析误差,因此必须认真做好预习工作。

三、实验设备

直流稳压电源　　　　　30 V/1 A　　　　　1台
直流电压表　　　　　　0～10 V　　　　　1只
直流电流表　　　　　　0～100 mA　　　　1只
电阻200 Ω、300 Ω各1个;500 Ω、1 000 Ω各1个;600 Ω 2个

四、实验内容与步骤

1. 调节稳压电源使其输出电压 $U_S=10$ V。
2. 选取两组负载电阻:
第一组:$R_1=200$ Ω、$R_2=300$ Ω、$R_3=600$ Ω
第二组:$R_1=500$ Ω、$R_2=600$ Ω、$R_3=1 000$ Ω

先用万用表的电阻挡测量上述电阻的阻值,以检验其阻值是否与标称值一致。测量时,应先根据电阻上的标称阻值选择适当的欧姆倍率挡位,×100 或×1 k等,然后把红黑两根表棒短接,调节调零电位器,使指针为满刻度,此时的电阻阻值为0。必须注意:每变换倍率挡位时都必须重新"调零"。再用红黑两表棒搭在被测电阻两端,测量上述两组电阻的阻值,只要将指针所示的读数乘上倍率就可以较为正确地读出电阻阻值。倍率的选择,一般使指针指在欧姆刻度的中间 1/3 区域为宜。若测得的数值与标称阻值相差很远,则应换一个万用表重新测量,如果这时测得的阻值与标称值近似相等,则说明前一个万用表计量不准,不能继续使用。

这里必须强调:在通电时绝对不能用万用表来测量电阻的阻值。

3. 按图 1-7-1 所示的实验电路接线,图中"–◎–"为电流测量插口,平时为接通状态,当电流表的插头(如图 1-7-2 所示)插入时,该处电路自行断开,电流表经过插头串联接入电路中,电流表的读数就是该支路流过的电流大小。

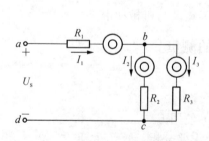　　　　　　　　　　　　　　

图 1-7-1　测量电压、电流的实验电路　　　　　图 1-7-2　电流表插头

4. 用直流电流表测量电路中的电流 I_1、I_2、I_3 和用直流电压表测量电路中的电压 U_{ab}、U_{bc}、U_{cd}、U_{bd},并将读数填入表 1-7-1 中。

因为电路中连接导线有一定的电阻阻值,测量电流、电压的插口也可能有一定的接

触电阻,同时电阻上标明的标称值与实际值允许有一定范围的误差,因此累加起来会造成测量得到的电压、电流数值与理论计算数值有一定的误差,这误差可以用相对误差来表示。一般来说,相对误差是较小的,如果过大的话则必须检查一下测量仪表在测量前是否校过零或是否已损坏。

$$相对误差 \quad \delta = \frac{|测量值 - 实际值|}{实际值} \times 100\%$$

表 1-7-1 电压、电流的测量数据

	I_1/A		I_2/A		I_3/A		U_{ab}/V		U_{bc}/V		U_{bd}/V		U_{cd}/V	
	计算	测量	计算	测量	计算	测量	计算	测量	计算	测量	计算	测量	计算	测量
$R_1 = 200\ \Omega$														
$R_2 = 300\ \Omega$														
$R_3 = 600\ \Omega$														
相对误差														
$R_1 = 400\Omega$														
$R_2 = 600\Omega$														
$R_3 = 1000\Omega$														
相对误差														

五、实验分析、思考与报告

1. 写出"计算值"的计算过程及求得相对误差的计算过程。
2. 找出产生相对误差的大致原因。
3. 实验体会。

模块三 拓展性任务

打开手机微信,扫描以下二维码获得模块三的内容。

项目小结

1. 电路就是电流通过的路径。它由电源、负载、控制和保护装置、连接导线四个部分构成。电路的主要作用：一是传输和转换电能；二是传递和处理信号。

2. 电流的实际方向是指正电荷运动的方向，电压的实际方向是指电位降的方向，电动势的方向是指电位升的方向。

3. 参考方向是在电路分析中假定的一个正方向（可以任意选定），引入参考方向后，电压、电流和电动势都是代数量，当参考方向与实际方向一致时，其值为正，反之为负。在未标出参考方向的情况下，其正、负是无意义的。

4. 元件上的电压和电流取一致的参考方向时称为关联参考方向。当采用关联方向时，欧姆定律为 $U=IR$，电功率 $P=UI$，P 为正值，表示吸收功率；若 P 为负值，表示发出功率。

5. 电路中某点的电位指该点到参考点的电压。计算电路中某一点的电位，就是从参考点出发，沿着任选的一条路径"走"到该点，遇到电位升高取正值，遇到电位降低取负值，累计其代数和就是该点的电位。

6. 用理想电路元件构成的电路称为电路模型。理想电路元件通常有电阻、电感、电容、理想电压源、理想电流源五种。实际电源有电压源模型和电流源模型两种电路模型。电压源模型与电流源模型之间可以等效变换。等效变换的条件是内阻相等，且 $I_S=U_S/R_0$。

7. 电路分有载、开路、短路三种基本状态。

有载状态是电路的正常状态，这时外电路上消耗的功率等于电源发出的功率减去内阻上消耗的功率。使用任何电气设备前都必须注意其额定值是否符合，额定值是为了保证电气设备安全可靠地运行而规定的允许值。开路状态即空载状态，这时电流为零，电源端电压等于电源电压 U_S，电路不消耗功率。短路状态是指电源两个输出端直接接通，通常是一种事故，这时电源端电压为零，短路电流，$I_{sc}=U_S/R_0$，电路功率全部消耗在电源内阻上。

8. 电阻定律反映的是导体的电阻与影响电阻大小的因素之间的定量关系。其内容为：温度一定时，同一材料的导体电阻和导体长度 L 成正比，和导体的截面积 S 成反比。

9. 欧姆定律反映了线性元件上电流与电压的约束关系，是分析电路的最基本也是最重要的定律。部分电路的欧姆定律内容为电流 I 与电阻两端的电压 U 成正比，与电阻 R 成反比。闭合电路的欧姆定律内容为闭合电路的电流跟电源的电动势成正比，跟内、外电路的电阻之和成反比。

10. 串联电阻电路的特点：① 各串联电阻中流过的电流相同。② 两端总电压等于各个电阻上的电压之和。③ 总电阻等于各个串联电阻之和。④ 电阻上电压的分配与其阻值成正比。并联电阻电路的特点：① 各并联电阻两端的电压相等。② 总电流等于各个并联电阻上的电流之和。③ 总电阻的倒数等于各个并联电阻的倒数之和。④ 并联各电阻上电流的分配与电阻的大小成反比。

11. 简单电路就是各部分是以串、并联形式连接的电路。复杂电路就是有一部分电路既不是串联也不是并联的电路。简单电路一般采用串并联公式、欧姆定律进行分析与计算，对复杂电路还需应用基尔霍夫定律及其他一些方法去分析。

项目思考与习题

1-1 图 1-1 所示为电流或电压的参考方向，试判别其实际方向。

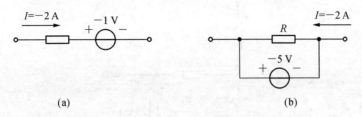

图 1-1 题 1-1 的电路图

1-2 U_{ab} 是否表示 a 点的电位高于 b 点电位?

1-3 在图 1-2(a)电路中,电压 $U_{ac}=$＿＿＿＿＿ V,从 a 点至 b 点的电压 $U_{ab}=$＿＿＿＿＿ V,从 b 点至 c 点的电压 $U_{bc}=$＿＿＿＿＿ V。在图(b)电路中,元件 B 的电压、电流的参考方向是关联的,而对于元件 A,则是＿＿＿＿＿。(c)电路中,$U_{ab}=-5$ V,试问 a、b 两点哪点电位高?

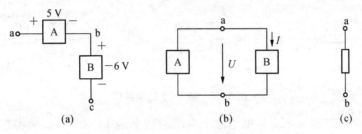

图 1-2 题 1-3 的电路图

1-4 指出图 1-3 所示电路中 A、B、C 三点的电位。

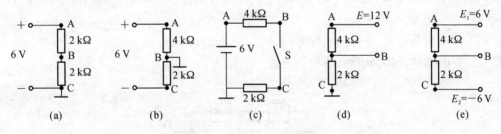

图 1-3 题 1-4 的电路图

1-5 在图 1-4 所示电路中,已知 $U=-10$ V,$I=2$ A,试问 A、B 两点,哪点电位高?元件 P 是电源还是负载?

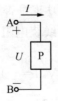

图 1-4 题 1-5 的电路图

1-6 在图 1-5 中,在开关 S 断开和闭合的两种情况下,试求 A 点的电位。

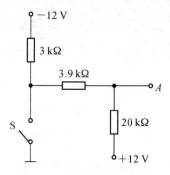

图 1-5　题 1-6 的电路图

1-7　已知电器元件的端电压或通过的电流,如图 1-6 所示,计算各电器元件的功率,并说明该元件是消耗元件(负载)还是发功元件(电源)。

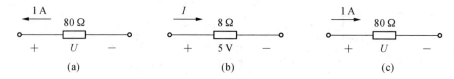

图 1-6　题 1-7 的电路图

1-8　一个电热器从 220 V 的电源上取用的功率是 1 000 W,如果将它接到 110 V 的电源上,则取用的功率为多少?

1-9　在图 1-7 所示电路中,5 个方框代表电源或负载,电流、电压的参考方向如图示,现测得:$I_1 = -4$ A,$I_2 = 6$ A,$I_3 = 10$ A,$U_1 = 140$ V,$U_2 = -90$ V,$U_3 = 60$ V,$U_4 = -80$ V,$U_5 = 30$ V。

(1) 试标出各电流、电压的实际方向。

(2) 判断哪些元件为电源,哪些为负载。

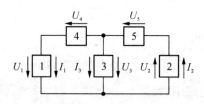

图 1-7　题 1-9 的电路图

(3) 计算各元件的功率,验证电路的功率是否平衡。

1-10　有一额定值 10 W/500 Ω 的线绕电阻,其额定电流为多少? 在使用时,电阻两端的电压最大为多少?

1-11　在图 1-8 中,已知 $U = 220$ V,$I = -1$ A,试问哪些方框是电源,哪些是负载?

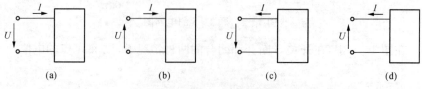

图 1-8　题 1-11 的电路图

1-12　图1-9(a)是一电池电路。当$U=3$ V，$E=5$ V时，该电池是用作电源(供电)，还是用作负载(充电)？图1-9(b)也是一电池电路，当$U=5$ V，$E=3$ V时，则又如何？

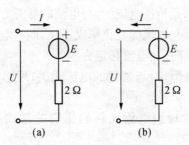

图1-9　题1-12的电路图

1-13　在图1-10(a)、(b)所示的电路中，哪些电路元件提供功率？

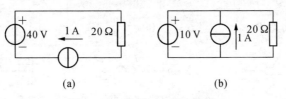

图1-10　题1-13的电路图

1-14　有一110 V、8 W的指示灯，现将其接在220 V电源上，试问应串接多大的电阻？电阻的功率是多少？

1-15　一只220 V、40 W的白炽灯与一只220 V、100 W的白炽灯并联接于220 V的电源上，哪个亮？若串联接于220 V的电源上，哪个亮？为什么？

1-16　当线圈两端电压为零时，线圈中有无储能？当通过电容器的电流为零时，电容器中有无储能？

1-17　电容(或电感)两端的电压和通过它的电流的瞬时值之间是否成比例，应该是什么关系？

1-18　电感元件中通过恒定电流时可看作短路，是否此时电感L为零？电容元件两端加恒定电压时可看作开路，是否此时电容C为无穷大？

1-19　在图示1-11的四个电路中，请分别确定电路中的电压电流分配关系。

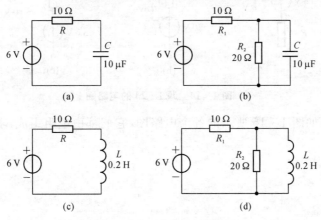

图1-11　题1-19的图

1-20　以下说法中,哪些是正确的,哪些是错误的?

(1) 所谓线性电阻,是指该电阻的阻值不随时间的变化而变化。

(2) 电阻元件在电路中总是消耗电能的,与电流的参考方向无关。

(3) 电感元件两端的电压与电流的变化率成正比,而与电流的大小无关。

(4) 当电容两端电压为零时,其电流必定为零。

(5) 理想电压源的端电压恒定,与通过的电流无关;理想电流源的输出电流恒定,与端电压无关。

1-21　图 1-12 所示各理想电路元件的伏安关系式中,哪些是正确的,哪些是错误的?

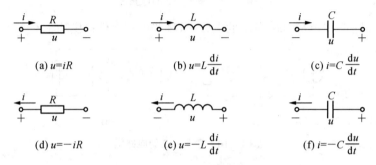

图 1-12　题 1-21 的图

1-22　在图 1-13 所示的电路中,已知各支路的电流 I、电阻 R 和电动势 E,试写出各支路电压 U 的表达式。

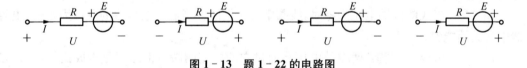

图 1-13　题 1-22 的电路图

1-23　求图 1-14 所示各支路中的未知量。

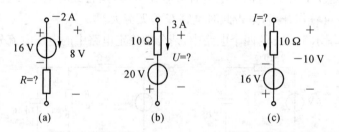

图 1-14　题 1-23 的电路图

1-24　已知如图 1-15 所示的各个电路图,它们都由电阻组成,求各个电路的等效电阻。

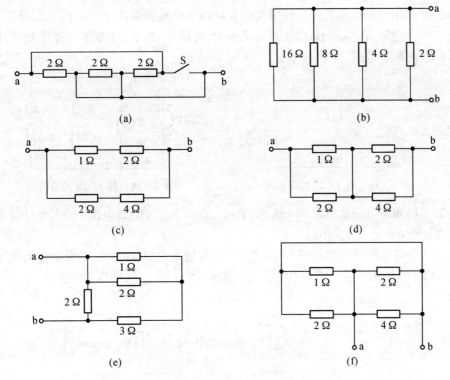

图 1 - 15   题 1 - 24 的图

1 - 25   试求图 1 - 16 所示各电路 a、b 两端的等效电阻 R_{ab}。

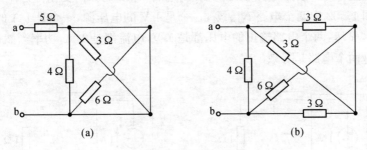

图 1 - 16   题 1 - 25 的图

1 - 26   试计算图 1 - 17 所示电路中 a、b 间的等效电阻 R_{ab}。

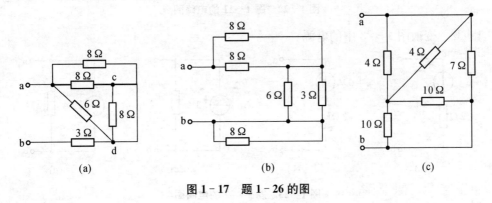

图 1 - 17   题 1 - 26 的图

1-27　采用串联电阻的分压作用实现音量调节的电路如图 1-18 所示。设信号输入电压 $U_1=2$ V，电阻 $R=510$ Ω，电位器的阻值 R_P 可在 0～5.1 kΩ 范围内连续调节，试计算输出电压 U_2 的调节范围。

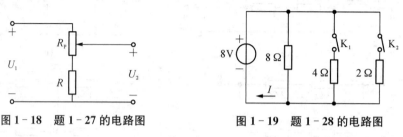

图 1-18　题 1-27 的电路图　　　　图 1-19　题 1-28 的电路图

1-28　已知某电路如图 1-19 所示，求：(1)开关 K_1 关闭后，电流 I 的大小；(2)开关 K_1 和 K_2 都关闭时，电流 I 的大小。

1-29　串联电阻分压器如图 1-20 所示，已知输入电压 $U_1=36$ V，要求输出电压 $U_2=12$ V，这时 R_1 和 R_2 的阻值应满足什么关系？如果 $R_2=1$ kΩ，R_1 的阻值是多少？

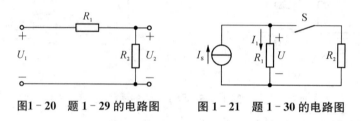

图 1-20　题 1-29 的电路图　　　图 1-21　题 1-30 的电路图

1-30　在图 1-21 所示电路中，开关 S 闭合后，I_1 和 U 如何变化？为什么？

1-31　图 1-22 中两个电路 N_1、N_2，一个是 1 V 的电压源，一个是 1 A 的电流源，当接入 1 Ω 电阻时，显然：两个电路输出的电压都是 1 V，电流都是 1 A，功率当然也是 1 W。那么，能不能说这两个电路是等效的呢？

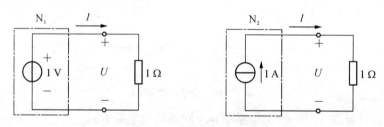

图 1-22　题 1-31 的电路图

1-32　变换图 1-23 中的电源。

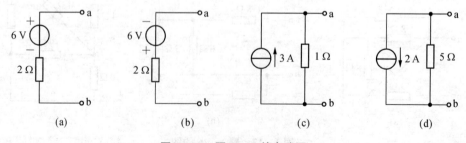

(a)　　　　　　(b)　　　　　　(c)　　　　　　(d)

图 1-23　题 1-32 的电路图

1-33 在图 1-24 所示的两个电路中,(1) R_1 是否为电源内阻?(2) R_1 中的电流 I_2 及其两端的电压 U_2 各为多少?(3) 改变 R_1 的阻值,对 I_2 和 U_2 有无影响?(4) 恒压源中的电流 I 和恒流源两端的电压 U 各为多少?(5) 改变 R_1 的阻值,对恒压源的电流 I 和其两端的电压 U 有无影响?

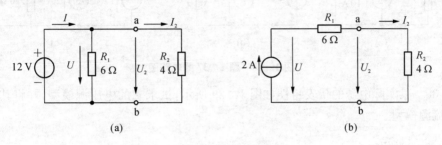

图 1-24 题 1-33 的电路图

1-34 将如图 1-25 所示电路化简成一个等效电压源电路。

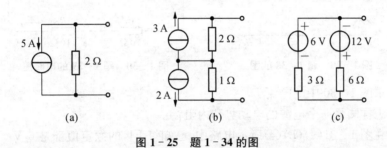

图 1-25 题 1-34 的图

1-35 将如图 1-26 中所示电路化简成一个等效电流源电路。

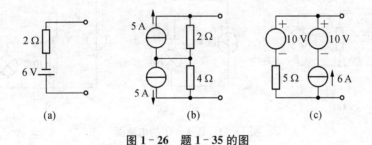

图 1-26 题 1-35 的图

1-36 求图 1-27 所示电路中的电压 U、电流 I。

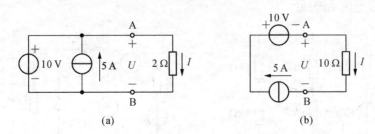

图 1-27 题 1-36 的电路图

1-37 在图 1-28(a)(b)(c)所示的电路中,电压 U 是多少?

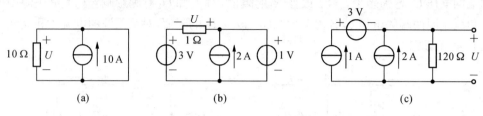

图 1-28 题 1-37 的电路图

1-38 某实际电源的伏安特性如图 1-29 所示,试求它的电压源模型,并将其等效变换为电流源模型。

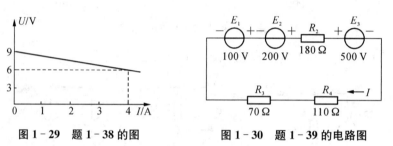

图 1-29 题 1-38 的图   图 1-30 题 1-39 的电路图

1-39 求图 1-30 中的电流 I。

1-40 怎样测量一个电源的电动势和内阻?

1-41 在图 1-31(a)(b)(c)所示电路中,已知灯 EL 的额定值都是 6 V、50 mA,试问哪个灯能正常发光?

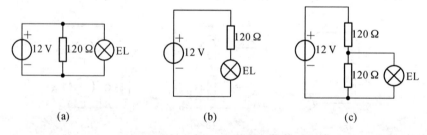

图 1-31 题 1-41 的电路图

1-42 在图 1-32 所示电路图中,要求计算:① 开关 S 打开时,求电压 U_{ab} 的值。② 开关 S 闭合时,求电流 I_{ab} 的值。

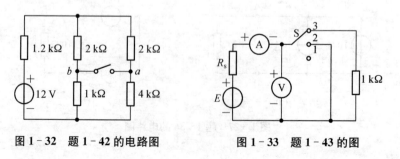

图 1-32 题 1-42 的电路图   图 1-33 题 1-43 的图

1-43 电路如图 1-33 所示,开关 S 倒向"1",电压表读数为 10 V,S 倒向"2"时,电流表读数为 10 mA,问开关 S 倒向"3"时,电压表、电流表读数各为多少。

1-44 一个正在工作的负载,如果因为某种事故而使其接到电源的两条导线发生短路,试问会产生什么后果? 如果熔断器没有熔断,负载会被烧毁吗?

1-45 用分流法求图 1-34 中所标出的电流 I 的值。

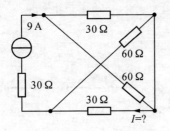

图 1-34 题 1-45 的电路图

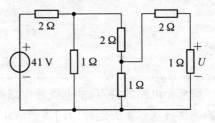

图 1-35 题 1-46 的电路图

1-46 求图 1-35 所示电路中标出的电压 U。

1-47 在图 1-36 电路中,试求 R_x、I_x、U_x。

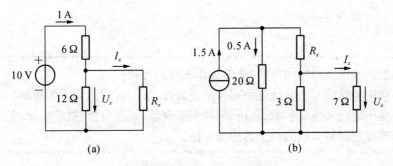

图 1-36 题 1-47 的电路图

项目二 分析电路——复杂直流电路

模块一 学习性任务

2.1 任务一 基尔霍夫定律

在电路的分析和计算中,有两个基本定律:欧姆定律和基尔霍夫定律。欧姆定律在前面已作介绍,本节学习基尔霍夫定律。基尔霍夫定律包括基尔霍夫电流定律和基尔霍夫电压定律,是分析和计算电路(特别是复杂电路)的基本定律。

在叙述基尔霍夫定律之前,先定义以下几个术语。

(1) 节点:电路中三条或三条以上支路的连接点称为节点。图 2-1-1 中有 a、b 两个节点。

(2) 支路:电路中任意两个节点之间的电路称为支路。图 2-1-1 中有 3 条支路。aeb 支路不含电源,称为无源支路。acb、adb 支路含有电源,称为有源支路。

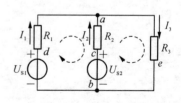

图 2-1-1 支路、节点、回路和网孔

（3）回路：电路中任意一闭合路径称为回路。图 2-1-1 中有 *adbca*、*acbea*、*adbea* 三个回路。

（4）网孔：内部不包含任何支路的回路称为网孔，也称单孔回路。图 2-1-1 中 *adbca*、*acbea* 这两个回路是网孔，其余的回路都不是网孔。

一、基尔霍夫定律的适用条件

基尔霍夫定律适用于各种线性及非线性电路的分析运算，具有普遍的适用性。它仅决定于电路中各元件的连接方式，而与各元件本身的物理特性无关。也即它适用于由任何元件所构成的任何结构的电路，电路中的电压和电流可以是恒定的也可以是任意变化的。

二、基尔霍夫定律的内容

（1）基尔霍夫电流定律

基尔霍夫电流定律（KCL）是反映电路中任一节点各支路电流之间的关系。由于电流的连续性，电荷在任一时刻任一节点处均不会消失，也不会堆积，故流入电路中任一支路、节点、回路和网孔点的电流总和等于流出该节点的电流总和。

基尔霍夫电流定律可叙述为：任一瞬时，通过电路中任一节点的各支路电流的代数和恒等于零。用数学式来表达，即

$$\sum I = 0 \qquad\qquad (2-1-1)$$

该定律应用于电路中某一节点时，必须首先假定各支路电流的参考方向，当假定流入节点的电流为正时，则流出节点的电流就为负。

在图 2-1-2 所示的电路中，当考察节点 A 时，在图示的参考方向下，流入节点 A 的电流为 I_1、I_3，流出节点 A 的电流为 I_2、I_4，于是，

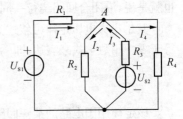

$$I_1 - I_2 + I_3 - I_4 = 0$$

或

$$I_1 + I_3 = I_2 + I_4$$

图 2-1-2　基尔霍夫电流定律示例

需要指出：依据电荷连续性原理，基尔霍夫电流定律不仅适用于节点，还可扩展应用于电路中任一假想的闭合面（见下面的例 2-1-1、例 2-1-2）。这就是说，通过电路中任一假想闭合面的各支路电流的代数和恒等于零。该假想闭合面称为广义节点。

例 2-1-1　图 2-1-3 所示为两个电气系统的连接，试确定两根导线中电流 I_1 和 I_2 的关系。

解　不论两个电气系统的内部如何复杂，若用两根导线将它们连接起来，则在两根导线中的电流必然存在 $I_1 = I_2$ 的关系。这是因为可将 A 电气系统视为一广义节点，故有

$$I_2 - I_1 = 0,\ \text{即}\quad I_2 = I_1$$

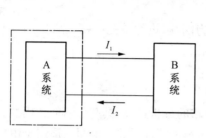

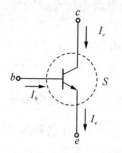

图 2-1-3　例 2-1-1 的图　　　　　图 2-1-4　例 2-1-2 的图

例 2-1-2　试分析图 2-1-4 所示的晶体管基极电流 I_b、发射极电流 I_e 和集电极电流 I_c 之间的关系。

解　假想一闭合面 S，将晶体管包围起来，如图中虚线所示。则有

$$I_b + I_c - I_e = 0$$

或

$$I_b + I_c = I_e$$

晶体管虽是非线性元件，但它无论工作在什么情况下，这三个极电流之间的关系，总是发射极电流等于基极电流与集电极电流之和。也就是说，基尔霍夫电流定律反映了电路中任一节点处各支路电流必须服从的约束关系，与各支路上是什么元件无关。

（2）基尔霍夫电压定律

基尔霍夫电压定律（KVL）是反映电路中任一回路各支路电压之间的关系。由于电位的单值性，沿任一闭合路径移动一周，电位会有升有降，但当回到原点时必然还是原来的电位。也就是说，沿闭合回路绕行一周，回到原出发点，电位的变化量应为零。

基尔霍夫电压定律可叙述为：在电路中任一瞬时，沿任一回路的所有支路电压的代数和恒等于零。用数学式来表达，即

$$\sum U = 0 \tag{2-1-2}$$

该定律用于电路的某一回路时，必须首先假定各支路电压的参考方向并指定回路的循行方向（顺时针或逆时针），当支路电压的参考方向与回路循行方向一致时取"＋"号，相反时取"－"号。注意：用此式列方程时电动势要以电压的形式出现在方程式左侧。

以图 2-1-5 电路为例说明，沿着回路 $abcdea$ 绕行方向，有

$$R_1 I_1 + E_1 - R_2 I_2 - E_2 + R_3 I_3 = 0$$

上式也可写成

$$R_1 I_1 - R_2 I_2 + R_3 I_3 = E_2 - E_1$$

它表示任何时刻，在任一闭合回路的路径上，各电阻上的电压降代数和等于各电源电动势的代数和，即

$$\sum RI = \sum E \tag{2-1-3}$$

注意：用此式列方程时电动势直接以电动势的形式出现在方程式右侧。

需要指出：基尔霍夫电压定律不仅应用于闭合回路，也可以推广应用于假想回路（开口电

路）。如图 2-1-6 所示的电路,其开口端电压 U_{UV} 可看成是连接节点 U、V 另一条支路的电压降,这样可将 $UVNU$ 看成是一个闭合电路(虚线部分),以顺时针为回路循行方向,根据 KVL 可列写出 $U_{UV}+U_{VN}-U_{NU}=0$,这就是说,电路中任一虚拟回路各电压的代数和恒等于零。

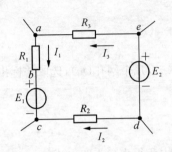

图 2-1-5　基尔霍夫电压定律示例

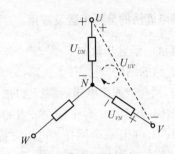

图 2-1-6　基尔霍夫电压定律的推广

由以上所述可知 KCL 规定了电路中任一节点各支路电流必须服从的约束关系,而 KVL 则规定了电路中任一回路内各支路电压必须服从的约束关系。这两个定律仅与元件相互连接的方式有关,而与元件的性质无关,所以这种约束称为结构约束或拓扑约束。

电路中的各个支路的电流和支路的电压受到两类约束。一类是元件的特性造成的约束,称为元件约束,由元件伏安特性体现。如线性电阻元件必须满足 $u=iR$ 的关系。另一类是元件的相互连接给支路电流之间和支路电压之间带来的约束关系,称为拓扑约束,这类约束由基尔霍夫定律体现。

例 2-1-3　图 2-1-7 所示电路中,电阻 $R_1=3\ \Omega$,$R_2=2\ \Omega$,$R_3=1\ \Omega$,$U_{S1}=3\ \mathrm{V}$,$U_{S2}=1\ \mathrm{V}$。求电阻 R_3 两端的电压 U。

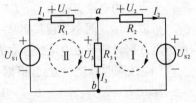

图 2-1-7　例 2-1-3 图

解　各支路电流和电压的参考方向见图示。

对回路 I(绕行方向见图示)应用 KVL,有　$-U_3+U_2+U_{S2}=0$

对回路 II 应用 KVL,有　　$U_1+U_3-U_{S1}=0$

对节点 a 应用 KCL,有　　$I_1=I_2+I_3$

由欧姆定律有 $U_1=I_1R_1=3I_1$,$U_2=I_2R_2=2I_2$,$U_3=I_3R_3=I_3$

代入已知数据,解得　$U_3=\dfrac{9}{11}\ \mathrm{V}$

2.2　任务二　支路电流法

一、支路电流法

分析和计算电路原则上可以应用欧姆定律和基尔霍夫定律解决,但往往由于电路复杂,计算过程十分烦琐,为此还需用到一些其他的方法,以简化计算。支路电流法、叠加定理和戴维南定理是最常用的电路分析方法,本任务介绍支路电流法。

支路电流法是以支路电流为待求量,利用基尔霍夫两个定律,列出电路的方程,从而解出支路电流的方法。支路电流法是分析、计算复杂电路的方法之一,也是一种最基本的方法。下面通过具体实例说明支路电流法的求解规律。

二、支路电流法的适用条件

支路电流法原则上对任何电路都是适用的,所以是求解电路的一般方法。

三、支路电流法的分析步骤及应用

支路电流法的解题步骤如下:

1. 分析电路的结构,看有几条支路(b) 几个节点(n),几个网孔(m),选取并标出各支路电流的参考方向、网孔或回路电压的绕行方向。

2. 根据 KCL 列出($n-1$)个独立节点的电流方程。

3. 根据 KVL 列出 m 个网孔的电压方程。

4. 代入已知的电阻和电源的数值,联立求解以上方程得出各支路电流值。

5. 由各支路电流可求出相应的电压和功率。

例 2 - 2 - 1　图 2 - 2 - 1 中,$U_{S1}=15$ V,$U_{S2}=4.5$ V,$U_{S3}=9$ V,$R_1=15$ Ω,$R_2=1.5$ Ω,$R_3=1$ Ω,用支路电流法计算各支路电流。

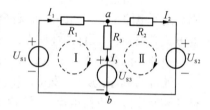

图 2 - 2 - 1　例 2-1-1 的电路图

解　(1) 各支路电流参考方向如图所示,且支路数为 3,节点数为 2,回路数为 2,网孔数为 2。

(2) 根据 KCL 列出节点 a 的电流方程为 $I_1+I_3-I_2=0$

节点 b 的电流方程为　$-I_1-I_3+I_2=0$

可以看出这两个方程其实是一样的,进一步可证明,n 个节点只能列出($n-1$)个独立的节点电流方程。即节点电流的独立方程数比节点数少一个。

(3) 按顺时针绕行方向,根据 KVL 列网孔电压方程

Ⅰ: $R_1I_1-R_3I_3+U_{S3}-U_{S1}=0$　即　$15I_1-I_3-6=0$

Ⅱ: $R_2I_2+U_{S2}-U_{S3}+R_3I_3=0$　即　$1.5I_2-4.5+I_3=0$

(4) 联立以上方程　$I_1=0.5$ A,$I_2=2$ A,$I_3=1.5$ A

I_1、I_2、I_3 皆为正值,表示电流的实际方向与参考方向相同。

最后,为了检查解题是否正确,可将计算结果代入一个未用过的回路电压方程中进行验算,如本例中最外圈的那个回路。

2.3　任务三　叠加定理

一、叠加定理的适用条件

电路元件有线性和非线性之分,线性元件的参数是常数,与所施加的电压和通过的电流无关。由线性元件组成的电路称为线性电路。线性电路有两个基本特点:叠加性和比例性。叠加定理正是反映线性电路这两个重要特性的定理,在电路分析中占有重要地位。

叠加定理只适用于分析线性电路中的电流和电压,非线性电路、线性电路的功率或能量不能用此定律。

二、叠加定理的内容

叠加定理可表述为:在线性电路中,如果有多个独立源同时作用时,则每一元件上产生的电流或电压,等于各个独立源单独作用时在该元件上产生的电流或电压的代数和。

本书不对叠加定理做严格的数学证明,只通过一个具体的例子来验证其正确性。

例如在图 2-3-1(a)所示电路中,如果求通过电阻 R 的电流 I,可用电源等效变换的方法,先将 U_S 和 R_0 的串联电路变换为电流源模型,如图 2-3-1(b)所示,再将两并联理想电流源合并,得图 2-3-1(c)所示电路。由分流关系求得

$$I = \frac{R_0}{R_0+R}\left(\frac{U_S}{R_0}+I_S\right)$$

即
$$I = \frac{U_S}{R_0+R} + \frac{R_0}{R_0+R}I_S = I' + I''$$

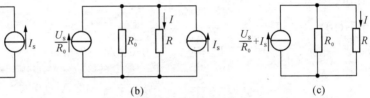
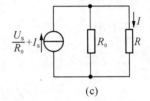

(a)　　　　　　　　　　(b)　　　　　　　　　　(c)

图 2-3-1　用电源变换法求解电路

我们来分析此解,构成电流 I 的第一部分分量为 $I' = \frac{U_S}{R_0+R} = \frac{U_S}{R_0} \times \frac{R_0}{R_0+R}$,此分量与电流源 I_S 无关,其实质是只有电压源 U_S 单独作用时,在电阻 R 支路上产生的电流;构成电流 I 的第二部分分量为 $I'' = \frac{R_0}{R_0+R}I_S$,此分量与 U_S 无关,其实质是只有电流源 I_S 单独作用时,在电阻 R 支路上产生的电流。

可见,电阻 R 上的电流是两个电源分别单独作用在 R 上产生的电流的叠加。

在应用叠加定理时,应保持电路的结构不变。在考虑某一电源单独作用时,要假设其他电源都不起作用。假设理想电压源不起作用,即电压为零,零电压相当于短路,所以可以用短路线替代;假设理想电流源不起作用,即电流为零,零电流相当于开路,所以可以用开路替代。但是如果电源有内阻,则都应保留在原处。

三、叠加定理的应用

例 2-3-1　图 2-3-2 中,$U_{S1}=130$ V,$U_{S2}=117$ V,$R_1=1$ Ω,$R_2=0.6$ Ω,$R_3=24$ Ω,用叠加定理计算 R_3 支路的电流。

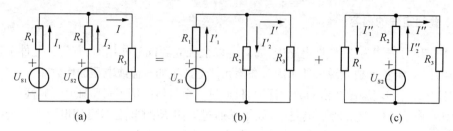

图 2-3-2　例 2-3-1 图

解　由叠加定理可知:电路中的 U_{S1} 和 U_{S2} 共同作用,在各支路中所产生的电流 I_1、I_2 和 I,应为 U_{S1} 单独作用在各支路中所产生的电流 I'_1、I'_2、I' 与 U_{S2} 单独作用在各相应支路中所产生的电流 I''_1、I''_2、I'' 的代数和。这就是说图 2-3-2(a)所示的电路可视为是图(b)和图(c)的叠加。图(b)是考虑 U_{S1} 单独作用时的情况,此时 $U_{S2}=0$,即将 U_{S2} 所在处短接,但该支路的电阻(包括电源内阻) R_2 应保留在原处;图(c)是考虑 U_{S2} 单独作用时的情况,此时 U_{S2} 所在处被短接,但 R_1 保留在原处。

由图(b)可得　　$I'_1 = \dfrac{U_{S1}}{R_1 + \dfrac{R_2 R_3}{R_2 + R_3}} = \dfrac{130}{1 + \dfrac{0.6 \times 24}{0.6 + 24}}$ A = 82 A

$$I'_2 = \frac{R_3}{R_2 + R_3} I'_1 = \frac{24}{0.6 + 24} \times 82 \text{ A} = 80 \text{ A}$$

$$I' = I'_1 - I'_2 = (82 - 80) \text{ A} = 2 \text{ A}$$

由图(c)可得　　$I''_2 = \dfrac{U_{S2}}{R_2 + \dfrac{R_1 R_3}{R_1 + R_3}} = \dfrac{117}{0.6 + \dfrac{1 \times 24}{1 + 24}}$ A = 75 A

$$I''_1 = \frac{R_3}{R_1 + R_3} I''_2 = \frac{24}{1 + 24} \times 75 \text{ A} = 72 \text{ A}$$

$$I'' = I''_2 - I''_1 = (75 - 72) \text{ A} = 3 \text{ A}$$

由于图 2-3-2(a)所示电路可视为是图(b)和图(c)两电路的叠加,于是各支路的电流为上列两组相应电流的代数和。由图 2-3-2 所示各电流的参考方向,考虑正、负号的关系可得

$$I_1 = I'_1 - I''_1 = (82 - 72) \text{ A} = 10 \text{ A}$$

$$I_2 = I''_2 - I'_2 = (75 - 80) \text{ A} = -5 \text{ A}$$

$$I = I' + I'' = (2 + 3) \text{ A} = 5 \text{ A}$$

使用叠加定理时需注意以下几点:

① 叠加定理只适用于分析线性电路中的电流和电压,而功率或能量与电流、电压成二次方关系,如图 2-3-2 中电阻 R_3 所吸收的功率为 $P = I^2 R_3 = (I' + I'')^2 R_3$,显然 $P \neq I'^2 R_3 + I''^2 R_3$,故叠加定理不适用于分析功率或能量。

② 所谓某一电源单独作用,就是将其余的理想电源(理想电流源和理想电压源)除去,而电路中其他元件及电路连接方式都保持不变,电源的内阻必须保留在原处。

③ 注意原电路图和分解成各单个电源电路图中电流和电压的参考方向。以原电路图中电压和电流的参考方向为准,分电流和分电压的参考方向与其一致时取正号,不一致时取负号。

2.4 任务四 戴维南定理

戴维南定理又称二端网络定理或等效发电机定理,是由法国电信工程师戴维南在研究复杂电路的等效化简问题时,通过大量实验及论证于1883年提出的。

一、二端网络

在电路分析中,任何具有两个引出端的部分电路都可称为二端网络。二端网络中,如果含有电源就叫作有源二端网络,如图2-4-1(a)所示;如果没有电源则叫作无源二端网络,如图2-4-1(b)所示。电阻的串联、并联、混联电路都属于无源二端网络,它总可以用一个等效电阻来替代,而一个有源二端网络则可以用一个等效电压源来代替。

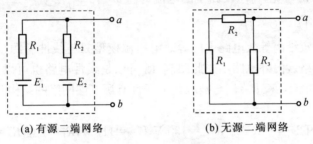

(a) 有源二端网络　　　　　　(b) 无源二端网络

图 2-4-1　二端网络

二、戴维南定理

戴维南定理是说明如何将一个线性有源二端电路等效成一个电压源的重要定理。戴维南定理可以表述如下:对外电路来说,线性有源二端网络可以用一个理想电压源和一个电阻的串联组合来代替。理想电压源的电压等于该有源二端网络两端点间的开路电压,用 $U_\circ$ 表示;电阻则等于该网络中所有电源都不起作用时(电压源短接,电流源切断)两端点间的等效电阻,用 $R_\circ$ 表示。

应用戴维南定理求某一支路电流和电压的步骤如下:

1. 把复杂电路分成待求支路和有源二端网络两部分。
2. 把待求支路移开,求出有源二端网络两端点间的开路电压 $U_\circ$。
3. 把网络内各电压源短路,电流源开路,求出无源二端网络两端点间的等效电阻 $R_\circ$。

三、戴维南定理应用

在电路计算中,有时只需计算电路中某一支路的电流,如果用前面讲过的一些方法求解时,会引出一些不必要的电流计算。为了简化计算,可以把需要计算电流的支路单独划出用戴维南定理进行计算。

例如在图2-4-2(a)中,把电阻 R_L 的 AB 支路单独划出,而电路的其余部分,无论其有多复杂,都将成为一个有源二端网络。有源二端网络变换为等效电压源模型后,一个复杂电路就变换为一个单回路简单电路,就可以直接应用全电路欧姆定律,来求取该电路的电流和端电压。

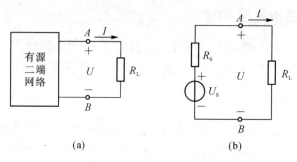

图 2-4-2　戴维南定理

由图 2-4-2(b)可见,待求支路中的电流为　　$I = \dfrac{U_S}{R_0 + R_L}$

其端电压为　　$U = U_S - IR_0$

需要注意的是戴维南等效电路中的等效电压源模型只与线性有源二端网络等效,不适合非线性的二端网络。但外电路不受此限制,既可以是线性电路也可以是非线性电路。因为等效电压源的参数(U_S 和 R_0)仅与被取代的线性有源二端网络的结构及元件参数有关,而与外电路无关。

例 2-4-1　图 2-4-3(a)中,$U_{S1} = 130$ V,$U_{S2} = 117$ V,$R_1 = 1$ Ω,$R_2 = 0.6$ Ω,$R_L = 24$ Ω,用戴维南定理计算 R_L 支路的电流。

解　(1)将原电路用戴维南等效电路代替。

图 2-4-3(a)中点画线框内是一个有源二端网络,根据戴维南定理可用一电压为 U_S 的理想电压源和内阻 R_0 相串联的电压源模型来等效代替,如图(b)所示。

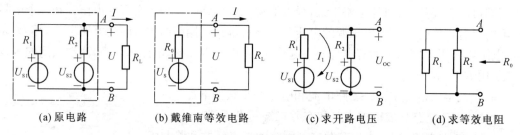

(a)原电路　　　　　(b)戴维南等效电路　　　　(c)求开路电压　　　　(d)求等效电阻

图 2-4-3　例 2-4-1 的电路图

(2) 求电压源模型的理想电压源电压 U_S。

理想电压源的电压 U_S 等于 A、B 两端的开路电压 U_{OC},这可由图(c)求得。

图(c)中　　　　　$I_1 = \dfrac{U_{S1} - U_{S2}}{R_1 + R_2} = \dfrac{130 - 117}{1 + 0.6}$ A ≈ 8.13 A

$$U_S = U_{OC} = I_1 R_2 + U_{S2} = (8.13 \times 0.6 + 117) \text{ V} \approx 122 \text{ V}$$

(3) 求电压源模型的内阻 R_0。

电压源模型的内阻 R_0 为无源网络 A、B 两端的等效电阻,这可由图(d)求得

$$R_0 = \dfrac{R_1 R_2}{R_1 + R_2} = \dfrac{1 \times 0.6}{1 + 0.6} \text{ Ω} = 0.375 \text{ Ω}$$

（4）由戴维南等效电路求出电流 I。

由图（b）可得 $I = \dfrac{U_S}{R_o + R_1} = \dfrac{122}{0.375 + 24}$ A ≈ 5 A

本题还可以用电源的等效代换来求，过程如下

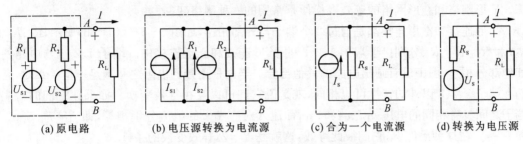

（a）原电路　（b）电压源转换为电流源　（c）合为一个电流源　（d）转换为电压源

图 2 - 4 - 4 例 2 - 4 - 1 的电源等效代换解法

解 化电压源模型为等效电流源模型，得电路图如图 2 - 4 - 4(b) 所示，

其中 $I_{S1} = \dfrac{U_{S1}}{R_1} = \dfrac{130}{1}$ A $= 130$ A　$I_{S2} = \dfrac{U_{S2}}{R_2} = \dfrac{117}{0.6}$ A $= 195$ A

合并电流源 I_{S1} 与 I_{S2}，得图 2 - 4 - 4(c)，其中 $I_S = I_{S1} + I_{S2} = (130 + 195)$ A $= 325$ A

$$R_S = \frac{R_1 R_2}{R_1 + R_2} = \frac{1 \times 0.6}{1 + 0.6} \ \Omega = 0.375 \ \Omega$$

根据图 2 - 4 - 4(c)，利用分流公式求得流过 R_L 的电流

$$I = \frac{R_S}{R_L + R_S} I_S = \frac{0.375}{24 + 0.375} \times 325 \ \text{A} \approx 5 \ \text{A}$$

与用戴维南定理方法求解的结果相同。

四、负载获得最大功率的条件

如上所述，任何一个线性有源二端网络都可以变换为一个电动势 E（或 U_S）和内阻 R_o 串联的等效电源，如图 2 - 4 - 2 所示。

负载获得的功率为 $P = I^2 R_L = \left(\dfrac{E}{R_L + R_o}\right)^2 R_L = \dfrac{E^2}{\dfrac{(R_L - R_o)^2}{R_L} + 4R_o}$

可见，在电源给定的条件下，负载功率的大小与负载电阻 R_L 本身有关。当负载电阻与电源内阻相等时（$R_L = R_o$），负载获得最大功率，这种工作状态称为负载与电源匹配。此时电源内阻上消耗的功率和负载获得的功率相等，故电源效率只有 50%。

在电力系统中，传输的功率大，要求效率高，能量损失小，所以不能工作在匹配状态。而在电信系统中，传输的功率小，效率居于次要地位，常设法达到匹配状态，使负载获得最大功率。

本节最后需要指出的是，由于电压源——串联电阻组合与电流源——并联电阻组合可以等效互换，因此，一个含源二端网络也可以化简为一个电流源与电阻相并联的等效电路。这就是与戴维南定理并列的诺顿定理。这个电流源——并联电阻组合称为诺顿等效电路。

限于篇幅,本书不再细说。

2.5　任务五　Y形网络和△形网络的等效变换

在本项目最后我们介绍一个关于网络变形的方法,利用这一方法有时能简化电路的计算。Y形网络和△形网络的等效变换便是常用的一种网络变形。

Y形连接和△形连接都是通过3个端子与外部相连,如图2-5-1(a)(b)所示,R_1、R_2、R_3和R_{31}、R_{12}、R_{23}分别接于端子1、2、3的Y形连接和△形连接中。端子1、2、3与电路的其他部分相连,图中没有画出电路的其他部分。当两种连接的电阻之间满足一定关系时,它们在端子1、2、3以外的特性可以相同,就是说它们可以互相等效变换。如果在它们的对应端子之间具有相同的电压u_{12}、u_{23}和u_{31},而流入对应端子的电流分别相等,即$i_1 = i_1'$、$i_2 = i_2'$和$i_3 = i_3'$,在这种条件下,它们彼此等效:这就是Y-△等效变换的条件。

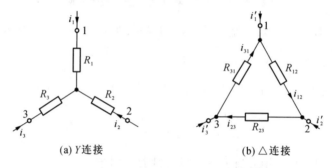

(a) Y连接　　　　　　　　　　(b) △连接

图2-5-1　Y连接和△连接的等效变换

可以证明:当满足如下条件时,Y形连接和△形连接"对外"可以互相等效变换。

$$R_{12} = \frac{R_1R_2 + R_2R_3 + R_3R_1}{R_3} \qquad R_1 = \frac{R_{12}R_{31}}{R_{12} + R_{23} + R_{31}}$$

$$R_{23} = \frac{R_1R_2 + R_2R_3 + R_3R_1}{R_1} \quad 或 \quad R_2 = \frac{R_{23}R_{12}}{R_{12} + R_{23} + R_{31}} \qquad (2-5-1)$$

$$R_{31} = \frac{R_1R_2 + R_2R_3 + R_3R_1}{R_2} \qquad R_3 = \frac{R_{31}R_{23}}{R_{12} + R_{23} + R_{31}}$$

例2-5-1　求图2-5-2(a)所示桥形电路的总电阻R_{ab}。

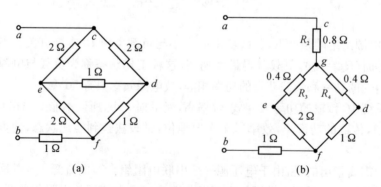

(a)　　　　　　　　　　　　　(b)

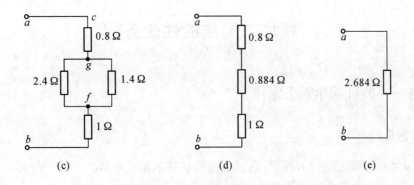

图 2-5-2 例 2-5-1 图

解 将节点 c、e、d 内的△形电路用等效 Y 形电路替代，得到图(b)电路，其中 $R_2 = \dfrac{2 \times 2}{2+2+1}$ Ω=0.8 Ω　　$R_3 = \dfrac{2 \times 1}{2+2+1}$ Ω=0.4 Ω　　$R_4 = \dfrac{2 \times 1}{2+2+1}$ Ω=0.4 Ω

然后用串、并联的方法，得到图(c)(d)(e)电路，从而得到 R_{ab}=2.684 Ω

另一种方法是用△形电路替代节点 c、d、f 内的 Y 形电路(以节点 e 为 Y 形的公共点)，如图 2-5-3 (b)所示，求解过程见图 2-5-3。

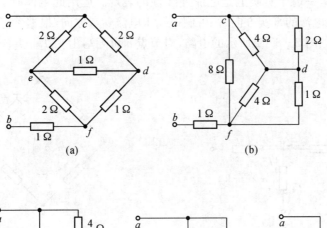

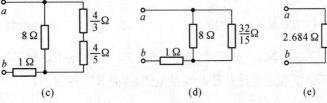

图 2-5-3 例 2-5-1 图

模块二　技能性任务

2.6　任务一　验证基尔霍夫定律

一、实验目的

1. 加深对基尔霍夫定律的理解,通过实验验证基尔霍夫定律。
2. 进一步认识电路中的参考方向。
3. 进一步熟悉直流电压表、直流电流表的使用。

二、实验原理

基尔霍夫定律是电路理论中最基本的定律之一,它阐明了电路整体结构中电流和电压遵循的规律,应用十分广泛。基尔霍夫定律包含:(1) 电流定律(简称 KCL);(2) 电压定律(简称 KVL)。

1. 基尔霍夫电流定律的内容是:在任何一个瞬时,流入电路中任何一个节点的电流代数和恒等于零。这一定律实质上是电流连续性的表现。运用此定律时必须注意电流的方向,如事先不知道电流的真实方向时,可假设一个电流参考方向,根据参考方向可写出 KCL 的数学表达式。如图 2-6-1 所示的电路,对节点 a 可列写出　　$I_1 + I_2 - I_3 = 0$

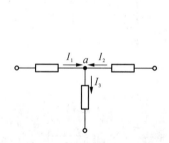

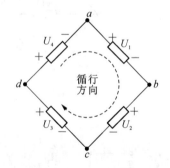

图 2-6-1　基尔霍夫电流定律　　　　　　图 2-6-2　基尔霍夫电压定律

上式就是基尔霍夫定律的一般形式,即 $\sum I = 0$。显然,这条定律与各支路上接的是什么样的元件无关,不论是线性电路还是非线性电路,都是普遍适用的。

此定律可以推广至广义节点。

2. 基尔霍夫电压定律的内容是:在任何一个瞬时,沿任一闭合回路中任一循行方向,各段电压降的代数和恒等于零。即 $\sum U = 0$。

在图 2-6-2 所示的闭合回路中,各支路电压的参考方向如图中所示,选取 $abcd$ 循行方向可列写出 $U_{ab} + U_{bc} + U_{cd} + U_{da} = 0$　即　$U_1 + U_2 + U_3 + U_4 = 0$

显然,基尔霍夫电压定律也与闭合回路中各元件的性质无关,不论是线性电路还是非线性电路,都是普遍适用的。

三、实验设备

直流稳压电源	30 V/1 A	1台
电阻	200 Ω(10 W)	2个
	300 Ω、500 Ω(均为 10 W)	各1个
直流电压表	0 ~ 10 V	1只
直流电流表	0 ~ 100 mA	1只

四、实验内容与步骤

1. 实验电路如图 2-6-3 所示。

2. 实验步骤:

(1) 将稳压电源的输出接到直流电压表,调节稳压电源,使输出电压为 10 V,然后关闭电源。

(2) 按图 2-6-3 所示的电路接线。

(3) 将开关 S 合向电源 U_S,用直流电流表测量各支路电流,并将读数与计算值记入表 2-6-1 中,进行比较。

(4) 用直流电压表测量各支路电压,将读数与计算值记入表 2-6-2 中,进行比较。

(5) 用表 2-6-1 和表 2-6-2 中测量的数据来验证各节点的电流之和是否满足 $\sum I = 0$,各支路的电压之和是否满足 $\sum U = 0$,并将结果填入表 2-6-3 和表 2-6-4 中。

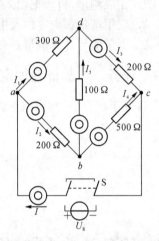

图 2-6-3 基尔霍夫定律实验电路

表 2-6-1 图 2-6-3 实验电路各支路电流

	I	I_1	I_2	I_3	I_4	I_5
计算值/mA						
测量值/mA						

表 2-6-2 图 2-6-3 实验电路各支路电压

	U_{ab}	U_{cb}	U_{ac}	U_{dc}	U_{ad}	U_{db}
计算值/V						
测量值/V						

表 2-6-3 验证 KCL

	节点 a	节点 b	节点 c	节点 d
计算值$\sum I$				
测量值$\sum U$				
误差$\triangle I$				

表 2 - 6 - 4　验证 KVL

	回路 *adb*	回路 *dcb*	回路 *abcd*	回路 *acba*
计算值ΣI				
测量值ΣU				
误差 ΔI				

五、实验分析、思考与报告

1. 完成测量，将数据填入相应的表内。
2. 应用基尔霍夫定律及电路参数计算各支路的电流和电压。
3. 测量值与计算值是否存在误差？指出产生误差的大致原因。

2.7　任务二　验证叠加定律

打开手机微信，扫描以下二维码获得任务二的内容。

2.8　任务三　验证戴维南定理

打开手机微信，扫描以下二维码获得任务三的内容。

模块三　拓展性任务

2.9　电路分析的一般方法与常用定理

打开手机微信，扫描以下二维码获得任务内容。

项目小结

1. 基尔霍夫定律包含基尔霍夫电流定律和基尔霍夫电压定律。

基尔霍夫电流定律:在电路中任一瞬时,通过任一节点的各支路电流的代数和恒等于零,即 $\sum I = 0$。通常应用于节点,也可推广应用于任一假设的闭合面。

基尔霍夫电压定律:在电路中任一瞬时,沿任一回路的所有支路电压的代数和恒等于零,即 $\sum U = 0$。通常应用于闭合回路,也可推广应用于任何开口电路。

基尔霍夫定律是电路的基本定律之一,它具有普遍的适用性,适用于任一瞬时、任何电路、任何变化的电流和电压。

2. 支路电流法是分析和计算电路的基本方法。它是以电路中的支路电流为未知量,应用基尔霍夫定律列出电路方程,通过解方程组得到各支路电流。

应用支路电流法时,首先要假定电路中各支路电流的参考方向。求得的电流为正值时,电流的实际方向与参考方向一致,否则相反。对于具有 n 个节点、b 条支路的电路可列出 $(n-1)$ 个独立的节点电流方程和 $[b-(n-1)]$ 个独立的回路电压方程。

3. 叠加定理:在有多个电源共同作用的线性电路中,在任一支路中所产生的电流或电压,等于各个电源分别单独作用时,在该支路中所产生的电流或电压的代数和。

叠加定理是反映线性电路基本性质的一条重要定理,是分析电路的一种重要方法,依据它可将多个电源共同作用下产生的电压和电流,分解为各个电源单独作用时所产生的电压和电流之代数和。假设某电源单独作用时,应将其他理想电压源短路,其他理想电流源开路,而电源内阻均须保留。叠加中要注意各电流分量和电压分量的方向。

4. 如果只需求解复杂电路中某一支路中的电流或电压,用戴维南定理比较方便。方法是:将待求支路从电路中取出,剩余部分成为有源二端网络。一个线性有源二端网络可简化为一个等效电压源。求解时一般分为四步进行:将原电路用戴维南等效电路代替;求开路电压;求等效电阻;最后计算所求支路的电流或电压。

5. Y 形网络和△形网络的等效变换是"对网络外部"而言,通过等效变换,有时对简化复杂电路的分析计算很有帮助。

项目思考与练习

2-1 KCL 定理、KVL 定理以及支路电流法、叠加定理、戴维南定理中有哪些只适用于线性电路,而不适用于非线性电路?

2-2 试求图 2-1 所示电路中的电流 I。

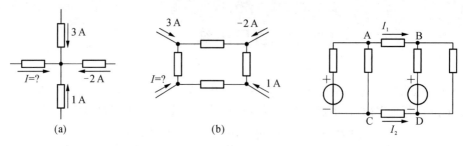

图 2-1　题 2-2 的电路图　　　　　图 2-2　题 2-3 的电路图

2-3　图 2-2 所示的电路中,若 $I_1=5$ A,则 I_2 是多少? 若 AB 支路断开,则 I_2 是多少?

2-4　图 2-3 中,电流表 A_1 的读数为 3 A,A_2 读数为 -6 A。参考方向图中已标明,求电流表 A_3 的读数。

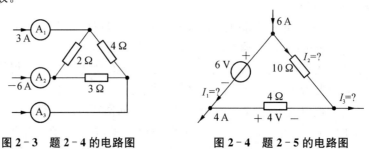

图 2-3　题 2-4 的电路图　　　　　图 2-4　题 2-5 的电路图

2-5　图 2-4 所示为某电路的一部分,求电流 I_1、I_2 和 I_3。

2-6　设某电路中的闭合面如图 2-5 所示,根据基尔霍夫电流定律可得:$I_A+I_B+I_C=0$。有人问:电流都流入闭合面内,那怎么流回去呢? 你如何解释这个问题?

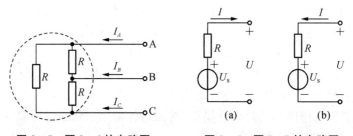

图 2-5　题 2-6 的电路图　　　　　图 2-6　题 2-7 的电路图

2-7　试应用基尔霍夫电压定律写出图 2-6 所示各支路中电压与电流的关系。

2-8　如图 2-7 所示,求电流 I 和电压 U_{ac}。

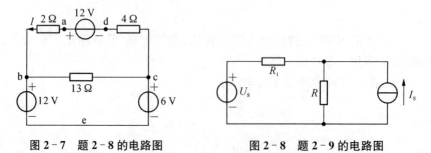

图 2-7　题 2-8 的电路图　　　　　图 2-8　题 2-9 的电路图

2-9 图 2-8 所示的电路中,$U_S=1$ V,$R_1=1$ Ω,$I_S=2$ A,电阻 R 消耗功率为 2 W。试求 R 的阻值。

2-10 图 2-9 所示电路中,已知 $U_{S1}=6$ V,$R_1=2$ Ω,$I_S=5$ A,$U_{S2}=1$ V,$R_2=1$ Ω,求电流 I。

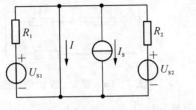

图 2-9 题 2-10 的电路图

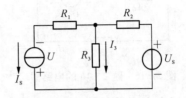

图 2-10 题 2-11 的电路图

2-11 试用支路电流法求图 2-10 所示电路中通过电阻 R_3 支路的电流 I_3 及理想电流源的端电压 U。图中 $I_S=2$ A,$U_S=2$ V,$R_1=3$ Ω,$R_2=R_3=2$ Ω。

2-12 用支路电流法计算图 2-11 所示电路中的各支路电流。

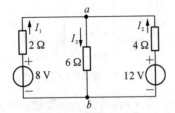

图 2-11 题 2-12 的电路图

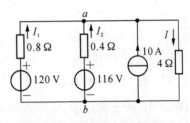

图 2-12 题 2-13 的电路图

2-13 用支路电流法计算图 2-12 所示电路中的各支路电流。

2-14 已知某一电路如图 2-13 所示,其中设 $R_1=2$ Ω,$R_2=2$ Ω,$R_3=4$ Ω,$R_4=6$ Ω,$R_5=3$ Ω,$R_6=6$ Ω,$U_{S1}=18$ V,$U_{S2}=12$ V,求支路中各电流的值。如要检查解题是否正确,可用哪些回路进行验算?

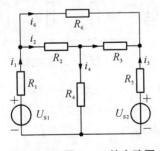

图 2-13 题 2-14 的电路图

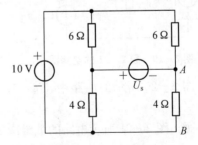

图 2-14 题 2-15 的电路图

2-15 用叠加定理计算图 2-14 所示电路中的电流 U_S,已知 $U_{AB}=0$。

2-16 用叠加定理计算图 2-15 所示电路中的电流 I。

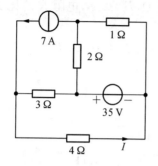

图 2-15　题 2-16 的电路图

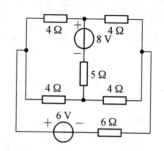

图 2-16　题 2-17 的电路图

2-17　已知某电路如图 2-16 所示,运用叠加法求各支路的电流。

2-18　用叠加定理求图 2-17 所示电路中 A 点的电位。

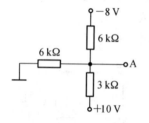

图 2-17　题 2-18 的电路图

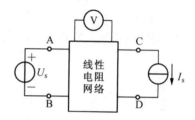

图 2-18　题 2-19 的电路图

2-19　图 2-18 所示电路中,电压表的读数为 12 V,若将 AB 间短路,则电压表的读数为 8 V,试问 AB 间不短路但 C 点断开时电压表的读数是多少?

2-20　试用叠加定理重解题 2-11。

2-21　电路如图 2-19 所示,电流 I 为 4.5A,如果理想电流源断路,则 I 为多少?

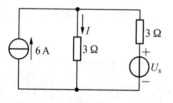

图 2-19　题 2-21 的电路图

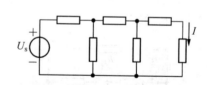

图 2-20　题 2-22 的电路图

2-22　图 2-20 所示的电路中,$U_S = 10$ V,$I = 1$ A。现若 $U_S = 30$ V,则此时 I 等于多少?

2-23　画出图 2-21 所示电路的戴维南等效电路。

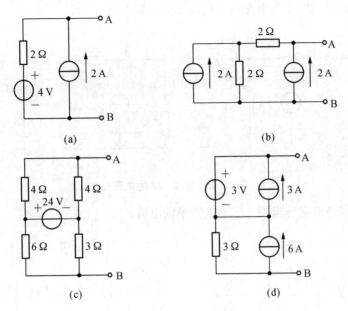

图 2-21　题 2-23 的电路图

2-24　如果用戴维南定理等效一个无源二端线性网络,会有什么结果?

2-25　图 2-22 所示的电路接线性负载时,U 的最大值和 I 的最大值分别是多少?

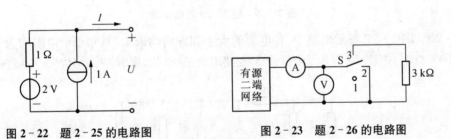

图 2-22　题 2-25 的电路图　　　　　　　图 2-23　题 2-26 的电路图

2-26　电路如图 2-23 所示,假定电压表的内阻为无限大,电流表的内阻为零。当开关 S 处于位置 1 时,电压表的读数为 10 V;当 S 处于位置 2 时,电流表的读数为 5 mA。试问当 S 处于位置 3 时,电压表和电流表的读数各为多少?

2-27　图 2-24 所示电路中,N 为线性有源二端网络,测得 AB 之间电压为 9 V,如图 2-24(a)所示;若连接如图 2-24(b)所示,可测得电流 $I=1$ A。现连接成图 2-24(c)所示的形式,问电流 I 为多少?

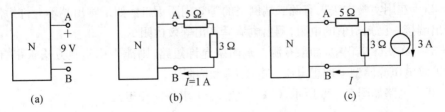

图 2-24　题 2-27 的电路图

2-28　求图 2-25 中各电路的戴维南等效电路。

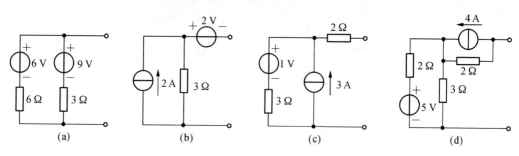

图 2-25　题 2-28 的电路图

2-29　用戴维南定理求图 2-26 电路中的电流。

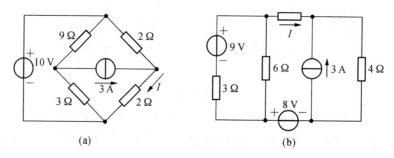

图 2-26　题 2-29 的电路图

2-30　图 2-27 所示电路中,各电源的大小和方向均未知,只知每个电阻均为 6 Ω,又知当 $R=6\ \Omega$ 时,电流 $I=5$ A。今欲使 R 支路电流 $I=3$ A,则 R 应该多大?

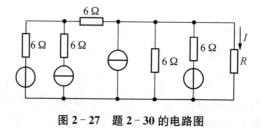

图 2-27　题 2-30 的电路图

2-31　一电源的开路电压为 6 V,内阻为 0.2 Ω,问负载从该电源能获得的最大功率是多少?

2-32　有源二端线性网络可否用一个电流源模型来等效代替?为什么?

2-33　在用实验方法求有源二端网络的等效内阻 R_0 时,如果输出端不允许短路,则能否在输出端接一已知阻值的电阻,测出电流后算出等效内阻 R_0?

2-34　在实际工程中,如果有源二端网络允许短路,则能否用实验方法求得有源二端网络的等效电压源模型中理想电压源电压 U_S 和内阻 R_0?

2-35　电路如图 2-28 所示,(1) 求 R_{ab};(2) 求各支路电流。

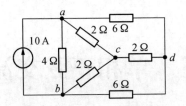

图 2-28　题 2-35 的电路图

*2-36　求图 2-29 所示电路中的电流 I。

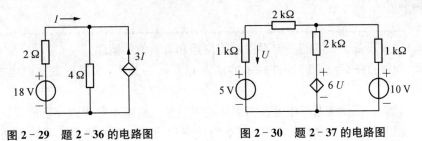

图 2-29　题 2-36 的电路图　　　　图 2-30　题 2-37 的电路图

*2-37　用叠加定理求图 2-30 所示电路中的电压 U。

项目三 单相正弦交流电路

知识目标

1. 理解正弦交流电的三要素以及相位差和有效值的概念。
2. 理解正弦交流电的各种表示方法及相互间的关系,掌握正弦交流电的相量表示法。
3. 理解正弦交流电路中电流与电压的关系及电路基本定律的相量形式。
4. 理解正弦交流电的瞬时功率、平均功率和功率因数的概念。了解无功功率、视在功率的概念。理解提高功率因数的意义和方法。
5. 了解分析正弦交流电路的一般方法。
6. 了解串联谐振和并联谐振的条件和特征。

技能目标

1. 了解非正弦交流电路的概念。
2. 理解相位及无功功率的概念。
3. 学会单相交流电路中电压、电流的测量方法及误差分析方法。

模块一 学习性任务

3.1 任务一 正弦交流电的基本概念

正弦交流电路的基本理论和基本分析方法是学习电工技术的重要理论基础,后续的三相电路、变压器、交流电机等内容都是以本章内容为基础的。通过本章学习,要求理解和掌握正弦交流电的三要素,理解相位、相位差及同频率正弦量之间超前、滞后的概念;熟练掌握有效值和最大值之间的关系;掌握频率、周期、角频率的概念及三者之间的换算关系;熟悉相量法。

3.1.1 正弦量的基本概念

一、正弦量的三要素

正弦交流电在任一瞬时的大小称为瞬时值,规定用英文小写字母来表示,如 e、u 和 i 分别表示电动势、电压和电流的瞬时值。图 3-1-1 是一个正弦电流随时间变化的曲线,这种曲线称为波形图。图中 T 为电流 i 变化一周所需的时间,称为周期,其单位为 s(秒),电流 i 每秒变化的周数称为频率,用 f 表示,单位为 Hz(赫[兹])。

频率与周期的关系是

$$f = \frac{1}{T} \tag{3-1-1}$$

正弦交流电波形图的横坐标可用 t 表示,也可用 ωt 表示,分别如图 3-1-1(a)(b)所示。

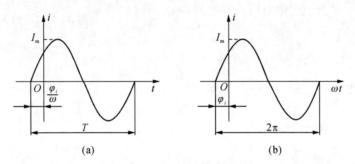

图 3-1-1　正弦交流电波形图

该电流 i 随时间的变化关系可用正弦函数表达,即

$$i = I_m \sin(\omega t + \varphi_i) \tag{3-1-2}$$

式(3-1-2)称为正弦交流电的解析式。式中 i 为正弦交流电的瞬时值,I_m 为正弦电流的最大值,ω 称为正弦量的角频率,φ_i 称为初相位,t 为时间。

显然,正弦电流可以由 I_m、ω、φ_i 这三个参数决定,因此称最大值、角频率、初相位为正弦量三要素。

1. 最大值(幅值)

正弦量瞬时值中的最大值,也称峰值。用大写字母带下标"m"表示,如 U_m、I_m 等。

2. 角频率 ω

角频率 ω 表示正弦量在单位时间内变化的弧度数,单位是 rad/s。

在一个周期 T 内,正弦量的相位增加 2π 弧度。由角频率的定义可知,角频率和周期及频率间的关系为 $\omega = \frac{2\pi}{T} = 2\pi f$

3. 初相位

式(3-1-2)中,正弦函数的辐角($\omega t + \varphi_i$)随时间变化时,正弦量的瞬时值也随之变化,它反映了正弦量随时间变化的进程,($\omega t + \varphi_i$)称为正弦量的相位角或相位。

$t=0$ 时,相位角为 φ_i,它是一个不随时间变化的常量,称为初相位或初相角,也可简称为初相。它表示了计时开始时刻的正弦量的相位角。

初相位的单位为 rad(弧度),也可用度来表示。初相角的大小和正负与计时起点($t=0$)的选择有关,习惯上把初相位的取值范围定为($-\pi \sim +\pi$)。

例 3-1-1　某正弦电压的最大值 $U_m = 310$ V,初相角 $\varphi_u = 30°$;某正弦电流的最大值,

$I_m=14.1$ A,初相角 $\varphi_i=-60°$。它们的频率均为 50 Hz。试分别写出电压和电流的瞬时值表达式,并画出它们的波形。

解　电压的瞬时值表达式为

$$u=U_m\sin(\omega t+\varphi_u)=310\sin(2\pi ft+\varphi_u)\text{V}\approx310\sin(314t+30°)\text{ V}$$

电流的瞬时值表达式为

$$i=I_m\sin(\omega t+\varphi_i)\approx14.1\sin(314t-60°)\text{A}$$

电压和电流的波形如图 3 - 1 - 2 所示。

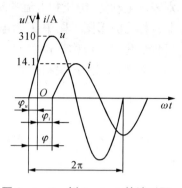

图 3 - 1 - 2　例 3 - 1 - 1 的波形图

例 3 - 1 - 2　试求上式中电压 u 和电流 i 在 $t=(1/300)$ s 时的瞬时值。

$$u=310\sin(2\pi\times50t+30°)\text{V}$$
$$=310\sin\left(2\pi\times50\times\frac{1}{300}+30°\right)\text{V}$$
$$=310\sin\left(\frac{\pi}{3}+30°\right)\text{V}$$
$$=310\sin90°\text{V}$$
$$=310\text{ V}$$

$$i=14.1\sin(2\pi\times50\times1/300-60°)\text{A}=14.1\sin0°\text{A}=0$$

计算表明:

① 在 $t=1/300$ s 瞬时,电压 u 达到最大值,而电流 i 到零点,如图 3 - 1 - 2 所示。

② u 与 i 的频率相同而最大值和初相位不同。分析电路经常会遇到两个同频率正弦量,因为电路中所有的电压、电流都是同频率的正弦量,这种初相位的差异反映了两者随时间变化的步调不一致。一般用相位差来表示这种步调不一致的程度。

二、相位差

在分析正弦交流电路时,由于电路中所有的电压、电流都是与电源频率相同的正弦量,因此经常要遇到两个同频率正弦量,如上例中的电压 u 和电流 i。从图 3 - 1 - 3 所示的波形图中可以看出 u 与 i 的频率相同而最大值和初相位不同。这种初相位的差异反映了两者随时间变化的步调不一致。一般用相位差来表示这种步调不一致的程度。

两个同频率正弦量初相角之差称为相位差,用 φ 来表示。上例中电压与电流的相位差为

$$\varphi=(\omega_t+\varphi_u)-(\omega_t+\varphi_i)=\varphi_u-\varphi_i \tag{3 - 1 - 3}$$

其数值为 $\varphi=30°-(-60°)=90°$

即两个同频率正弦量的相位差等于它们的初相角之差。当计时起点 $(t=0)$ 不同时,两个同频率的正弦量的初相位和相位不同,但它们之间的相位差不变。

不同频率的正弦量比较它们的相位是无意义的。

在式(3 - 1 - 3)中,若 $\varphi>0$,表明 $\varphi_u>\varphi_i$,如图 3 - 1 - 3(a)所示,则 u 比 i 先到达最大值,

也先到达零点,称 u 超前于 i 一个相位角 φ,或者说 i 滞后于 u 一个相位角 φ。

若 $\varphi<0$,表明 $\varphi_u<\varphi_i$,则 u 滞后于 i(或 i 超前于 u)一个相位角 φ。

若 $\varphi=0$,表明 $\varphi_u=\varphi_i$,则 u 与 i 同时到达最大值,也同时到达零点,称它们是同相位,简称同相,如图 3-1-3(c)所示。

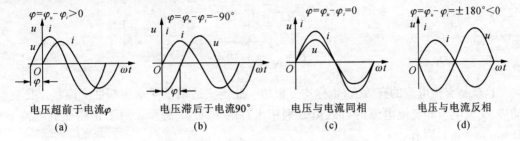

图 3-1-3 正弦电压与电流的相位差

若 $\varphi=\pm180°$,则当一个正弦量到达正最大值时,另一个正弦量刚好到达负最大值,称它们的相位相反,简称反相,如图 3-1-3(d)所示。

例 3-1-3 已知正弦电压 u 和电流 i_1、i_2 的瞬时值表达式为

$$u=310\sin(\omega t-45°)\ \text{V}$$
$$i_1=14.1\sin(\omega t-30°)\ \text{A}$$
$$i_2=28.2\sin(\omega t+45°)\ \text{A}$$

试以电压 u 为参考量重新写出电压 u 和电流 i_1、i_2 的瞬时值表达式。

解 若以电压 u 为参考量,则电压 u 的表达式为

$$u=310\sin\omega t\ \text{V}$$

由于 i_1 与 u 的相位差为

$$\varphi_1=\varphi_{i1}-\varphi_u=-30°-(-45°)=15°$$

所以电流 i_1 的瞬时值表达式为

$$i_1=14.1\sin(\omega t+15°)$$

由于 i_2 与 u 的相位差为

$$\varphi_2=\varphi_{i2}-\varphi_u=45°-(-45°)=90°$$

所以电流 i_2 的瞬时值表达式为

$$i_2=28.2\sin(\omega t+90°)$$

三、有效值

交流电的瞬时值是随时间而变的,因此不便用它来表示正弦量的大小。在电工技术中,通常所说的交流电的电压或电流的数值,是指它们的有效值。

有效值是依据电流的热效应规定的,无论是直流电流还是周期性变化的电流,只要两者

在相等的时间内通过同一电阻而产生的热量相等,就把它们的电流值看作是相等的。也就是说,当某一交流电流 i 通过一个电阻 R 在一个周期内所产生的热量,与某一直流电流通过相同的电阻在相同时间内产生的热量相等时,则这个直流 I 的数值称为该交流电流 i 的有效值。依此定义有

$$I^2 RT = \int_0^T i^2 R \mathrm{d}t$$

$$I = \sqrt{\frac{1}{T} \int_0^T i^2 \mathrm{d}t}$$

这就是交流电流的有效值,也称均方根值。此定义适用于任意周期性交流量。交流电动势、交流电压和交流电流的有效值分别用大写的 E、U、I 表示。对于正弦交流电流 $i = I_m \sin(\omega t + \varphi_i)$,则有

$$I = \sqrt{\frac{1}{T} \int_0^T (I_m \sin \omega t)^2 \mathrm{d}t} = \frac{I_m}{\sqrt{2}} = 0.707 I_m$$

上述结论同样适用于正弦电压、正弦电动势,即

$$U = \frac{U_m}{\sqrt{2}} = 0.707 U_m$$

$$E = \frac{E_m}{\sqrt{2}} = 0.707 E_m$$

由此可见,正弦交流电的有效值等于最大值的 $1/\sqrt{2}$,交流电的大小通常用有效值表征,而最大值只表示交流电最大的瞬时值。

常用的测量交流电压和交流电流的各类仪表,所显示的数值均为有效值。各种电器的铭牌上所标的额定电压和额定电流也都是有效值。

例 3 - 1 - 4　试求例 3 - 1 - 3 中正弦电压 u 和电流 i_1、i_2 的有效值。

解　电压 u 的有效值

$$U = \frac{U_m}{\sqrt{2}} = \frac{310}{\sqrt{2}} \text{ V} = 220 \text{ V}$$

电流 i_1 的有效值　　$I_1 = \dfrac{I_{1m}}{\sqrt{2}} = \dfrac{14.1}{\sqrt{2}}$ A $= 10$ A

电流 i_2 的有效值　　$I_2 = \dfrac{I_{2m}}{\sqrt{2}} = \dfrac{28.2}{\sqrt{2}}$ A $= 20$ A

例 3 - 1 - 5　有一电容器,耐压为 220 V,问可否接在电压为 220 V 的电源上?

解　本题应注意电容器的耐压是指其最大值,而电源的电压是有效值,所以电源最大值为 $220 \times \sqrt{2} = 311$ V,超出了该电容器的耐压值,因此该电容器不能接在 220 V 的电源上。

3.2　任务二　正弦量的相量表示法

掌握正弦交流电的相量表示法,理解相量的概念,熟练掌握复数的四则运算。

正弦量可以用解析式或波形图来表示,这两种方法都明确地显示了正弦量的三要素,是表示正弦量的基本方法。但在实际运用中,由于用这两种方法对正弦量进行运算都很不方便,因此通常用复数来表示正弦量,即正弦量的相量表示法。这样可以大大简化正弦交流量的分析和计算。

一、复数及其运算

1. 复数的表示形式

一个复数有多种表示形式,常见的有代数形式、三角函数形式和指数形式三种。

复数的代数形式是
$$A = a + jb \qquad (3-2-1)$$

式中,a、b 均为实数,分别称为复数 A 的实部和虚部;$j = \sqrt{-1}$,为虚数单位(数学中虚数单位用 i 表示,而在电路中 i 已表示电流,为避免混淆而改用 j)。

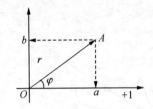

复数 A 也可以用由实轴和虚轴组成的复平面上的有向线段 OA 矢量来表示,如图 3-2-1 所示。

图 3-2-1 用复平面上的矢量表示复数

在图 3-2-1 中,矢量长度 $|A| = OA$ 称为复数的模,矢量与实轴的夹角 φ 称为复数的辐角,各量之间的关系为

$$|A| = \sqrt{a^2 + b^2} \qquad (3-2-2)$$

$$\varphi = \arctan\frac{b}{a} \qquad (3-2-3)$$

$$a = |A|\cos\varphi$$
$$b = |A|\sin\varphi \qquad (3-2-4)$$

于是可得复数的三角函数形式为 $\quad A = |A|(\cos\varphi + j\sin\varphi) \qquad (3-2-5)$

将欧拉公式 $e^{j\varphi} = \cos\varphi + j\sin\varphi$ 代入上式,则得复数的指数形式

$$A = |A|e^{j\varphi} \qquad (3-2-6)$$

实用上为了便于书写,常把指数形式写成极坐标形式,即

$$A = |A| \angle\varphi \qquad (3-2-7)$$

2. 复数运算

设有两个复数

$$A_1 = a_1 + jb_1 = |A_1| \angle\varphi_1$$
$$A_2 = a_2 + jb_2 = |A_2| \angle\varphi_2$$

(1)加、减运算

复数的加、减必须用代数形式进行,运算方法是实部与虚部分别相加或相减。即

$$A_1 \pm A_2 = (a_1 \pm a_2) + j(b_1 \pm b_2)$$

复数的加、减运算也可在复平面上用平行四边形法则作图完成,如图 3-2-2 所示为用作图法完成的加法运算。

（2）乘、除运算

复数的乘、除采用指数（或极坐标）形式较为方便,运算方法是模相乘、除,辐角相加、减。如乘法运算为

$$A_1 \times A_2 = |A_1| \times |A_2| \angle \varphi_1 + \varphi_2$$

除法运算为

$$\frac{A_1}{A_2} = \frac{|A_1|}{|A_2|} \angle \varphi_1 - \varphi_2$$

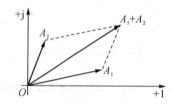

图 3-2-2　用作图法完成复数的加法运算

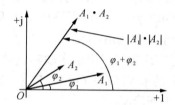

图 3-2-3　用作图法完成复数的乘法运算

复数的乘、除运算也可在复平面上作图完成,如图 3-2-3 所示为用作图法完成的乘法运算。

（3）复数乘以 $\pm j$

一个复数乘以 $+j$ 或 $-j$,是两个复数相乘的特例。因为

$$+j = 0 + j = 1 \angle 90°$$
$$-j = 0 - j = 1 \angle -90°$$

故可把 $+j$ 看成是一个模为 1,辐角为 90° 的复数,所以复数 A_1 乘以 $+j$ 为

$$jA_1 = 1 \angle 90° \cdot A_1 = |A_1| \angle \varphi_1 + 90°$$

上式表明,任一复数乘以 $+j$ 时,其模不变,辐角增大 90°,相当于在复平面上把复数矢量沿逆时针方向旋转 90°。

同理,复数 A_1 乘以 $-j$ 为

$$-jA_1 = A_1 \angle \varphi_1 - 90°$$

即任一复数乘以 $-j$ 时,其模不变,辐角减小 90°,相当于在复平面上把复数矢量沿顺时针方向旋转 90°,如图 3-2-4 所示。因此 j 被称为旋转因子。

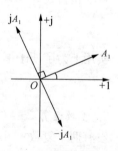

图 3-2-4　复数乘以 $\pm j$

二、相量

用来表示正弦量的复数称为相量。相量符号是在大写字母上加黑点"·",这是为了与一般的复数相区别。如电流、电压、电动势的最大值相量符号为 $\dot{I}_m$、$\dot{U}_m$、$\dot{E}_m$,有效值相量符

号为 $\dot{I}$、$\dot{U}$、$\dot{E}$。

正弦电流 $i=I_m\sin(\omega t+\psi)$ 的最大值相量,记为

$$\dot{I}_m=I_m\angle\varphi \qquad\qquad (3-2-8)$$

它既表达了正弦量的量值(大小),又表达了正弦量的初相角。

为了由计算结果直接得出正弦量的有效值,通常使相量的模等于正弦量的有效值,即将原来以最大值表示的模除以 $\sqrt{2}$,这样,正弦电流 $i=I_m\sin(\omega t+\psi)=\sqrt{2}I\sin(\omega t+\psi)$ 可用有效值相量表示为

$$\dot{I}=I\angle\varphi \qquad\qquad (3-2-9)$$

有效值相量直接表示出正弦量的有效值和初相角,更便于运算。并且,只有当电路中的电动势、电压和电流都是同频率的正弦量时,才能用相量来进行运算。

必须指出,正弦量是时间 t 的函数,是周期性的实变数,而相量是一个复常数,两者不能相等。用相量表示正弦量,两者有互相对应的关系。若已知一正弦量,则可求出与之对应的相量;反之,若已知一相量,也可求出它所表示的正弦量。

例如,已知角频率为 ω 的正弦电流的相量为 $\dot{I}=I\angle\psi$,则它所表示的正弦电流为

$$i=\sqrt{2}I\sin(\omega t+\varphi)$$

研究多个同频率正弦交流电的关系时,可按各正弦量的大小和初相角,用矢量画在同一坐标的复平面上,称为相量图。例如在例 3-1-1 中,电压 u 和电流 i 两个正弦量用波形图表示,如图 3-1-2 所示,如用相量图表示则如图 3-2-5(a)所示。电压相量 $\dot{U}$ 比电流相量 $\dot{I}$ 超前 90°角,也就是正弦电压 u 比正弦电流 i 超前 90°角。

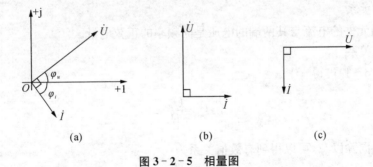

图 3-2-5　相量图

画相量图时要注意各正弦量之间的相位差,可以取其中一个相量作为参考相量,令其初相角为零,即画在横轴方向上,其他相量的位置按其与此相量之间的相位差定出。例如取 $\dot{I}$ 为参考相量,则图 3-2-5(a)可改画成图 3-2-5(b)所示;若取 $\dot{U}$ 为参考相量,则可画成图 3-2-5(c)所示。

3.3　任务三　单一参数元件的交流电路

电阻元件、电感元件、电容元件是交流电路中的基本电路元件。本节首先分析单一元件的交流电路,这是分析计算交流电路的基础。

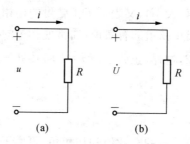

图 3-3-1　电阻电路

一、电阻元件电路

图 3-3-1(a)所示为仅有电阻参数的交流电路。在此交流电路中,尽管电流与电压随时间作周期性变化,但电阻中的电流和它两端的电压在任一瞬时仍然服从于欧姆定律。当电流和电压的参考方向选取一致时(如图 3-3-1 所示),有 $u=iR$ 的关系。

1. 正弦电压与电流的关系

如图 3-3-1(a)所示的电阻元件 R 两端加上正弦电压 $u=U_m\sin\omega t$ 时,

则电阻上通过的电流为

$$i=\frac{u}{R}=\frac{U_m\sin\omega t}{r}=I_m\sin\omega t \qquad (3-3-1)$$

其中体现以下三种关系:

(1) 频率关系

通过电阻元件的电流与其两端的电压是同频率的正弦电量。

(2) 数值关系

由式(3-3-1)可得

$$I_m=\frac{U_m}{R}$$

上式两端同除以 $\sqrt{2}$,可以得到有效值关系为

$$I=\frac{U}{R}$$

该式表明,在电流和电压的有效值之间具有欧姆定律的形式。

(3) 相位关系

由式(3-3-2)可知电压 u 和电流 i 同相位。

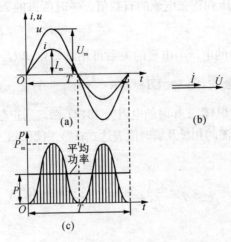

图 3-3-2 电阻电路的波形图与相量图

由于外加电压 $u = U_m \sin\omega t$ 的相量为 $\dot{U} = U\angle 0°$,故电流 $i = I_m \sin\omega t$ 的相量为

$$\dot{I} = I\angle 0° = \dot{U}/R\angle 0°$$

或

$$\dot{U} = \dot{I}R \qquad (3-3-2)$$

这就是电阻电路中欧姆定律的相量形式。它既表示了电压与电流是同频率的正弦量,又表示了电压与电流同相位,还表示了它们有效值之间的关系为 $U = IR$。根据式(3-3-2)同样可以画出图 3-3-2(a)(b)所示的波形图和相量图。

根据式(3-3-2)所表示的电压相量 $\dot{U}$ 和电流相量 $\dot{I}$ 之间的关系,图 3-3-1(a)所示的电路可用图 3-3-1(b)所示的相量模型来代替,即电压、电流用相量表示,而电阻不变。

2. 电阻电路中的功率

(1) 瞬时功率 p

电路任一瞬时所吸收的功率称为瞬时功率,用小写字母 p 表示。它等于该瞬时的电压 u 和电流 i 的乘积。电阻电路所吸收的瞬时功率为

$$\begin{aligned} p &= ui = U_m\sin\omega t \cdot I_m\sin\omega t = \sqrt{2}U \cdot \sqrt{2}I \sin^2\omega t \\ &= UI(1 - \cos 2\omega t) \end{aligned} \qquad (3-3-3)$$

由此可见,电阻从电源吸取的瞬时功率是由两部分组成的,第一部分是 UI,第二部分是幅值为 UI,并以 2ω 的角频率随时间变化的交变量 $UI\cos 2\omega t$。p 的变化曲线如图 3-3-2(c)所示。

从功率曲线可以看出,电阻所吸收的功率在任一瞬时总是大于零的。这也能说明电阻是耗能元件。

(2) 平均功率 P

瞬时功率时刻在变化,不便于计算,通常都是计算一个周期内所消耗(吸收)功率的平均值,称为平均功率或有功功率,简称为功率,用大写字母 P 表示。

$$P = \frac{1}{T}\int_0^T UI(1 - \cos 2\omega t)\mathrm{d}t = UI = I^2R = \frac{U^2}{R} \qquad (3-3-4)$$

式中 U 和 I 是正弦电压和正弦电流的有效值。平时所讲的 25 W 白炽灯、40 W 电烙铁等都是指平均功率。

综上所述，电阻电路中的电压与电流的关系可用欧姆定律 $\dot{U}=\dot{I}R$ 来表达，电阻消耗的功率与直流电路有相似的公式，即 $P=UI=I^2R=\dfrac{U^2}{R}$。

例 3 - 3 - 1 已知一白炽灯，工作时的电阻为 484 Ω，两端的正弦电压为 $u=311\sin(314t-60°)$ V，试求：(1) 白炽灯电流的相量及瞬时值表达式；(2) 白炽灯工作时消耗的功率。

解 (1)电压相量为

$$\dot{U}=U\angle\varphi=\frac{311}{\sqrt{2}}\angle-60°=220\angle-60° \text{ V}$$

电流相量为

$$\dot{I}=\frac{\dot{U}}{R}=\frac{220\angle-60°}{484} \text{ A}\approx0.455\angle-60° \text{ A}$$

电流瞬时值表达式为

$$i=\sqrt{2}I\sin(\omega t+\varphi)=0.455\sqrt{2}\sin(314t-60°) \text{ A}$$

(2) 工作时消耗的功率即平均功率

$$P=UI=220\times0.455 \text{ W}\approx100 \text{ W}$$

二、电感电路

在交流电路中，通过电感元件的电流是交变的，磁通和磁链也相应发生变化，根据电磁感应定律，电感元件内会产生感应电动势 e。e 的大小正比于磁通对时间的变化率，在关联参考方向下，电感元件的电压、电流关系为

$$U=-e=L\frac{\mathrm{d}i}{\mathrm{d}t} \tag{3-3-5}$$

1. 正弦电压与电流的关系

在图 3 - 3 - 3(a)所示的正弦交流电路中，设电流 i 为参考正弦量，即

$$i=I_\mathrm{m}\sin\omega t \tag{3-3-6}$$

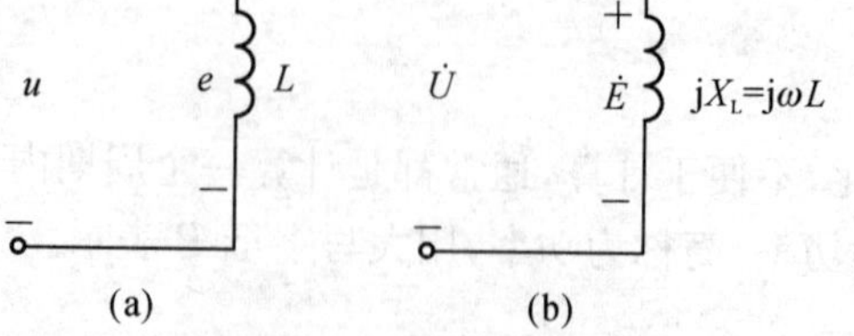

图 3 - 3 - 3 电感电路

则

$$e = -L\frac{di}{dt} = -\omega L I_m\cos\omega t = \omega L I_m\sin(\omega t - 90°)$$

$$= E_m\sin(\omega t - 90°) \tag{3-3-7}$$

$$u = -e = \omega L I_m\cos\omega t = \omega L I_m\sin(\omega t + 90°)$$

$$= U_m\sin(\omega t + 90°) \tag{3-3-8}$$

比较以上两式可知,通过电感的电流 i 与它的端电压 u 及电动势 e 都是同频率的正弦量,但有不同的相位。电动势比电流滞后 $90°$,时间上电动势滞后于电流 $T/4$;电压超前于电流 $90°$,时间上电压比电流超前 $T/4$。于是可以画出它们的波形图和相量图,如图 3-3-4(a)和(b)所示。

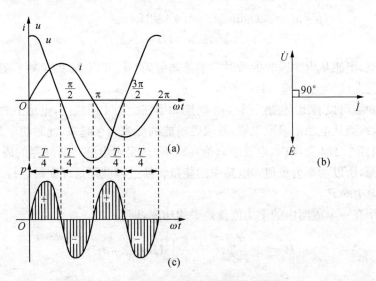

图 3-3-4　电感电路的波形图与相量图

由式(3-3-8)可知

$$U_m = \omega L I_m \tag{3-3-9}$$

$$\frac{U_m}{I_m} = \frac{U}{I} = \omega L \tag{3-3-10}$$

电压最大值(或有效值)与电流最大值(或有效值)的比值为 ωL,其单位为 Ω(欧[姆])。当电压 U 一定时,ωL 越大,则电流越小。可见 ωL 具有阻碍电流通过的物理特性,所以称为电感电抗,简称感抗,用 X_L 表示,即

$$X_L = \omega L = 2\pi f L \tag{3-3-11}$$

感抗与电感 L 和电流 f 的频率成正比。在 L 一定时,频率越高,对电流的阻碍作用就越大,因而电感对高频电流具有扼流作用;频率越低,对电流的阻碍作用就越小,如果 $f=0$(直流),则 $X_L = 0$,此时电感可视为短路。可见电感元件具有"阻高频,通低频"和"阻交通直"的作用。

用相量来分析：设 $i=I_m\sin\omega t$，则 $\dot{I}=I\angle 0°$，根据式（3-3-8）和式（3-3-10）可得

$$\dot{U}=U\angle 90°=\omega LI\times j=jX_L\dot{I} \qquad (3-3-12)$$

这就是电感电路中欧姆定律的相量形式。根据式（3-3-12）同样可以画出图 3-3-4（a）（b）所示的波形图及相量图。

由式（3-3-12）可知，图 3-3-3（a）所示的电路可用图 3-3-3（b）所示的相量模型来代替，即电压、电动势和电流用相量表示，而将 L 变成 jX_L。

2. 电感电路中的功率

（1）瞬时功率 p

电感电路所吸收的瞬时功率为

$$\begin{aligned} p=ui &=\sqrt{2}U\sin(\omega t+90°)\cdot\sqrt{2}I\sin\omega t \\ &=2UI\sin\omega t\cos\omega t=UI\sin 2\omega t \end{aligned} \qquad (3-3-13)$$

由此可见，电感从电源吸收的瞬时功率是幅值为 UI，并以 2ω 的角频率随时间变化的正弦量。其变化曲线如图 3-3-4（c）所示。

从功率曲线可以看出，在第一个 1/4 周期和第三个 1/4 周期内，电感中的电流绝对值在增长，这表示线圈从电源中吸取电能，并以磁场能的形式储存起来，此时功率为正；在第二个 l/4 周期和第四个 1/4 周期内，电流绝对值在减小，这表示电感将所储存的磁场能转换为电能反馈给电源，所以功率为负值。电感中的能量转换过程就是这样交替进行。

（2）平均功率 P

瞬时功率在一个周期内的平均值就是平均功率，即

$$P=\frac{1}{T}\int_0^T pdt=\frac{1}{T}\int_0^T UI\sin 2\omega t dt=0$$

可见，电感与电源之间存在着能量的交换，但是在一个周期内吸收和放出的能量相等，因而平均值为零。这说明，电感不消耗能量，是一储能元件，在电路中起着能量的"吞吐"作用。

（3）无功功率 Q_L

虽然电感不消耗能量，但与电源之间有能量的交换，电源必须供给它电流，而实际电源的额定电流是有限的，所以电感元件对电源来说仍是一种负担，它要占用电源设备的容量。此外，电源对电感元件提供电流时，通电线路上的电阻仍要消耗功率。由于电感元件的平均功率总是为零，不能用来反映电感元件交换能量的规模，因此工程上用电感元件瞬时功率的最大值来衡量电感元件与外电路交换能量的最大速率。电感电路瞬时功率的最大值用 Q_L 表示

$$Q_L=UI=I^2X_L=\frac{U^2}{X_L} \qquad (3-3-14)$$

式（3-3-14）与电阻电路中的 $P=UI=I^2X_L=\frac{U^2}{X_L}$ 在形式上是相似的，且有相同的量纲，但有本质的区别。P 是电路中消耗的功率，称为有功功率，其单位是 W（瓦[特]），而 Q_L

只反映电路中能量交换的速率,不是消耗的功率,为了与有功功率相区别而称 Q_L 为无功功率,其单位是 var(乏[尔])。

需要说明的是:不要把"无功"功率理解为"无用"功率。实际上无功功率在工程上占有重要地位,例如电磁铁、变压器、电动机等一些具有电感的设备,没有磁场是不能工作的,而磁场能量是由电源提供的,电源需要向设备提供一定规模的能量与之进行交换才能保证设备的正常运行。

综上所述,电感电路中电压与电流的关系可由欧姆定律 $\dot{U}=jX_L\dot{I}$ 来表达,电感不消耗功率,其无功功率是 $Q_L=UI=I^2X_L=\dfrac{U^2}{X_L}$。

例 3 - 3 - 2　设有一电感线圈,其电感 $L=0.5$ H,电阻可略去不计,接于 50 Hz、220 V 的电压上,试求:

(1) 该电感的感抗 X_L;

(2) 电路中的电流 I 及其与电压的相位差;

(3) 电感的无功功率 Q_L;

(4) 若外加电压的数值不变,频率变为 5000 Hz,重求以上各项。

解　(1) 感抗 $X_L=\omega L=2\pi fL=2\pi\times50\times0.5$ Ω≈157 Ω

(2) 选电压 $\dot{U}$ 为参考相量,即 $\dot{U}=220\angle0°$,则

$$\dot{I}=\frac{\dot{U}}{jX_L}=\frac{220\angle0°}{j157}\ \text{A}\approx-j1.4\ \text{A}$$

即电流的有效值 $I=1.4$ A,相位上滞后电压 $90°$。

(3) 无功功率

$$Q_L=I^2X_L=1.4^2\times157\ \text{var}\approx308\ \text{var}$$

或

$$Q_L=UI=220\times1.4\ \text{var}=308\ \text{var}$$

(4) 当频率为 5 000 Hz 时,

$$X_L{}'=2\pi f'L=2\pi\times5\ 000\times0.5\ \text{Ω}\approx15\ 700\ \text{Ω}$$

即当频率升高 100 倍时,感抗增大 100 倍,因而电流减小为原值的 1/100. 即 $I'=1.4/100$ A$=0.014$ A,电流的相位仍滞后于电压 $90°$;无功功率也减小为原值的 1/100。

本例说明,同一电感对于不同频率的电流呈现出不同的感抗。频率越高,则感抗越大,电流越小,因而与电源交换功率的最大值也越小,即无功功率越小。

三、电容电路

在交流电路中,电容电压的大小、方向时刻在变化,使电容极板上的电荷也随之变化,电荷的变化在电路中产生了电流。电流的瞬时值即为这一时刻电容极板上电荷的变化率。在关联参考方向下,电容元件的电压、电流关系为

$$i=\frac{\mathrm{d}q}{\mathrm{d}t}=C\frac{\mathrm{d}u}{\mathrm{d}t} \qquad\qquad (3-3-15)$$

1. 正弦电压与电流的关系

在图 3 - 3 - 5(a)所示的正弦交流电路中,设

$$U = U_m \sin\omega t \qquad\qquad (3-3-16)$$

则
$$
\begin{aligned}
i &= C \frac{\mathrm{d}u}{\mathrm{d}t} \\
&= \omega C U_m \cos\omega t \\
&= \omega C U_m \sin(\omega t + 90°) \\
&= I_m \sin(\omega t + 90°)
\end{aligned}
\qquad\qquad (3-3-17)
$$

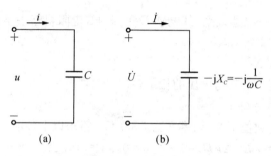

图 3 - 3 - 5　电容电路

由此可知,通过电容的电流 i 与它的端电压 u 是同频率的正弦量,电流比电压超前 $\frac{\pi}{2}$(或 90°),时间上电流比电压超前 $\frac{T}{4}$。于是可以画出它们的波形图和相量图,如图 3 - 3 - 6 (a)(b)所示。

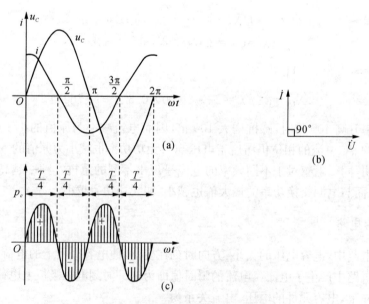

图 3 - 3 - 6　电容电路的波形与相量图

由式(3 - 3 - 17)可知

$$I_m = \omega C U_m$$

$$\frac{U_m}{I_m} = \frac{U}{I} = \frac{1}{\omega C} \qquad (3-3-18)$$

电压最大值（或有效值）与电流最大值（或有效值）的比值为 $\frac{1}{\omega C}$，其单位为 Ω（欧［姆］）。当电压 u 一定时，$\frac{1}{\omega C}$ 越大，则电流越小。可见 $\frac{1}{\omega C}$ 具有阻碍电流通过的物理特性，所以称为电容电抗，简称容抗，用 X_C 表示，即

$$X_C = \frac{1}{\omega C} = \frac{1}{2\pi f C} \qquad (3-3-19)$$

容抗 X_C 与电容 C 和频率 f 成反比。在 C 一定时，频率越高，对电流的阻碍作用越小；频率越低，对电流的阻碍作用越大，若 $f=0$（直流），则 $X_C \to \infty$，此时电路可视为开路，也就是说电容不允许直流通过，可见电容元件与电感元件特性相反，具有"通高频、阻低频"和"通交隔直"的作用。

用相量来分析：设 $u = U_m \sin\omega t$，则 $\dot{U} = U\angle 0°$，根据式（3-3-17）和式（3-3-19）可得

$$\dot{I} = j\omega C U = \frac{\dot{U}}{-j\frac{1}{\omega C}} = \frac{\dot{U}}{-jX_C}$$

或

$$\dot{U} = -jX_C\dot{I} \qquad (3-3-20)$$

这就是电容电路中欧姆定律的相量形式，它既表示了电压与电流是同频率的正弦量，又表示了电压在相位上比电流滞后 90°，还表示了它们有效值之间的关系为 $U = X_C I$，根据式（3-3-20）同样可画出图 3-3-6（a）（b）所示的波形图和相量图。

由式（3-3-20）可知，图 3-3-5（a）所示的电路可用图 3-3-5（b）所示的相量模型来代替，即电压、电流以相量表示，而将 C 变换成 $-jX_C$。

2. 电容电路中的功率

（1）瞬时功率 p

电容电路所吸收的瞬时功率为

$$p = ui = \sqrt{2}U\sin\omega t \cdot \sqrt{2}I\sin(\omega t + 90°) = UI\sin 2\omega t \qquad (3-3-21)$$

由此可见，电容从电源吸取的瞬时功率是幅值为 UI，并以 2ω 角频率随时间变化的正弦量，其变化曲线如图 3-3-6（c）所示。

从功率曲线可以看出，在第一个 1/4 周期和第三个 1/4 周期内，电容上电压的绝对值在增加，电容在充电，此时功率为正，这表示电容从电源吸取电能，并以电场能的形式储存起来；在第二个 1/4 周期和第四个 1/4 周期内，电容电压的绝对值在减小，电容在放电，功率为负值，这表示电容将储存的电场能释放出来返还给电源。电容中的能量转换过程就是这样交替进行。

(2) 平均功率 P

瞬时功率在一个周期内的平均值

$$P = \frac{1}{T}\int_0^T p\,\mathrm{d}t = \frac{1}{T}\int_0^T UI\sin 2\omega t\,\mathrm{d}t = 0$$

可见,电容不消耗有功功率,但电容与电源之间存在着能量的交换。在一个周期内充、放电能量相等,平均值为零。这说明,电容也是一个储能元件,在电路中起着能量的"吞吐"作用。

(3) 无功功率 Q_C

与电感相似,电容电路瞬时功率的最大值,称为无功功率,用 Q_C 表示,即

$$Q_\mathrm{C} = UI = I^2 X_\mathrm{C} = \frac{U^2}{X_\mathrm{C}} \qquad (3-3-22)$$

综上所述,电容电路中电压与电流的关系可由欧姆定律 $U = -jX_\mathrm{C}I$ 来表达,电容不消耗功率,其无功功率是 $Q_\mathrm{C} = UI = I^2 X_\mathrm{C} = \dfrac{U^2}{X_\mathrm{C}}$。

例 3-3-3　设有一电容器,其电容 $C = 38.5~\mu\mathrm{F}$,电阻可略去不计,接于 50 Hz、220 V 的电压上,试求:

(1) 该电容的容抗 X_C;

(2) 电路中的电流 I 及其与电压的相位差;

(3) 电容的无功功率 Q_C;

(4) 若外加电压的数值不变,频率变为 5 000 Hz,重求以上各项。

解　(1) 容抗 $X_\mathrm{C} = \dfrac{1}{2\pi fC} = \dfrac{1}{2\pi \times 50 \times 38.5 \times 10^{-6}}~\Omega \approx 82.7~\Omega$

(2) 选电压 $\dot{U}$ 为参考相量,即 $\dot{U} = U\angle 0°\mathrm{V}$,则电流

$$\dot{I} = \frac{\dot{U}}{-jX_\mathrm{C}} = \frac{220}{-j82.7}~\mathrm{A} \approx j2.66~\mathrm{A}$$

即电流的有效值为 2.7 A,相位上比电压超前 $90°$。

(3) 无功功率

$$Q_\mathrm{C} = I^2 X_\mathrm{C} = 2.66^2 \times 82.7~\mathrm{var} \approx 585~\mathrm{var}$$

或　　　　　　　　$$Q_\mathrm{C} = UI = 220 \times 2.66~\mathrm{var} \approx 585~\mathrm{var}$$

(4) 当频率为 $f' = 5\,000$ Hz 时,$X_\mathrm{C}' = 1/(2\pi f'C) \approx 0.8~\Omega$。即容抗减小为原值的 $1/100$,因而电流增大到 100 倍,即 $I' = 266$ A,电流的相位仍比电压超前 $90°$;无功功率也增大到 100 倍,即

$$Q_\mathrm{C}' = 58\,500~\mathrm{var} = 58.5~\mathrm{kvar}$$

此例说明,同一电容对不同频率的电流呈现出不同的容抗。频率越高,则容抗越小,电流越大,无功功率也越大。

3.4　任务四　电阻、电感与电容串联的交流电路

实际电路一般都是由几种电路元件组成的,因此,研究含有几个参数的电路更具有实际意义。本节讨论的 RLC 串联电路是一种典型电路,从中引出的一些概念和结论可用于各种复杂的交流电路。

一、电压与电流之间的关系

在图 3-4-1(a)所示的 RLC 串联电路中,设正弦电流 $i=I_m\sin\omega t$,按图示参考方向,由上一节讨论的结果,可得该电流在电阻、电感和电容上产生的电压降分别为

$$u_R=I_mR\sin\omega t=U_{Rm}\sin\omega t$$

$$u_L=X_LI_m\sin(\omega t+90°)=U_{Lm}\sin(\omega t+90°)$$

$$u_C=X_CI_m\sin(\omega t-90°)=U_{Cm}\sin(\omega t-90°)$$

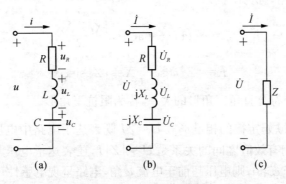

图 3-4-1　RLC 串联电路

它们是与电流 i 有相同频率的正弦量,但相位不同。根据基尔霍夫电压定律显然有

$$u=u_R+u_L+u_C$$

由于 i、u_R、u_L、u_C 都是同频率的正弦量,故可以把正弦量的代数运算转换为相量的代数运算,即

$$\dot{I}=I\angle0°$$

$$\dot{U}=\dot{U}_R+\dot{U}_L+\dot{U}_C$$

将 $\dot{U}_R=\dot{I}R$、$\dot{U}_L=jX_L\dot{I}$、$\dot{U}_C=-jX_C\dot{I}$ 代入上式得

$$\dot{U}=\dot{I}R+jX_L\dot{I}-jX_C\dot{I}$$

$$=[R+j(X_L-X_C)]\dot{I} \tag{3-4-1}$$

式中
$$X=X_L-X_C=\omega L-\frac{1}{\omega C} \tag{3-4-2}$$

X 是感抗与容抗之差,称为电抗,单位是 Ω(欧[姆])。由式(3-4-1)可得交流电路中

欧姆定律的相量形式

$$\dot{U} = \dot{Z}I \qquad (3-4-3)$$

式中 $\qquad Z = R + jX = R + j(X_L - X_C) \qquad (3-4-4)$

Z 是一个复数,称为复阻抗,单位也是 Ω(欧[姆]),也具有对电流起阻碍作用的性质。复阻抗的实部是电阻 R,虚部是电抗 X。

既然 Z 是一个复数,则可写成

$$Z = |Z| \angle \varphi \qquad (3-4-5)$$

式(3-4-5)中,$|Z|$ 是复阻抗的模,简称为阻抗

$$|Z| = \sqrt{R^2 + X^2} = \sqrt{R^2 + (X_L - X_C)^2} \qquad (3-4-6)$$

φ 是复阻抗的辐角,称为阻抗角

$$\varphi = \arctan \frac{X}{R} = \arctan \frac{X_L - X_C}{R} \qquad (3-4-7)$$

显然 $\qquad R = |Z| \cos\varphi \qquad X = |Z| \sin\varphi \qquad (3-4-8)$

$|Z|$ 与 R、X 之间符合直角三角形的关系,称为阻抗三角形。

正弦交流电路中欧姆定律的相量形式 $\dot{U} = \dot{Z}I$ 既表达了电路中电压与电流是同频率的正弦量,又表达了它们有效值之间的关系是 $U = |Z|I$,还表达了电压与电流之间的相位差等于 φ。这是因为:若 $\varphi > 0$,则电压超前于电流 φ 角,电路呈现电感性;若 $\varphi < 0$,则电压滞后于电流 φ 角,电路呈现电容性;若 $\varphi = 0$,则电压与电流同相位,电路呈现电阻性。

二、电路的功率

在分析单一参数电路元件的交流电路时已经知道,电阻是消耗能量的,而电感和电容是不消耗能量的,只在电感、电容与电源之间进行能量的交换。那么在 RLC 串联电路中能量交换的情况又是怎样的呢? 电路的功率又是如何计算的呢?

1. 瞬时功率 p

RLC 串联电路所吸收的瞬时功率为

$$p = ui = (u_R + u_L + u_C)i$$

2. 有功功率 P

有功功率即平均功率。由于电感和电容不消耗能量,电路所消耗的功率就是电阻所消耗的功率。所以该电路在一个周期内消耗的平均功率为

$$P = \frac{1}{T} \int_0^T (u_R + u_L + u_C) \, \mathrm{d}t = \frac{1}{T} \int_0^T u_R i \, \mathrm{d}t = U_R I \qquad (3-4-9)$$

由电压三角形可知

$$U_R = U\cos\varphi$$

所以 $$P = UI\lambda \qquad (3-4-10)$$

式中，$\lambda = \cos\varphi$。此式说明，交流电的功率表达式比直流电的功率表达式多了一个系数 λ，此系数称为功率因数，φ 角又称为功率因数角。

3. 无功功率 Q

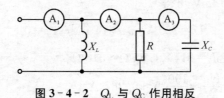

图 3-4-2 Q_L 与 Q_C 作用相反

由于电路中有储能元件电感和电容存在，它们虽然不消耗功率，但与电源之间是有能量交换的，这种能量交换规模用无功功率表示。电感与电源进行功率交换的最大值为 $Q_L = U_L I$（即感性无功功率），电容与电源进行功率交换的最大值为 $Q_C = U_C I$（即容性无功功率）。由于在 RLC 串联电路中电感和电容上流过的是同一电流，而电压 U_L 和 U_C 是反相的，如图 3-4-2 所示，所以感性无功功率 Q_L 与容性无功功率 Q_C 的作用也是相反的。当电感上的 p_L 为正值时，电容上的 p_C 恰为负值，即当电感吸取能量时，电容恰好放出能量，反之亦然。这样就减轻了电源的负担，使它与负载之间传输的无功功率等于 Q_L 与 Q_C 之差。因此电路总的无功功率为

$$Q = Q_L - Q_C = U_L I - U_C I = (U_L - U_C)I = U_X I \qquad (3-4-11)$$

由电压三角形可知

$$U_X = U\sin\varphi$$

故 $$Q = UI\sin\varphi \qquad (3-4-12)$$

对于感性电路，$U_L > U_C$，则 $Q = Q_L - Q_C > 0$；对于容性电路，$U_L < U_C$，则 $Q = Q_L - Q_C < 0$。即电感性无功功率为正值，而电容性无功功率为负值。

4. 视在功率 S

式 (3-4-10) 中，电压有效值与电流有效值的乘积 UI，具有功率的形式，且与功率有相同的量纲，但却不是电路实际消耗的功率，称其为视在功率，用 S 表示，即

$$S = UI = I^2|Z| = \frac{U^2}{|Z|} \qquad (3-4-13)$$

视在功率的单位为 V·A（伏安）。

在一般情况下，规定电气设备使用时的额定电压 U_N 和额定电流 I_N，则 $S_N = U_N I_N$ 称为电气设备的容量，也就是额定视在功率。例如变压器的额定容量 S_N 就是以视在功率表示的，至于它能向外电路输出多少有功功率，还与负载的功率因数有关。

例 3-4-1 荧光灯电路可以看成是一个 RL 串联电路。若荧光灯接在 $u = 220\sqrt{2}\sin314t$ V 交流电源上，正常发光时测得灯管两端的电压为 110 V，镇流器两端的电压为 190 V，镇流器参数 $L = 1.65$ H（线圈内阻忽略不计）。试求：

（1）电路中的电流；

(2) 电路中的阻抗；

(3) 灯管的电阻；

(4) 电路的有功功率；

(5) 电路的功率因数。

解　由 $u = 220\sqrt{2}\sin 314t$ V 可得

$$U = 220 \text{ V}, \omega = 314 \text{ rad/s}, \varphi = 0$$

(1) 电路的感抗 $X_L = \omega L = 314 \times 1.65 \ \Omega \approx 518 \ \Omega$

电路的电流为 $I = I_L = \dfrac{U_L}{X_L} = \dfrac{190}{518} \text{ A} \approx 0.367 \text{ A}$

(2) 电路的阻抗为 $|Z| = \dfrac{U}{I} = \dfrac{220}{0.367} \Omega \approx 599 \ \Omega$

(3) 灯管的电阻为 $R = R = \dfrac{U_R}{I} = \dfrac{110}{0.367} \Omega \approx 300 \ \Omega$

(4) 电路的有功功率为 $P = I^2 R = 0.367^2 \times 300 \text{ W} \approx 40.4 \text{ W}$

(5) 电路的功率因数为 $\lambda = \dfrac{P}{UI} = \dfrac{40.4}{220 \times 0.367} \approx 0.5$

3.5　任务五　功率因数的提高

在正弦交流电路中，只要电路中含有电感或电容元件，一般来说，有功功率总是小于视在功率。有功功率与视在功率之比是功率因数，即 $\lambda = \dfrac{P}{S} = \cos\varphi$，功率因数就是电路阻抗角 φ 的余弦值，电路中的阻抗角越大，功率因数就越低；反之，电路阻抗角越小，功率因数就越高。

实际用电器的功率因数都在 1 和 0 之间，例如白炽灯的功率因数接近 1；荧光灯的功率因数为 0.5 左右；工农业生产中大量使用的异步电动机功率因数满载时可达 0.9，而空载时会降到 0.2 左右；交流电焊机的功率因数只有 0.3～0.4；交流电磁铁的功率因数甚至低至 0.1。

由于电力系统中接有大量的感性负载，线路的功率因数一般较低。功率因数太低对供电系统会有不利的影响，为此需要提高线路的功率因数。

一、功率因数太低的不利影响

1. 电源设备得不到充分利用

一般交流电源设备（发电机、变压器）都是根据额定电压 U_N 和额定电流 I_N 来进行设计、制造和使用的。它能够提供给负载的有功功率为

$$P_1 = U_N I_N \cos\varphi$$

当 U_N、I_N 为定值时，$\cos\varphi$ 越低，则负载吸收的功率越低，因而电源供给的有功功率 P_1 也越低，这样电源的潜力就没有得到充分发挥。例如，额定容量为 $S_N = 100$ kVA 的电源，若负载的功率因数 $\lambda = \cos\varphi = 1$，则电源达到额定时，可输出有功功率 $P_1 = S_N\cos\varphi = 100$ kW；若负载的功率因数 $\lambda = \cos\varphi = 0.2$，则电源达到额定时只能输出 $P_1 = S_N\cos\varphi = 20$ kW。显然，

这时电源设备没有得到充分利用。

2. 增加线路损耗和线路压降

输电线上的损耗为 $P_l = I^2 R_1$（R_1 为线路电阻），线路压降为 $U_1 = IR_1$，而线路电流为 $I = \dfrac{P}{U\cos\varphi}$。所以，当电源电压 U 及输出有功功率 P 一定时，功率因数 $\cos\varphi$ 越低，电流越大，因而传输线上的损耗越大，降低了传输效率；同时，线路上的压降增大，降低了供电质量，从而影响负载的正常工作，如灯光变暗，电动机不能起动等。

由此可见，功率因数 $\lambda = \cos\varphi$ 是交流电网的一个重要经济技术指标。提高功率因数，可以节约电能，提高电源设备利用率，改善电网质量。因此供电单位要求用户采取必要的措施，使功率因数不低于一定的程度（一般高压供电的工厂不得低于 0.9，低压供电不得低于 0.85）。

二、提高功率因数的方法

电路的功率因数低是因为无功功率多，使得有功功率与视在功率的比值小。由于电感性无功功率可以用电容性无功功率来补偿，所以提高功率因数的方法除了提高用电设备本身的功率因数，例如正确选用异步电动机的容量，减少轻载和空载以外，还可以采用在感性负载两端并联电容器的方法对无功功率进行补偿。

如图 3-5-1(a)所示，设感性负载的复阻抗为 $Z_1 = R + jX_L$，负载的端电压为 $U\angle 0°$，在未并联电容时，感性负载的电流为

$$\dot{I}_1 = \frac{\dot{U}}{Z_1} = \frac{\dot{U}}{R + jX_L} = \frac{\dot{U}}{|Z_1|\angle\varphi_1} = \frac{U}{|Z|}\angle -\varphi_1$$

即电流 $\dot{I}_1$ 在相位上比电压 $\dot{U}$ 滞后 φ_1 角，功率因数为 $\cos\varphi_1$。

当并联上电容后，$\dot{I}_1$ 不变，而电容支路有电流

$$\dot{I}_C = \frac{\dot{U}}{-jX_C} = j\frac{\dot{U}}{X_C}$$

即电流 $\dot{I}_C$ 在相位上比电压 $\dot{U}$ 超前 90°。

此时线路上的电流变为 $\quad \dot{I} = \dot{I}_1 + \dot{I}_C$

相量图如图 3-5-1(b)所示。

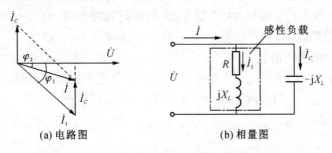

(a) 电路图　　　　　　　　(b) 相量图

图 3-5-1 感性负载并联电容提高线路的功率因数

相量图表明,在感性负载的两端并联适当的电容,可使线路电流由 I_1 减小为 I,电压与电流的相位差由 φ_1 减小为 φ_2,故线路的功率因数从 $\cos\varphi_1$ 提高到 $\cos\varphi_2$。

必须指出,感性负载并联电容后,工作未受影响,负载本身的功率因数并没有改变,提高的是整个电路的功率因数。

三、补偿电容的确定

从上面的分析可知,在感性负载上并联电容,可以提高电路的功率因数,只要补偿得恰当,便可将电路的功率因数提高到希望的数值。

由图 3－5－1 可知

$$Q_C = Q_L - Q = P\tan\varphi_1 - P\tan\varphi_2 = P(\tan\varphi_1 - \tan\varphi_2) \tag{3-5-1}$$

式中,P 是负载所吸收的功率;φ_1 和 φ_2 分别是补偿前和补偿后的功率因数角。

补偿用的电力电容器的技术数据通常标出额定电压 U_N 和额定无功功率 Q_N,选用时,只要 U_N 符合供电线路的电压,Q_N 等于(或略大于)Q_C 便可。

如要计算补偿电容器的容量,可将关系式 $Q_C = UI_C = U^2\omega C = 2\pi fCU^2$ 代入式(3-5-1),

得
$$C = \frac{P}{2\pi fU^2}(\tan\varphi_1 - \tan\varphi_2) \tag{3-5-2}$$

式中 U 是负载的端电压。

补偿电容器可分别并联于各感性负载两端,但通常是集中装置于用户变电所中,以提高整个用户电网的功率因数,当 Q_C 值较大时,也可用几个电力电容器并联来满足要求,几个电容器并联时的总无功功率等于各电容器无功功率之和。

3.6 任务六 电路的谐振

当电路中的总电压和总电流同相位,整个电路呈电阻性时,这种现象称为谐振。处于谐振状态的电路称为谐振电路。谐振一方面在工业生产中有广泛应用,例如用于高频淬火、高频加热以及收音机、电视机中;另一方面,谐振时会在电路的某些元件中产生较大的电压或电流,致使元件受损,这是应该避免的。

按照发生谐振电路连接方式的不同,谐振分为串联谐振和并联谐振。

一、串联谐振

在图 3－6－1 所示的 RLC 串联电路中,当感抗与容抗相等时,电感上的电压 U_L 与电容上的电压 U_C 大小相等,它们正好互相抵消,电路中的电压与电流同相位,这时就称电路发生了谐振。这种在 RLC 串联电路中发生的谐振称为串联谐振。

在一般情况下,RLC 串联电路中的电流与电压相位是不同的。但是可以用调节电路参数(L、C)或改变外加电压频率的方法,使阻抗
即 $X = X_L - X_C = 0$

$$\omega L - \frac{1}{\omega C} = 0 \tag{3-6-1}$$

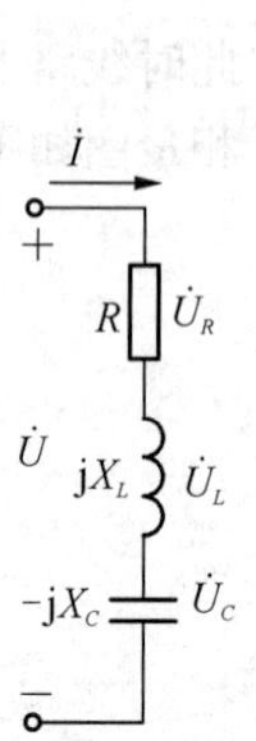

图 3－6－1　串联谐振

这时电路中的阻抗 $Z=R+jX=R$ 是电阻性的,故电流与电压同相,电路发生了谐振。

由谐振条件式(3-6-1)可得出谐振时的角频率为

$$\omega_0 = \frac{1}{\sqrt{LC}} \tag{3-6-2}$$

谐振频率为

$$f_0 = \frac{1}{2\pi\sqrt{LC}} \tag{3-6-3}$$

谐振频率只与电路的 L、C 有关,与 R 无关。当电路参数 L、C 一定时,f_0 为一定值,故 f_0 又称为电路的固有频率。由此可见,若要使电路在频率为 f 的外加电压下发生谐振可以用改变电路参数 L、C 的办法,使电路的固有频率 f_0 等于外加电压的频率 f 来实现。

串联谐振有以下特征:

① 电流与电压同相位,阻抗角 $\varphi=0$,电路呈电阻性。

② 电路阻抗最小,电流最大。

谐振时电抗 X 为零,故阻抗最小,其值为

$$|Z| = \sqrt{R^2+X^2} = R$$

当电源电压一定时,电路中的电流最大,称为谐振电流,其值为 $I_0 = \dfrac{U}{|Z|} = \dfrac{U}{R}$。图 3-6-2 是阻抗和电流随频率变化的曲线。

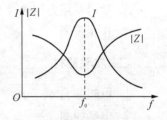

③ 电感端电压与电容端电压大小相等,相位相反。电阻端电压等于外加电压。

图 3-6-2 串联谐振曲线

谐振时电感端电压与电容端电压相互补偿,这时外加电压与电阻上的电压相平衡,即

$$\dot{U}_L = -\dot{U}_C$$

$$\dot{U} = \dot{U}_R$$

④ 电感和电容的端电压有可能大大超过外加电压。

谐振时电感或电容的端电压与外加电压的比值为

$$Q = \frac{U_L}{U} = \frac{X_L I}{RI} = \frac{X_L}{R} = \frac{\omega_0 L}{R} \tag{3-6-4}$$

当 $X_L \gg R$ 时,电感和电容的端电压就大大超过外加电压,两者的比值 Q 称为谐振电路的品质因数,它表示在谐振时电感或电容上的电压是外加电压的 Q 倍。Q 值一般可达几十至几百,因此串联谐振又称为电压谐振。

串联谐振在有些地方是有害的,例如在电力工程中,若电压为 380 V,$Q=10$,则在谐振时电感或电容上的电压就有 3 800 V,这是很危险的,如果 Q 值更大,则更危险。所以在电力工程中一般应避免发生串联谐振。但在无线电工程中,串联谐振却得到广泛应用,例如在收音机里常被用来选择信号。

二、并联谐振

打开手机微信，扫描以下二维码获得"并联谐振"部分的内容。

模块二　技能性任务

3.7　任务一　单相正弦交流电路电压、电流及功率测量

一、实验目的

1. 验证 R、L、C 串联电路中，总电压与分电压之间的关系。
2. 学习使用万用表及交流电流表。
3. 作相量图。

二、实验器材

1. 电阻箱 B×7 - 12　　　　　　　　　　　　　　　1 个
2. 电感线圈　　　　　　　　　　　　　　　　　　1 个
3. 电容箱（只用 3 μf 的电容）　　　　　　　　　　1 个
4. 交流电流表 T15 - MA　　　　　　　　　　　　　1 只
5. 万用表 500 型　　　　　　　　　　　　　　　　1 只

三、实验原理

1. 在交流电路中，元件上的参数可用直读式仪表间接地测出，例如：对于电阻元件测出其电压 U 及电流 I，故只能算出阻抗 $Z = \dfrac{U}{I}$，若要求出它的电阻及电感，还需测出其功率 P，因为 $P = I^2 R$，所以 $R = \dfrac{P}{I^2}$，而 $X_L = \omega L = \sqrt{Z^2 - R^2}$，式中的 Z 及 R 是由测出的 U、I 及 P 而算出的。

2. 对于交流串联电路，总电压有效值不等于各部分电压有效值之和，而是矢量或复数和相加。

本次实验，是用电阻器、电感线圈、电容器串联做实验的，因为是串联，所以流入各元件的电流是一致的。在作矢量图时，以电流 I 作为参考向量，因为电阻上电压与电流相位相同，电容上电压落后于电流 90°，电感上电压超前于电流 90°（线圈电阻忽略不计）。这样各电压相加,则可作出矢量图。

有效值则为 $U=\sqrt{U_R^2+(U_L-U_C)^2}$

四、实验任务及步骤

1. 按图3-7-1将各元件接成实验线路。

2. 经老师检查后,将电容开关合上,再合上总的开关,待灯亮后,记下电流表的数值。

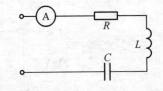

3. 再用万用表的电压挡,测量 U_R、U_L、U_C,分别记入表 3-7-1中。

图3-7-1 RLC 串联实验电路

4. 再用万用表测量 U 输入,记入表内。

5. 数据测完后,经老师检查,方可拆除实验线路。整理好实验台。

表3-7-1 实验数据记录

U		I		U_R		U_L		U_C	
测量值	计算值	测量值	计算值	测量值	计算值	测量值	计算值	测量值	计算值

五、填写实验报告

1. 根据公式 $U=\sqrt{U_R^2+(U_L-U_C)^2}$ 进行计算,并和测量 U 输出进行比较,有无误差,为什么?

2. 用测量的各数据计算 $|Z|$、R、X_L、X_C、$\cos\varphi$、P、Q、S。

3. 以测量的总电压初相角为60°时,作电压矢量图并写出各电压及电流的瞬时值表达式。

3.8 任务二 功率因数的提高

一、实验目的

1. 掌握日光灯电路的工作原理及电路连接方法。

2. 通过测量电路功率,进一步掌握功率表的使用方法。

3. 掌握改善日光灯电路功率因数的方法。

表3-8-1 实验数据记录

电容 测量项目							
U(V)							
I(mA)							
I_C(mA)							
I_D(mA)							
$\cos\varphi$							

二、实验原理

1. 日光灯电路及工作原理

日光灯电路主要由日光灯管、镇流器、启辉器等元件组成,电路图如图 3-8-1 所示。

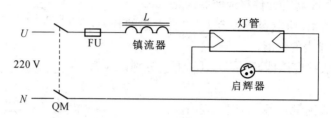

图 3-8-1　日光灯电路

日光灯电路实质上是一个电阻与电感的串联电路。镇流器本身并不是一纯电感,而是一个电感和等效电阻相串联的元件。

2. 功率因数的提高

日光灯电路中,灯管与一个带有铁芯的电感线圈串联,由于电感量较大,整个电路的功率因数是比较低的,为了提高功率因数,我们可以在灯管与镇流器串联后的两端并联电容器实现。

三、实验内容及步骤

1. 在实验台中选择镇流器与开关、启辉器与熔断器、电流测量插口,并联电容器组等。

2. 单元板及实验台顶部的日光灯管连接成图 3-8-2 所示电路。

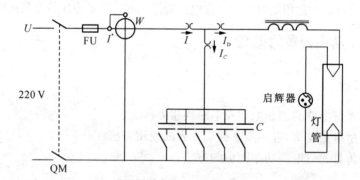

图 3-8-2　实验电路图

3. 闭合开关 S,此时日光灯应亮,如用并联电容器组完成本实验,则从 0 逐渐增大并联电容器,分别测量总电流 I、灯管电流 I_D、电容器电流 I_C、功率 P。将数据填入表 3-8-1 中,并作相应计算(测量 P 计算 $\cos\varphi$)。

四、实验设备

1. 日光灯管、座 40 W　　　　　　　　　　　　1 套

2. 镇流器、开关单元板(TS-B-19)　　　　　　1 块

3. 熔断器、启辉单元板(TS-B-20)　　　　　　1块
4. 电容器组单元板(TS-B-21)　　　　　　　1块
5. 交流电流表(TS-B-04)　　　　　　　　　1块
6. 交流电压表(TS-B-07)　　　　　　　　　1只
7. 导线　　　　　　　　　　　　　　　　若干

五、实验报告

1. 根据表3-8-1中的数据,在坐标纸上绘出 $I_D=f(C)$、$I_C=f(C)$、$I=f(C)$、$\cos\varphi=f(C)$ 等曲线。

2. 从测量数据中,求出日光灯等效电阻、镇流器等效电阻、镇流器电感。回答下列问题:

(1) U_L 和 U_D 的代数和为什么大于 U?

(2) 并联电容器后,总功率 P 是否变化?为什么?

(3) 为什么并联电容器后总电流会减少?绘相量图说明。

模块三　拓展性任务

3.9　非正弦交流电路

打开手机微信,扫描以下二维码获得本节内容。

项目小结

1. 正弦交流电是随时间按正弦规律周期性变化的电压和电流。最大值、角频率和初相位是确定一个正弦量的三要素。最大值反映正弦量的变化范围;角频率反映正弦量变化的快慢;初相位反映正弦量在计时起点的状态。

相位差是指两个同频率正弦量的初相位之差,相位差与计时起点无关。

交流电的有效值指的是在热效应方面与交流电等效的直流值。正弦量的最大值是有效值的 $\sqrt{2}$ 倍。

在学习电工技术时会遇到同一电量的不同符号,它们代表不同的意义。通常小写字母 $(i、u、e)$ 代表时间的函数(瞬时值),大写字母 $(I、U、E)$ 代表一定的大小(直流量、交流量的有

效值),带下标的大写字母(I_m、U_m、E_m、I_N、U_N、E_N)代表特殊的大小(最大值、额定值),上带圆点的大写字母($\dot{I}$、$\dot{U}$、$\dot{E}$)代表相量。

2. 正弦量可用三角函数式、波形图和相量三种方法来表示。三角函数式和波形图是两种基本的表示方法,但不便于计算;相量表示法是分析和计算交流电路的一种重要工具,它用相量图或复数式表示正弦量的量值和相位关系,通过简单的几何或代数方法对同频率的正弦交流电进行分析计算,十分方便。

复数的加减以代数形式运算最为简便,复数的乘除以指数形式或极坐标形式运算最为简便。j 是 90°的旋转算符,任一相量乘上 $+j$ 后,即逆时针方向旋转 90°;乘上 $-j$ 后,即顺时针方向旋转 90°。

3. 单一参数电路元件的交流电路是理想化的电路。电阻是耗能元件,电阻电路的端电压与电流成正比,电压与电流同相;电感和电容是储能元件。电感电路的端电压与电流的变化率成正比,电压超前于电流 90°;电容电路的电流与电容端电压的变化率成正比,电流超前于电压 90°。

单一参数电路欧姆定律的相量形式为

$$\dot{U}=\dot{I}R$$

$$\dot{U}=jX_L\dot{I}$$

$$\dot{U}=-jX_C\dot{I}$$

它们反映了电压与电流的量值和相位关系,其中感抗 $X_L=\omega L$,容抗 $X_C=\dfrac{1}{\omega C}$。

4. RLC 串联电路是具有一定代表性的电路,其欧姆定律的相量形式为

$$\dot{U}=\dot{Z}\dot{I}$$

式中 Z 为复阻抗,它决定了电路中电压与电流的大小和相位关系,其值为

$$Z=R+jX=R+j(X_L-X_C)$$

式中实部为"阻",虚部为"抗",其模即为"阻抗"。

阻抗 $|Z|=\sqrt{R^2+(X_L-X_C)^2}$

电压关系为 $U=\sqrt{U_R^2+(U_L-U_C)^2}$

功率关系为 $S=\sqrt{P^2+(Q_L-Q_C)^2}$

其中有功功率 $P=UI\cos\varphi$

无功功率 $Q=U_L-U_C=UI\sin\varphi$

视在功率 $S=UI$

阻抗角即相位差角或功率因数角

$$\varphi=\arctan\frac{X}{R}=\arctan\frac{U_X}{U_R}=\arctan\frac{Q}{P}$$

以上关系可用三个相似三角形帮助记忆和分析。

有功功率 P 即平均功率,表示电路消耗的功率,单位是 W(瓦[特]);无功功率 Q 表示电路中功率交换的最大值,单位是 var(乏[尔]);视在功率 S 表示电压与电流的乘积,单位(伏安)。

5. 正弦交流电路中基尔霍夫定律的相量形式为

$$\sum \dot{I}=0 \quad \sum \dot{U}=0$$

6. 实际电力系统中绝大多数的负载是电感性的,电路的功率因数大多不高,使电源设备得不到充分利用,并增加了线路损耗和线路压降。为此常采用并联电容器的方法来提高线路的功率因数,其基本原理是用电容的无功功率对电感的无功功率进行有效补偿。

所需补偿的无功功率为 $\qquad Q_C=P(\tan\varphi_1-\tan\varphi_2)$

补偿电容器的容量为 $\qquad C=\dfrac{P}{2\pi f U^2}(\tan\varphi_1-\tan\varphi_2)$

7. 谐振是交流电路中的特殊现象,其实质是电路中 L 和 C 的无功功率实现完全的相互补偿,使电路呈现电阻的性质。谐振条件是 $\omega L-\dfrac{1}{\omega C}=0$,改变电路参数或电源频率,可使电路发生谐振。谐振频率 $f_0=\dfrac{1}{2\pi\sqrt{LC}}$。

在 RLC 串联电路中发生的谐振称为串联谐振或电压谐振,其主要特点是:电路阻抗最小,电流最大,可能出现局部电压超过外加总电压的情况。

RL 与 C 并联电路中发生的谐振称为并联谐振或电流谐振,其主要特点是:电路阻抗最大,总电流最小,可能出现支路电流大于总电流的情况。

谐振电路中,电源提供的能量全部是有功功率,全被电阻所消耗,无功能量互换仅在电感与电容元件之间进行。

项目思考与习题

3-1 在 RLC 串联电路中,已知阻抗为 10 Ω,电阻为 8 Ω,感抗为 20 Ω,试问容抗可能为多大?

3-2 在 RLC 串联电路中,当 $L>C$ 时,电压的相位是否一定超前于总电流?

3-3 某正弦电流的频率为 20 Hz,有效值为 $5\sqrt{2}$ A,在 $t=0$ 时,电流的瞬时值为 5 A,且此时刻电流在增加,求该电流的瞬时值表达式。

3-4 已知复数 $A_1=12+j16,A_2=8+j8$,试求它们的和、差、积、商。

3-5 试将下列各时间函数用对应的相量来表示。

(1) $i_1=5\sin\omega t$ A,$i_2=10\sin(\omega t+60°)$ A;

(2) $i=i_1+i_2$。

3-6 正弦电流的频率为 20 Hz,有效值为 $5\sqrt{2}$ A,在 $t=0$ 时,电流的瞬时值为 5 A,且此时刻电流在增加,求该电流的瞬时值表达式。

3-7 判断下列各组正弦量哪个超前,哪个滞后? 相位差等于多少?

(1) $i_1=10\sin(\omega t+70°)$ A,$i_2=5\sin(\omega t+40°)$ A

(2) $u_1 = 100\sin(\omega t - 20°)$ V，$u_2 = 70\sin(\omega t - 50°)$ V

3-8 求下列正弦量对应的相量并画出相量图。

(1) $i = 5\sqrt{2}\sin(314t + 30°)$ A

(2) $u = -6\sqrt{2}\cos(314t + 45°)$ V

3-9 在 50 Ω 的电阻上加上 $u = 100\sin(100t + 45°)$ V 的电压，写出通过电阻的电流瞬时值的表达式，并求电阻消耗功率的大小，再画出电压和电流的相量图。

3-10 已知一 RL 串联电路，接到 $u = 220\sqrt{2}\sin(314t + 45°)$ V 的电源上，电流 $i = 5\sqrt{2}\sin(314t - 15°)$ A，试求 R、L 及有功功率 P。

3-11 电阻 $R = 30$ Ω，电感 $L = 4.78$ mH 的串联电路接到 $u = 220\sqrt{2}\sin(314t + 30°)$ V 的电源上，求 i、P、Q 及 S。

3-12 在 RLC 串联电路中，$u = 100\sqrt{2}\sin 1000t$ V，调节电容 C，使电路达到谐振，并测得谐振电流为 50 mA，电容电压为 100 V，试求 R、L、C 的值。

3-13 在 RLC 串联电路中，已知电路电流 $I = 1$ A，各电压为 $U_R = 15$ V，$U_L = 60$ V，$U_C = 80$ V。求：(1) 电路总电压 U；(2) 有功功率 P、无功功率 Q 及视在功率 S；(3) R、X_L、X_C。

3-14 在 RLC 串联电路中，已知 $R = 50$ Ω；$L = 400$ mH；$C = 0.254$ μF。电源电压有效值 $U = 10$ V，求谐振频率，谐振电流及各元件上的电压。

3-15 正弦交流电路如图 3-1 所示，用交流电压表测得 $U_{AD} = 5$ V，$U_{AB} = 3$ V，$U_{CD} = 6$ V，试问 U_{BD} 是多少？

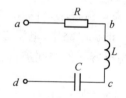

3-16 在 RLC 串联电路中，$u = 10\sqrt{2}\sin 1000t$ V，调节电容 C，使电路达到谐振，并测得谐振电流为 20 mA，电容电压为 100 V，试求 R、L、C 值。

图 3-1 题 3-15 电路图

3-17 一个电感线圈，接于频率为 50 Hz、电压为 220 V 的交流电源上，通过的电流为 10 A，消耗有功功率为 200 W，求此线圈的电阻 R 和电感 L。

3-18 RLC 组成的串联谐振电路，已知 $U = 10$ V，$I = 1$ A，$U_C = 80$ V，试问电阻 R 多大？品质因数 Q 又是多大？

3-19 串联谐振电路如图 3-2 示，已知电压表 V_1、V_2 的读数分别为 150 V 和 120 V，试问电压表 V 的读数为多少？

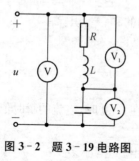

图 3-2 题 3-19 电路图

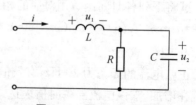

图 3-3 题 3-21 电路图

3-20 单相异步电动机的功率为 800 W，功率因数 $\cos\varphi_1 = 0.6$，接在 220 V、50 Hz 的

电源上。求：

(1) 将功率因数提高到 0.9,需补偿多少无功功率? 补偿电容值为多少?

(2) 并联电容前后的电流值。

3-21　正弦交流电路如图 3-3 所示,已知 $X_C = R$,试问电感电压 u_1 与电容电压 u_2 的相位差是多少?

3-22　荧光灯电源的电压为 220 V,频率为 50 Hz,灯管相当于 300 Ω 的电阻,与灯管串联的镇流器在忽略电阻的情况下相当于 500 Ω 感抗的电感,试求灯管两端的电压和工作电流,并画出相量图。

3-23　正弦交流电路如图 3-4 所示,已知 $X_L = X_C = R$,电流表 A_3 读数为 5 A,试问电流表 A_1 和 A_2 的读数各为多少?

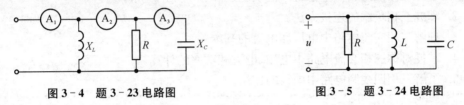

图 3-4　题 3-23 电路图　　　　　　图 3-5　题 3-24 电路图

3-24　在图 3-5 所示的电路中,当交流电压 u 的有效值不变,频率增高时,电阻元件、电感元件、电容元件上的电流将如何变化?

项目四　三相交流电路

知识目标

1. 掌握三相四线制供电系统中的线电压和相电压的关系。
2. 掌握三相负载的连接方法。
3. 理解三相交流电路中电压和电流的基本关系。
4. 掌握对称三相交流电路中电压、电流和功率的计算。
5. 了解三相四线制电路中中线的作用。

技能目标

1. 掌握三相负载的连接方法。
2. 熟悉三相对称负载有功功率的计算。
3. 学会三相交流电路中电压、电流的测量方法。

模块一　学习性任务

4.1　任务一　三相对称电源

三相交流电一般是由三相交流发电机产生的,并通过三相输电线路,传输到三相负载或单相负载上使用。

一、三相电动势的产生

图 4-1-1(a)为三相交流发电机的示意图。在发电机定子中嵌有三组相同的线圈 $U_1 U_2$、$V_1 V_2$、$W_1 W_2$,分别称为 U 相、V 相、W 相绕组。它们在空间相隔 120°。当转子磁极在原动机拖动下以角速度 ω 按顺时针方向匀速旋转时,三相定子绕组依次切割磁感线,在各绕组中产生相应的正弦交流电动势,这些电动势的幅值相等,频率相同,相位互差 120°,相当于三个独立的交流电源,如图 4-1-1(b)所示。

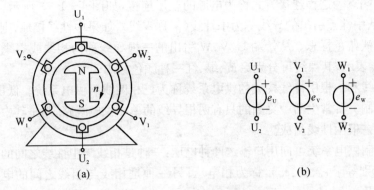

图 4-1-1 三相发电机示意图

这样的三相电动势称为对称三相电动势,它们的瞬时值分别为

$$e_U = E_m \sin\omega t$$
$$e_V = E_m \sin(\omega t - 120°)$$
$$e_W = E_m \sin(\omega t + 120°) \qquad (4-1-1)$$

若以相量形式来表示,则

$$\dot{E}_U = E\angle 0°$$
$$\dot{E}_V = E\angle -120°$$
$$\dot{E}_W = E\angle +120° \qquad (4-1-2)$$

它们的波形图和相量图如图 4-1-2 所示。

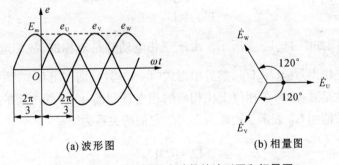

(a) 波形图　　　　(b) 相量图

图 4-1-2 三相对称电动势的波形图和相量图

二、三相电源的相序

三相交流电由超前相到滞后相的轮流顺序称为相序。如上述的三相电动势应 $\dot{E}_U$、$\dot{E}_V$、$\dot{E}_W$ 依次滞后 120°,其相序为 U-V-W。

三、三相四线制供电系统

通常把发电机三相绕组的末端 U_2、V_2、W_2 连成一点 N,而把始端 U_1、V_1、W_1 作为与外电路相连接的端点。这种连接方式称为电源的星形连接,如图4-1-3所示。N点称为中性点(零点),从中性点引出的导线称为中性线(俗称零线),如果中性线接地,则又称为地线,其裸导线可涂淡蓝色标志。从始端U、V、W引出的三根导线称为相线或端线(俗称火线),常用L_1、L_2、L_3表示,其裸线可分别涂黄、绿、红三种颜色标志。

由三根相线和一根中性线构成的供电系统称为三相四线制供电系统。低压供电网普遍采用三相四线制。日常生活中见到的只有两根导线的单相供电线路,则是其中的一相,一般由一根相线和一根中性线组成。

三相四线制供电系统可向用户输送两种电压:一种是相线与中性线之间的电压u_U、u_V、u_W(开路时,分别等于e_u、e_v、e_w),称为相电压;另一种是相线与相线之间的电压u_{UV}、u_{VW}、u_{WU},称为线电压。

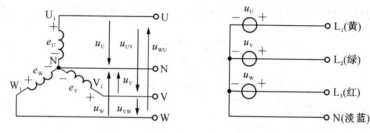

图4-1-3 三相四线制电源

由图4-1-3可知各线电压与相电压之间的相量关系为

$$\dot{U}_{UV}=\dot{U}_U-\dot{U}_V$$

$$\dot{U}_{VW}=\dot{U}_V-\dot{U}_W$$

$$\dot{U}_{WU}=\dot{U}_W-\dot{U}_U \tag{4-1-3}$$

它们的相量图如图4-1-4所示。由于三相电动势是对称的,故相电压也是对称的。作相量图时,可先作出$\dot{U}_U$、$\dot{U}_V$、$\dot{U}_W$,然后根据式(4-1-3)分别作出$\dot{U}_{UV}$、$\dot{U}_{VW}$、$\dot{U}_{WU}$。由相量图可知,线电压也是对称的,在相位上比相应的相电压超前30°。线电压的有效值用U_L表示,相电压的有效值用U_P表示。由相量图可知它们的关系为

$$U_L=\sqrt{3}U_P \tag{4-1-4}$$

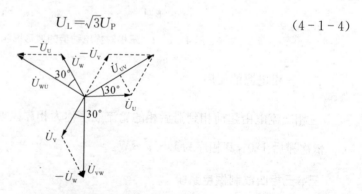

图4-1-4 三相电源各电压相量之间的关系

一般低压供电的线电压是 380 V，相电压是 380 V/$\sqrt{3}$＝220 V。负载可根据额定电压决定其接法。

各种照明灯具、家用电器的额定电压一般都是 220 V，而单相变压器、电磁铁等既有 220 V 的，也有 380 V 的。这类电气设备只需单相电源就能正常工作，统称为单相负载。单相负载若额定电压是 380 V，应接在两根火线之间；若额定电压是 220 V，应接在火线与零线之间。

4.2 任务二 三相负载的星形连接

图 4-2-1 是三相四线制供电系统中常见的照明电路和动力电路，包括大批量的单相负载和对称三相负载。为使三相电源的负载比较均衡，大批量的单相负载一般分成三组，分别接于电源的三相之间，各称为 U 相负载、V 相负载、W 相负载，组成不对称的三相负载，如图 4-2-1(a)所示，这种连接方式叫作负载的星形(Y 形)连接。

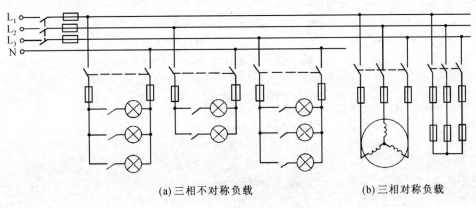

(a)三相不对称负载   (b)三相对称负载

图 4-2-1 负载的星形连接

一、电压、电流的基本关系

设 U 相负载的阻抗为 Z_U，V 相负载的阻抗为 Z_V，W 相负载的阻抗为 Z_W，则星形连接的三相四线制电路一般可用图 4-2-2 所示的电路来表示。

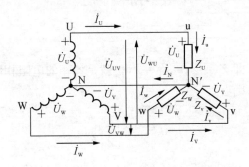

图 4-2-2 负载星形连接的三相四线制电路

在图 4-2-2 中，$\dot{U}_{UV}$、$\dot{U}_{VW}$、$\dot{U}_{WU}$ 表示三相电源的线电压；$\dot{U}_U$、$\dot{U}_V$、$\dot{U}_W$ 表示三相电源的

相电压；$\dot{U}_u$、$\dot{U}_v$、$\dot{U}_w$ 表示三相负载承受的电压，也称为相电压；$\dot{I}_U$、$\dot{I}_V$、$\dot{I}_W$ 表示三条相线中通过的电流，称为线电流；$\dot{I}_u$、$\dot{I}_v$、$\dot{I}_w$ 表示三相负载通过的电流，称为相电流；$\dot{I}_N$ 表示中性线中通过的电流，称为中性线电流。

负载星形连接时，电路有以下基本关系：

① 每相负载电压等于电源相电压。

在图 4-2-2 所示电路中，若不计中性线阻抗，则电源中点 N 与负载中点 N′等电位；如果相线阻抗被忽略，则每相负载的电压等于电源线电压。

② 相电流等于相应的线电流。如图 4-2-2 所示，U 相电流等于线电流 $\dot{I}_U$；V 相电流等于线电流 $\dot{I}_V$；W 相电流等于线电流 $\dot{I}_W$。一般可写成

$$\dot{I}_P = \dot{I}_L \tag{4-2-1}$$

③ 各相电流的计算公式为

$$\dot{I}_U = \frac{\dot{U}_U}{Z_U} = \frac{\dot{U}_U}{|Z_U|\angle\varphi_U} = \frac{\dot{U}_U}{|Z_U|}\angle-\varphi_U$$

$$\dot{I}_V = \frac{\dot{U}_V}{Z_V} = \frac{\dot{U}_V}{|Z_V|}\angle-\varphi_V$$

$$\dot{I}_W = \frac{\dot{U}_W}{Z_W} = \frac{\dot{U}_W}{|Z_W|}\angle-\varphi_W$$

式中
$$\varphi_U = \arctan\frac{X_U}{R_U}$$
$$\varphi_V = \arctan\frac{X_V}{R_V}$$
$$\varphi_W = \arctan\frac{X_W}{R_W}$$

④ 中性线电流等于三相电流之和。根据基尔霍夫电流定律，由图 4-2-2 电路可得

$$\dot{I}_N = \dot{I}_U + \dot{I}_V + \dot{I}_W \tag{4-2-2}$$

二、三相对称负载

所谓三相对称负载，即 $Z_A = Z_B = Z_C = Z$，也就是各相的电阻相同，电抗也相同。如果三相负载对称作星形连接，则有

$$\dot{I}_U = \frac{\dot{U}_U}{Z} = \frac{\dot{U}_U}{|Z|}\angle-\varphi$$

$$\dot{I}_V = \frac{\dot{U}_V}{Z} = \frac{\dot{U}_V}{|Z|}\angle-\varphi$$

$$\dot{I}_W = \frac{\dot{U}_W}{Z} = \frac{\dot{U}_W}{|Z|}\angle-\varphi$$

三相负载对称时,中性线电流为

$$\dot{I}_N = \dot{I}_U + \dot{I}_V + \dot{I}_W = 0 \qquad (4-2-3)$$

小知识: 在对称的三相四线制电路中,中性线电流等于零,即中性线不起作用,故可将中性线除去,而成为三相三线制系统,其相量图如图4-2-3所示。常用的三相电动机、三相电炉等负载在正常情况下是对称的,都可用三相三线制供电。

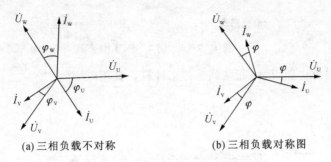

(a) 三相负载不对称　　　　　(b) 三相负载对称图

图4-2-3　负载星形连接时的相量图

三、三相不对称负载

如果三相负载不对称,中性线就有电流通过,中性线不能去除,否则用电设备不能正常工作。如图4-2-4(a)所示的照明电路,星形连接,其线电压为380V,相电压为220V。有中性线时,每相为一独立系统,若U相负载短路或断路,V、W两相灯仍正常工作;没有中性线时,U相负载短路或开路时,V、W两相承受的电压可能低于或高于额定电压,灯光将不能正常发光甚至烧毁。

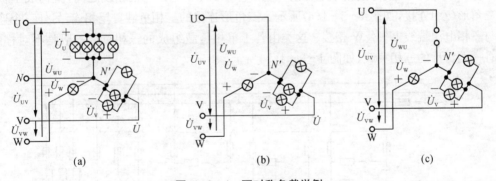

(a)　　　　　　　　(b)　　　　　　　　(c)

图4-2-4　不对称负载举例

小知识: 在三相四线制供电系统中,为了保证负载的相电压对称,中性线不能断开且不允许串联熔断器和开关,并需具有足够的机械强度。

例4-1-1 三相四线制电路如图4-2-5(a)所示,已知每相负载阻抗$z=6+j8\ \Omega$,外加线电压$U_L=380\ \text{V}$,试求负载的相电压和相电流。

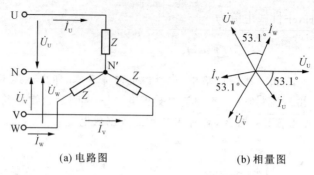

(a) 电路图　　　　　　(b) 相量图

图 4-2-5　例 4-1-1 图

解　因为是对称电路,故可归结到一相来计算。其相电压为

$$U_P=\frac{U_L}{\sqrt{3}}=220 \text{ V}$$

相电流
$$I_P=\frac{U_P}{|Z|}=\frac{220}{\sqrt{6^2+8^2}}=\frac{220}{10}=22 \text{ A}$$

相电压与相电流的相位差角为　$\varphi=\arctan\frac{X}{R}=\arctan\frac{8}{6}=53.1°$

选 $\dot{U}_U$ 为参考相量,则 $\dot{I}_U=\frac{\dot{U}_U}{Z}=22\angle-53.1°\text{A}$

其相量图如图 4-2-5(b)所示。

4.3　任务三　三相负载的三角形连接

将负载分为三组,分别接于电源的 U-V、V-W、W-U 两根相线之间,就构成了负载的三角形(△)连接,如图 4-3-1(a)所示。三角形连接的三相负载首尾相连,另外三个连接点与三相电源端线 U、V、W 相接。这类由若干单相负载组成的三相负载一般是不对称的,另有一类对称的三相负载,如图 4-3-1(b)所示。

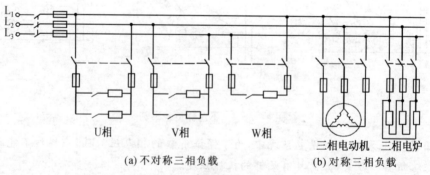

(a) 不对称三相负载　　　　　　　(b) 对称三相负载

图 4-3-1　负载的三角形连接

一、电压、电流的基本关系

设三相负载的复阻抗分别为 Z_{UV}、Z_{VW}、Z_{WU},则负载三角形连接的三相三线制电路可用如图 4-3-2 所示的电路表示。若忽略端线阻抗($Z_L=0$),则电路具有以下基本关系:

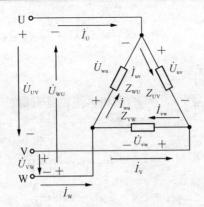

图 4 - 3 - 2　负载三角形连接的电路

1. 每相负载承受电源线电压

即
$$\dot{U}_{uv}=\dot{U}_{UV},\dot{U}_{vw}=\dot{U}_{VW},\dot{U}_{wu}=\dot{U}_{WU}$$

有效值的关系为
$$U_P=U_L \qquad\qquad (4-3-1)$$

2. 各相电流计算公式

$$\dot{I}_{UV}=\frac{\dot{U}_{UV}}{Z_{UV}}=\frac{\dot{U}_{UV}}{|Z_{UV}|\angle\varphi_{UV}}=\frac{\dot{U}_{UV}}{|Z_{UV}|}\angle-\varphi_{UV}$$

$$\dot{I}_{VW}=\frac{\dot{U}_{VW}}{Z_{VW}}=\frac{\dot{U}_{VW}}{|Z_{VW}|}\angle-\varphi_{VW}$$

$$\dot{I}_{WU}=\frac{\dot{U}_{WU}}{Z_{WU}}=\frac{\dot{U}_{WU}}{|Z_{WU}|}\angle-\varphi_{WU} \qquad (4-3-2)$$

其电压、电流的相量图如图 4 - 3 - 3(a)所示

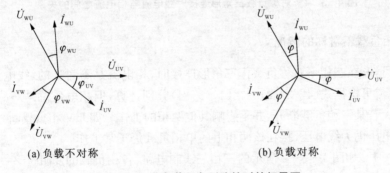

(a) 负载不对称　　　　　　　　　　　(b) 负载对称

图 4 - 3 - 3　负载三角形连接时的相量图

3. 各线电流由两相邻相电流决定

由图 4 - 3 - 2 可知,各线电流分别为

$$\dot{I}_U=\dot{I}_{UV}-\dot{I}_{WU}$$

$$\dot{I}_V=\dot{I}_{VW}-\dot{I}_{UV}$$

$$\dot{I}_W = \dot{I}_{WU} - \dot{I}_{VW} \qquad (4-3-3)$$

二、三相负载对称的情况

若负载对称，即 $Z_{UV} = Z_{VW} = Z_{WU} = Z$，则相电流也是对称的，如图 4-3-3(b)所示。显然，这时电路计算也可归结到一相来进行，即

$$I_{UV} = I_{VW} = I_{WU} = I_P = \frac{U_P}{|Z|}$$

$$\varphi_{UV} = \varphi_{VW} = \varphi_{WU} = \arctan\frac{X}{R}$$

负载对称时，由式(4-3-2)可作相量图如图 4-3-4 所示。从图中不难得出

$$\frac{1}{2}I_L = I_P\cos30° = \frac{\sqrt{3}}{2}I_P$$

$$I_L = \sqrt{3}I_P \qquad (4-3-4)$$

可见，负载作三角形连接时，在对称条件下，线电流是相电流的$\sqrt{3}$倍，且滞后于相应的相电流 30°。

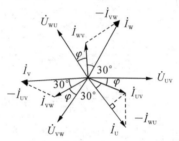

图 4-3-4 对称负载三角形连接时线电流与相电流之间的关系

三、三相负载不对称的情况

由上述可知，在三相不对称负载作三角形连接时，相电流是不对称的，线电流也是不对称的，各相电流可根据式(4-3-2)~式(4-3-4)分别计算，但相电压总是对称的，即等于电源线电压。若某一相负载断开，并不影响其他两相的工作。如 UV 相负载断开时，VW 相负载承受的电压仍为线电压，接在该两相上的单相负载仍正常工作。

例 4-3-1 如图 4-3-2 所示的三相三线制电路，各相负载的复阻抗 $Z=(6+j8)\Omega$，外加线电压 $U_L=380$ V，试求正常工作时负载的相电流和线电流。

解 由于正常工作时是对称电路，故可归结到一相来计算。其相电流为

$$I_P = \frac{U_L}{|Z|} = \frac{380}{10}\text{ A} = 38\text{ A}$$

式中，每相阻抗 $|Z| = \sqrt{R^2+X^2} = \sqrt{6^2+8^2} = 10\ \Omega$

故线电流 $I_L = \sqrt{3}I_P = \sqrt{3}\times38\text{ A} \approx 65.8\text{ A}$

相电压与相电流的相位差角　　　　$\varphi = \arctan \dfrac{X}{R} = \arctan \dfrac{8}{6} \approx 53.1°$

4.4　任务四　三相负载的功率

三相电路的功率是指三相电路的总功率,即为各相负载的功率之和。

一、对称三相电路的有功功率

三相电源发出的有功功率或三相负载消耗的有功功率等于它们各相有功功率之和,即

$$P = P_U + P_V + P_W = U_U I_U \cos\varphi_U + U_V I_V \cos\varphi_V + U_W I_W \cos\varphi_W \qquad (4-4-1)$$

式(4-4-1)中,U_U、U_V、U_W 分别为各相电压的有效值;I_U、I_V、I_W 分别为各相电流的有效值,$\cos\varphi_U$、$\cos\varphi_V$、$\cos\varphi_W$ 分别为各相功率因数。

在对称三相电路中,由于各相电压、各相电流的有效值以及各相功率因数皆相等,则式(4-4-1)可表示为

$$P = 3U_P I_P \cos\varphi \qquad (4-4-2)$$

对于对称三相电路,负载无论是星形连接还是三角形连接,总有 $3U_P I_P = \sqrt{3}U_L I_L$,故式(4-4-2)又可写成

$$P = \sqrt{3}U_L I_L \cos\varphi \qquad (4-4-3)$$

式(4-4-3)中 U_L、I_L 分别为负载的线电压和线电流,φ 是相电压超前相电流的相位角,由负载的阻抗参数决定,$\cos\varphi$ 称为三相电路的功率因数。

二、对称三相电路的无功功率

对称三相电路的无功功率应为

$$
\begin{aligned}
Q &= Q_U + Q_V + Q_W \\
&= U_U I_U \cos\varphi_U + U_V I_V \cos\varphi_V + U_W I_W \cos\varphi_W \\
&= \sqrt{3}U_L I_L \sin\varphi
\end{aligned}
\qquad (4-4-4)
$$

三、对称三相电路的视在功率

对称三相电路的视在功率为

$$S = 3U_P I_P = \sqrt{3}U_L I_L = \sqrt{P^2 + Q^2} \qquad (4-4-5)$$

例 4-4-1　一台三相电炉,每相电阻 $R = 10\ \Omega$,三角形连接,当电源线电压为 380 V 时,求三相电炉从电网取用的功率。

解　线电流为 $I_{L\triangle} = \sqrt{3}I_{P\triangle} = \sqrt{3} \times \dfrac{380}{10} \approx 65.8\ \text{A}$

三相电炉从电网取用的功率为

$$P_\triangle = \sqrt{3}U_L I_L \cos\varphi = \sqrt{3} \times 380 \times 65.8 \times 1 \approx 43.3\ \text{kW}$$

模块二　技能性任务

4.5　任务一　三相交流电路的研究

预习内容

阅读课本中三相电路章节,预习实验的内容,手写预习报告。

一、实验目的

1. 掌握三相负载星形连接及三角形连接方法。
2. 学会两种接法下,线电压、相电压及线电流、相电流的测量方法。
3. 分析不对称负载星形连接时中线的作用。

二、实验原理介绍

电源用三相四线制向负载供电,三相负载可接成星形(又称'Y'形)或三角形(又称'△'形)。

当三相对称负载作'Y'形连接时,线电压 U_L 是相电压 U_P 的 $\sqrt{3}$ 倍,线电流 I_L 等于相电流 I_P,即: $U_L = \sqrt{3}U_P$, $I_L = I_P$,流过中线的电流 $I_N = 0$;作'△'形连接时,线电压 U_L 等于相电压 U_P,线电流 I_L 是相电流 I_P 的 $\sqrt{3}$ 倍,即: $I_L = \sqrt{3}U_P$, $U_L = U_P$。

不对称三相负载作'Y'连接时,必须采用'YO'接法,中线必须牢固连接,以保证三相不对称负载的每相电压等于电源的相电压(三相对称电压)。若中线断开,会导致三相负载电压的不对称,致使负载轻的那一相的相电压过高,使负载遭受损坏,负载重的一相相电压又过低,使负载不能正常工作;对于不对称负载作'△'连接时, $I_L \neq \sqrt{3}I_P$,但只要电源的线电压 U_L 对称,加在三相负载上的电压仍是对称的,对各相负载工作没有影响。

本实验中,用三相调压器调压输出作为三相交流电源,用三组白炽灯作为三相负载,线电流、相电流、中线电流用电流插头和插座测量。

三、实验设备

1. NEEL-Ⅱ型电工电子实验装置。
2. 三相交流电源、交流电压表、电流表。

四、实验内容

三相负载星形连接(三相四线制供电)实验电路如图 4-5-1 所示,将白炽灯按图所示,连接成星形接法。用三相调压器调压输出作为三相交流电源,具体操作如下:将三相调压器的旋钮置于三相电压输出为 0 V 的位置(即逆时针旋到底的位置),然后旋转旋钮,调节调压器的输出,使输出的三相线电压为 220 V。测量线电压和相电压,并记录数据。

在用到 NEEL-Ⅱ组件时,两个灯泡应该串联,做不对称实验时,将第四相灯泡并到另三相灯泡的任意一相即可。

（1）在有中线的情况下，用高压电流取样导线测量三相负载对称和不对称时的各相电流、中线电流，并测量各相电压，将数据记入表 4-5-1 中，并记录各灯的亮度。

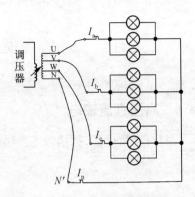

（2）在无中线的情况下，测量三相负载对称和不对称时的各相电流、各相电压和电源中点 N 到负载中点 N' 的电压 U'_{NN}，将数据记入表 4-5-1 中。

（3）一定注意：相电压输出（调节调压器的输出）为 127 V，这样满足 127 V$\times\sqrt{3}$＝220 V，线电压等于$\sqrt{3}$倍的相电压。切切注意，否则将烧毁电路。

图 4-5-1 三相负载星形连接电路

五、实验注意事项

1. 每次接线完毕，同组同学应自查一遍，然后由指导教师检查后，方可接通电源，必须严格遵守先接线，后通电；先断电，后抓线的实验操作原则。

2. 测量、记录各电压、电流时，注意分清它们是哪一相、哪一线，防止记错。

六、实验报告及思考题

1. 三相负载根据什么原则作星形或三角形连接？本实验为什么将三相电源线电压设定为 220 V？

2. 三相负载按星形或三角形连接，它们的线电压与相电压、线电流与相电流有何关系？当三相负载对称时又有何关系？

3. 说明在三相四线制供电系统中中线的作用，中线上能安装保险丝吗？为什么？

表 4-5-1 负载星形连接实验数据

负载	开灯数			线电流			相电压			线电压			中线电流	中线电压
	U_p	V_p	W_p	I_a	I_b	I_c	U_a	U_b	U_c	U_{ab}	U_{bc}	U_{ca}		
平衡有中线	3	3	3											—
平衡无中线	3	3	3										—	
不平衡有中线	1	2	3											—
	0	1	3											—
不平衡无中线	1	2	3										—	
	0	1	3										—	

模块三　　拓展性任务

4.6　高压直流输电

打开手机微信,扫描以下二维码获得本节内容。

项目小结

1. 三相交流电源的电动势是三相对称的电动势,即幅值相等,频率相同,相位互差120°。在三相四线制供电系统中,相线与中性线之间的电压称为相电压,相线与相线之间的电压称为线电压。线电压在数值上是相电压的$\sqrt{3}$倍,在相位上超前于相应的相电压30°。在我国低压供电系统中,通常相电压为220 V,线电压为380 V。三相负载有星形和三角形两种接法,采用哪种接法要视负载的额定电压与电源电压来决定。

2. 三相负载作星形连接时,每相负载电压等于电源相电压,即等于$1/\sqrt{3}$的电源线电压;每相负载电流就是相线上的电流,故相电流等于相应的线电流,即$I_P = I_L$;中性线电流为三相电流之和。当三相负载对称时,中性线电流为零。因而中性线可以不接。三相负载不对称的情况下,则必须接中性线,且中性线上不允许装开关和熔断器,以保证其每相负载电压等于电源相电压。当三相负载对称时,分析一相就可以得知三相的全貌;如果是不对称的三相交流电路,则各相需分别进行分析。

3. 三相负载作三角形连接时,各相负载承受线电压,故$U_P = U_L$。如果三相负载对称,则线电流等于$\sqrt{3}$倍的相电流。

4. 三相负载可分别计算各相的有功功率和无功功率,相加后得三相有功功率和三相无功功率。三相视在功率$S = \sqrt{P^2 + Q^2}$,一般不等于各相视在功率之和,除非三相负载对称。

若三相负载对称,则不论是星形连接还是三角形连接,都可用以下公式计算三相功率

$$P = \sqrt{3} U_L I_L \cos\varphi$$

$$Q = \sqrt{3} U_L I_L \sin\varphi$$

$$S = \sqrt{3} U_L I_L$$

式中的φ都是相电压与相电流的相位差角,亦即每相负载的阻抗角或功率因数角。

项目思考与习题

4-1 图4-1所示电路是供给白炽灯负载的照明电路,电源电压对称,线电压 $U_l=$ 380 V,每相负载的电阻值 $R_U=5$ Ω, $R_V=10$ Ω, $R_W=20$ Ω。试求:

(1) 各相电流及中性线电流;

(2) U 相断路时,各相负载所承受的电压和通过的电流;

(3) U 相和中性线均断开时,各相负载的电压和电流;

(4) U 相负载短路,中性线断开时,各相负载的电压和电流。

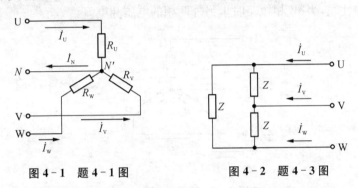

图4-1 题4-1图   图4-2 题4-3图

4-2 星形连接的对称负载,每相阻抗 $Z=(8+j6)$ Ω,接于线电压 $U_L=380$ V 的三相电源上,求各相电流、线电流和电路的有功功率。

4-3 电路如图4-2所示,设各相电流为 17.3 A,负载为感性,功率因数为 0.8,试以 U_{UV} 为参考正弦量,写出三个线电流的相量式。

4-4 三相电阻炉每相电阻 $R=8.68$ Ω,求

(1) 三相电阻作 Y 形连接,接在 $U_l=380$ V 的对称电源上,电炉从电网吸收多少功率?

(2) 三相电阻作△形连接,接在 $U_l=380$ V 的对称电源上,电炉从电网吸收的功率又是多少?

4-5 三相对称负载作三角形连接,线电压为 380 V,线电流为 17.3 A,三相总功率为 4.5 kW。求每相负载的电阻和电抗。

4-6 有一三相对称负载与三相对称电源连接,已知线电流 $\dot{I}_U=5\angle15°$ A,线电压 $\dot{U}_{UV}=380\angle75°$ V,求负载所耗功率。

4-7 三相四线制电路中,线电压为 380 V,设 A 相接 5 只灯,B 相接 10 只灯,C 相接 20 只灯,灯泡额定值均为 220 V、60 W,求:(1) 各相电流、线电流;(2) 中线电流;(3) 三相有功功率。

4-8 三相对称负载三角形连接,线电压为 380 V,线电流为 17.5 A,三相总功率为 4.5 kW,求每相负载的电阻和感抗。

4-9 三相对称负载的功率为 6 kW,三角形连接后接在线电压 380 V 的三相电源上,测得线电流为 20 A。求:(1) 各相负载的复阻抗;(2) 中线电流;(3) 电路的有功功率;(4) 画出电压电流相量图。

4-10　有一三相异步电动机,其绕组连成三角形,接在线电压 $U_1=380$ V 的电源上,从电源所取用的功率 $P_1=11.43$ kW,功率因数 $\cos\varphi=0.87$,试求电动机的相电流和线电流。

4-11　有一次某楼电灯发生故障,第二层和第三层的所有电灯突然都黯淡下来,而第一层楼的电灯亮度未变,试问这是为什么? 这楼的电灯是如何连接的? 同时又发现第三层楼的电灯比第二层还要暗些,这又是什么原因? 画出电路图。

4-12　图 4-3 所示的是三相四线制电路,电源线电压 $U_1=380$ V。三个电阻性负载连成星形,其电阻 $R_U=11$ Ω,$R_V=R_W=22$ Ω。试求:

(1) 负载相电压、相电流及中性线电流,并作出它们的相量图;

(2) 如果无中性线,求负载相电压;

(3) 如果无中性线,当 U 相短路时求各相的电压和电流,并作出它们的相量图;

(4) 如果无中性线,当 W 相短路时求另外两相的电压和电流。

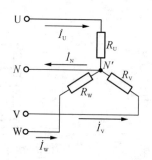

图 4-3　题 4-12 图

项目五　认识电路的瞬态分析

1. 了解暂态和稳态的概念,理解换路定理;
2. 掌握暂态初始值的计算;
3. 理解 RC 电路的零状态响应和零输入响应;
4. 掌握一阶电路的三要素分析方法;
5. 了解微分和积分电路的条件和输出、输入波形。

1. 让学生学会正确使用万用表。
2. 使学生认识电工实验的基本要求,掌握实验的方法和技巧。
3. 让学生熟悉电容器 C 的储能特性。

打开手机微信,扫描以下二维码获得项目五的内容。

项目六　磁路与变压器

模块一　学习性任务

6.1　任务一　磁路的基本知识

大量的用电设备中,铁磁性元件的应用占有很大的比重,比如电磁铁、变压器、电动机、继电器以及自动控制的某些执行机构等,都是利用磁场作为媒介实现能量的传输和转换的。因此,除电路与电路分析外,磁路以及电磁关系的分析也是电工技术中的重要基础。为此,本任务先学习磁路的基本知识,并对交流铁芯线圈电路加以分析,在此基础上再介绍电磁铁和变压器的结构、原理和使用,最后介绍几种常用的变压器。

6.1.1　磁路的基本概念

磁路是磁通集中经过的路径,可在通电线圈的铁芯中形成。物理学告诉我们,通有电流的线圈周围和内部存在着磁场。但是空心载流线圈的磁场较弱,而且是发散的,一般难以满足电工设备的需要。工程上为了得到较强的磁场并有效地加以应用,常采用磁性材料做成一定形状的铁芯,而将线圈绕在铁芯上。当线圈中通过电流时,其中的铁芯即被磁化,使其磁场大为增强,且绝大部分磁通都集中在由铁芯构成的闭合路径内,从而形成磁路。用于产生磁场的电流称为励磁电流,通过励磁电流的线圈称为励磁线圈。

电路可分为直流电路和交流电路,磁路也分为直流磁路(如直流电磁铁和直流电动机)和交流磁路(如变压器、交流电磁铁和交流电动机),它们的特点各不相同,特别是交流磁路,在学习时应加以注意。

图 6-1-1 所示是几种常见电气设备的磁路。图 6-1-1(a)所示的磁路是纯铁芯磁路;图 6-1-1(b)(c)(d)所示为包含空气隙的磁路,空气隙虽然不大,但它对磁路的工作情况却有很大的影响。磁路还分为不分支磁路和分支磁路,图 6-1-1(b)(c)所示为不分支磁路,图 6-1-1(a)(d)所示为分支磁路。另外,磁路中的磁通可由线圈通过电流产生,如图 6-1-1(a)(b)(d)所示;也可由永久磁铁产生,如图 6-1-1(c)所示。

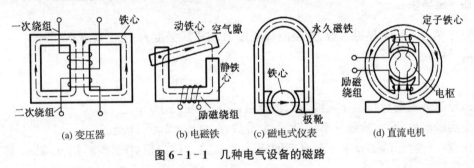

(a) 变压器　　(b) 电磁铁　　(c) 磁电式仪表　　(d) 直流电机

图 6-1-1　几种电气设备的磁路

6.1.2　磁路的主要物理量

一、磁感应强度 B

磁感应强度 B 是表示磁场内某点的磁场强弱和方向的物理量。单位是 T(特斯拉简称特)。磁感应强度是一个矢量,它的方向与该点磁感线切线方向一致,与产生该磁场的电流之间的方向关系符合右螺旋法则。它的大小可通过导体在磁场中所受的力来衡量,即

$$B=F/lI \qquad (6-1-1)$$

如果磁场内各点的磁感应强度大小相等、方向相同,则这样的磁场称为均匀磁场,它构成的磁路称为均匀磁路。

二、磁通 Φ

磁通 Φ 是指磁场在某一范围内的分布情况。它用磁感应强度 B(如果不是均匀磁场,则取 B 的平均值)与垂直于磁场方向的面积 A 的乘积来表示,即

$$\Phi=BA \text{ 或 } B=\frac{\Phi}{A} \qquad (6-1-2)$$

由此可见,磁感应强度 B 的大小可以看成垂直穿过单位面积的磁力线数,故磁感应强度 B 又称为磁通密度。

根据电磁感应定律的公式 $e=-N\dfrac{\mathrm{d}\Phi}{\mathrm{d}t}$ 可知,磁通的单位是 V·s(伏秒),通常称为 Wb

（韦［伯］）。

三、磁场强度 H

磁感应强度 B 与磁场内的介质有关，为了简化磁场的分析，引入一个不考虑介质影响的物理量也即辅助物理量，称为磁场强度 H，它也是一个矢量，其方向与 B 的方向相同，即磁场的方向。

H 代表电流本身所产生的磁场的强弱，它反映了电流的励磁能力，只与产生该磁场的电流以及这些电流的分布情况有关，而与磁介质的性质无关；B 代表电流所产生的以及介质被磁化后所产生的总磁场的强弱，其大小不仅与电流有关，而且还与介质的性质有关。

磁场强度 H 的单位是 A/m（安/米）。

四、磁导率 μ

磁导率 μ 又称为导磁系数，用磁感应强度 B 与磁场强度 H 之比来表示，即

$$\mu = \frac{B}{H} \qquad (6-1-3)$$

磁导率 μ 是衡量物质导磁能力的物理量，它的单位是 H/m（亨/米）。

由实验测出，真空的磁导率 μ_0 是一个常数，$\mu_0 = 4\pi \times 10^{-2}$ H/m。

任意一种物质的磁导率 μ 与真空的磁导率 μ_0 之比称为相对磁导率，用 μ_r 表示，即

$$\mu r = \frac{\mu}{\mu_0} \qquad (6-1-4)$$

6.1.3　磁性材料

自然界中的物质，根据其导磁性能的好坏，可分为两大类：一类是磁性材料，如铁、钢、镍、钴等，这类材料的导磁性能好，μr 值很大（$\mu r \gg 1$），如硅钢片 $\mu r = 6\,000 \sim 8\,000$；另一类为非磁性材料，如铝、铜、空气、纸等，它们的导磁性能差，μr 值很小（$\mu r \approx 1$），接近于真空的磁导率，如空气 $\mu r = 1.000\,003$，铜 $\mu r = 0.999\,99$。

磁性材料是制造变压器、电器、电机等各种电气设备的主要材料，磁性材料的磁性能对电磁器件的性能和工作状态有很大影响。

一、磁性材料的磁性能

磁性材料又称为铁磁材料，它具有高导磁性、磁饱和性和磁滞性。

（1）高导磁性

磁性材料的磁导率很高，可达 $10^2 \sim 10^4$，由铁磁材料组成的磁路磁阻很小，在线圈中通入较小的电流即可获得较大的磁通。

物质内部存在分子电流，分子电流也要产生磁场，每个分子相当于一个小磁铁。与其他物质的不同之处在于，磁性材料的内部存在许多磁化小区，称为磁畴，每个磁畴就像一块小磁铁，体积约为 10^{-9} cm^2。在没有外磁场作用时，各个磁畴排列混乱，对外不显示磁性，如图 6-1-2(a)所示。但是，在外磁场作用下，这些磁畴将顺着外磁场的方向趋向规则的排列，产生一个附加磁场，使磁性材料内的磁感应强度大大增强，就呈现出很强的磁性，这种现象

称为磁化,如图 6-1-2(b)所示。

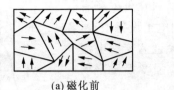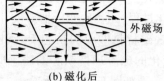

(a) 磁化前　　　　　　　　(b) 磁化后

图 6-1-2　磁性材料的磁化

非磁性材料没有磁畴结构,所以不具有磁化特性。

通电线圈中放入铁芯后,磁场会大大增强,这时的磁场是线圈产生的磁场和铁芯被磁化后产生的附加磁场之叠加。变压器、电机和各种电器的线圈中都放有铁芯,在这种具有铁芯的线圈中通入不大的励磁电流,便可产生足够大的磁感应强度和磁通。

(2) 磁饱和性

在磁性材料的磁化过程中,随着励磁电流的增大,外磁场和附加磁场都将增大,但当励磁电流增大到一定值时,几乎所有的磁畴都与外磁场的方向一致,附加磁场就不再随励磁电流的增大而继续增强,这种现象称为磁饱和现象。

通过实验测绘的磁性材料的磁化特性曲线 $B = f(H)$,如图 6-1-3 所示,它大致上可分为四段,其中 Oa 段的磁感应强度 B 随磁场强度 H 增加较慢;ab 段的磁感应强度 B 随磁场强度 H 近似成正比地增加;b 点以后,B 随 H 的增加速度又减慢下来,逐渐趋于饱和;过了 c 点以后,其磁化曲线近似于直线,且与真空或非磁性材料的磁化曲线 $B_0 = f(H)$ 平行。工程上称 a 点为附点,称 b 点为膝点,c 点为饱和点。

由于磁性材料的 B 与 H 的关系是非线性的,故由 $B = \mu H$ 的关系可知,其磁导率 μ 的数值将随磁场强度 H 的变化而改变,如图 6-1-3 中的 $\mu = f(H)$ 曲线所示。磁性材料在磁化起始的 Oa 段和进入饱和以后,μ 值均不大,在膝点 b 的附近 μ 达到最大值。所以电气工程上通常要求磁性材料工作在膝点附近。

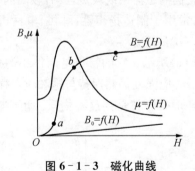

图 6-1-3　磁化曲线　　　　**图 6-1-4　三种磁性材料的磁化曲线**

不同的铁磁性材料具有不同的磁化曲线,图 6-1-4 是用实验方法测得的铸铁、铸钢和硅钢片三条常用磁化曲线。这三条曲线分别从 a、b、c 三点分为两段,下段的 H 范围在 $(0 \sim 1.0) \times 10^3 (A/m)$,横坐标在曲线下方;上段的 H 范围在 $(1 \sim 10) \times 10^3 (A/m)$,横坐标在曲线上方。

（3）磁滞性

上面介绍的磁化曲线，只是反映了铁磁材料在外磁场有零逐渐增强的磁化过程。电机、变压器等实用电工设备中，通常是将线圈绕在铁磁材料做成的铁芯上，线圈通入交变电流（大小和方向都变化的电流）时，铁芯的磁感应强度 B 随磁场强度 H 而变化的关系如图 6-1-5 所示。

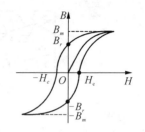

图 6-1-5　B-H 变化关系图

图 6-1-5 磁滞回线由图 6-1-5 可见，在磁化曲线的饱和点，当磁场强度 H 减小时，磁感应强度 B 并不沿着原来这条曲线回降，而是沿着一条比它高的曲线缓慢下降。当 H 减小到零时，B 并不等于零而仍保留一定的磁性。这说明磁性材料内部已经排齐的磁畴不会完全回复到磁化前杂乱无章的状态，这部分剩留的磁性称为剩磁，用 B_r 表示（见图 6-1-5）。如要去掉剩磁，使 $B=0$，应施加一反向磁场强度 $-H_c$，H_c 的大小称为矫顽磁力，它表示磁性材料反抗退磁的能力。

若再反向增大磁场，则磁性材料将反向磁化；当反向磁场减小时，同样会产生反向剩磁（$-B_r$）。随着磁场强度不断正反向变化，得到的磁化曲线为一封闭曲线。在磁性材料反复磁化的过程中，磁感应强度的变化总是落后于磁场强度的变化，这种现象称为磁滞现象，图 6-1-5 所示的封闭曲线称为磁滞回线。产生磁滞现象的原因是铁磁材料中磁分子在磁化过程中彼此具有摩擦力而互相牵制。由此引起的损耗叫磁滞损耗。

二、磁性材料的种类及用途

不同的铁磁性材料，其磁滞回线的面积不同（物理学上可证明，单位体积的铁磁材料因磁滞性引起的损耗正比于回线的面积），形状也不同，据此可将铁磁材料分为三大类。

纯铁、硅钢和软磁铁氧体等材料的磁滞回线较窄，剩磁感应强度小，矫顽磁力也小。这一类磁性材料称为软磁材料，通常用于做变压器、电机、电气的铁芯，如图 6-1-6(a) 所示。

钨钢、铝镍钴合金、稀土钴和硬磁铁氧体等，它们的磁滞回线较宽，具有较高的剩磁感应强度和较大的矫顽磁力，这类材料称为硬磁材料，常用于制造扬声器、耳机、电话机、录音机以及各种磁电式仪表中的永久磁铁，如图 6-1-6(b) 所示。

矩磁性材料具有矩形磁滞回线，如图 6-1-6(c) 所示。它的特点是当很小的外磁场作用时，就能使它磁化并达到饱和，去掉外磁场时，磁感应强度仍然保持与饱和时一样，稳定性好，且易于翻转。电子计算机中作为存储元件的环形磁心就是要这种物质。矩磁性物质主要有锰镁铁氧体、锂锰铁氧体等。

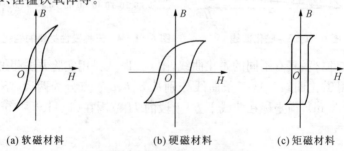

(a) 软磁材料　　　　　(b) 硬磁材料　　　　　(c) 矩磁材料

图 6-1-6　不同类型的磁滞回线

6.1.4　磁路的基本定律

一、安培环路定律

安培环路定律（Ampere circuital theorem）是指在真空中的稳恒电流磁场中，磁感应强度 B 沿任意闭合路径 L 的线积分（也称为 B 的环流），等于穿过该环路的所有电流强度 I 的代数和的 μ_0 倍，

$$\oint_L B \cdot dl = \mu_0 \sum_{i=1}^{n} I_i \tag{6-1-5}$$

安培环路定理可以由毕奥－萨伐尔定律导出。它反映了稳恒磁场的磁感应线和载流导线相互套连的性质。

二、电磁感应定律

电磁感应定律是指当穿过导体回路的磁通量发生变化时，回路中产生的感应电动势与回路磁通量的时间变化率成正比关系，即

$$e = -N \frac{\mathrm{d}\Phi}{\mathrm{d}t} \tag{6-1-6}$$

式中 N 为线圈匝数。感应电动势的方向由 $\frac{\mathrm{d}\Phi}{\mathrm{d}t}$ 的符号与感应电动势的参考方向比较而定出。当 $\frac{\mathrm{d}\Phi}{\mathrm{d}t} > 0$，即穿过线圈的磁通增加时，$e < 0$，这时感应电动势的方向与参考方向相反，表明感应电流产生的磁场要阻止原磁场的增加；当 $\frac{\mathrm{d}\Phi}{\mathrm{d}t} < 0$，即穿过线圈的磁通减少时，$e > 0$，这时感应电动势的方向与参考方向相同，表明感应电流产生的磁场要阻止原磁场的减少。

三、磁路欧姆定律

图 6-1-7 为绕有线圈的铁芯，当线圈通入电流 I，在铁芯中就会有磁通 Φ 通过。

理论分析和实验都表明，铁芯中的磁通 Φ 与通过线圈的电流 I、线圈匝数 N 以及磁路的截面积 A 成正比，与磁路的长度成反比，还与组成磁路材料的磁导率 μ 成正比，即

$$\Phi = \frac{INA\mu}{l} = \frac{IN}{l} = \frac{F}{Rm} \tag{6-1-7}$$

式中，F 称为磁动势，$F = IN$；Rm 称为磁阻，$Rm = l/\mu A$

式（6-1-7）表明，磁通 Φ 正比于磁动势 F，反比于磁阻 Rm。式（6-1-7）与电路中的欧姆定律（$I = E/R$）相似，因而称它为磁路欧姆定律。两者互相对应，磁通 Φ 对应于电流 I，磁动势 F 对应于电动势 E，磁阻 Rm 对应于电阻 R。而磁阻公式 $Rm = l/\mu A$ 又可与电阻公式 $R = l/\gamma A$ 相对应，其中 μ 是磁导率，它与电导率 γ（电阻率 ρ 的倒数）相对应。表 6-1-1 列出了磁路与电路的对照关系。

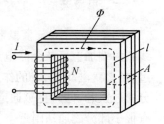

图 6-1-7　磁路欧姆定律

表 6-1-1　磁路与电路对照

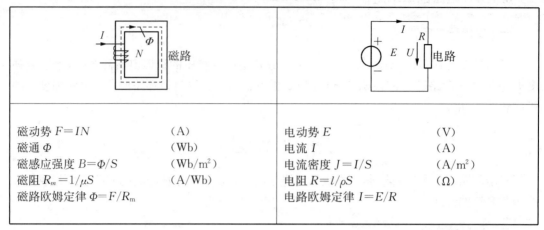

磁动势 $F=IN$　　　(A)	电动势 E　　　　　(V)
磁通 Φ　　　　　(Wb)	电流 I　　　　　　(A)
磁感应强度 $B=\Phi/S$　(Wb/m²)	电流密度 $J=I/S$　(A/m²)
磁阻 $R_m=1/\mu S$　　(A/Wb)	电阻 $R=l/\rho S$　　(Ω)
磁路欧姆定律 $\Phi=F/R_m$	电路欧姆定律 $I=E/R$

应该指出,磁路与电路虽有许多相似之处,但其实质是不同的。例如,电流表示带电质点的运动,而磁通并不代表质点的运动;正、负电荷可以分离,而在处理磁路时一般都要考虑漏磁通。电路在大多数情况下是线性的,可应用线性电路的基本原理进行定量计算,而铁芯的磁导率不是常数,磁阻是非线性的,不能用磁路欧姆定律来定量分析。

磁路欧姆定律一般用作定性分析,如用定性分析空气隙对磁路的影响。例如,知道了铁芯的磁导率 μ 比空气的磁导率 μ_0 大许多倍,就可以解释为什么铁芯磁路中只要产生很小的一点气隙,其总磁阻就会增大很多,在同样的磁动势作用下,磁通就会显著减小,若要保持原来的磁通,则必须大大增加磁动势。

6.2　任务二　交流铁芯线圈电路和电磁铁

6.2.1　交流铁芯线圈电路

按照励磁电流性质的不同,铁芯线圈分直流铁芯线圈和交流铁芯线圈两种。直流铁芯线圈产生恒定磁通,不产生感应电动势,其线圈电流 I 由外加电压 U 和线圈电阻 R 决定,即 $I=U/R$,功率损耗也只与铜损有关,分析比较简单。交流铁芯线圈由交流电来励磁,产生的磁通是交变的,其电磁关系和功率消耗就比较复杂。因此,下面主要对交流铁芯线圈的工作进行分析。

一、电磁关系

图 6-2-1 是交流铁芯线圈电路,线圈的匝数为 N,在线圈两端加上正弦交流电压 u 时,就有交变励磁电流 i 流过,在交变磁动势 Ni 的作用下产生交变的磁通,其绝大部分通过铁芯,称为主磁通或工作磁通,用 Φ 表示。另外还有很小部分磁通从附近空气中通过,称为漏磁通 Φ_σ。这两种交变的磁通都将在线圈中产生感应电动势。

设线圈电阻为 R,主磁通在线圈上产生的感应电动势为 e,漏磁通产生的感应电动势为 e_σ,它们与磁通的参考方向之间符合右螺旋定则关系,如图 6-2-1 所示。由基尔

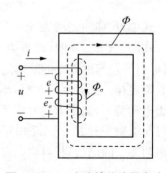

图 6-2-1　交流铁芯线圈电路

霍夫电压定律可得铁芯线圈中的电压、电流与电动势之间的关系为

$$u-iR+e+e_\sigma=0 \qquad\qquad (6-2-1)$$

这就是交流铁芯线圈的电压平衡方程式。

由于线圈电阻上的电压降 iR 和漏磁电动势 $e\sigma$ 都很小,与主磁电动势 e 比较,均可忽略不计,故上式可写成

$$u\approx-e \qquad\qquad (6-2-2)$$

设主磁通 $\varPhi=\varPhi_m\sin\omega t$,则

$$
\begin{aligned}
e &= -N\frac{\mathrm{d}\varPhi}{\mathrm{d}t}=-N\frac{\mathrm{d}(\varPhi_\mathrm{m}\sin\omega t)}{\mathrm{d}t}\\
&= -\omega N\varPhi_\mathrm{m}\cos\omega t\\
&= 2\pi fN\varPhi_\mathrm{m}\sin(\omega t-90°)\\
&= E_\mathrm{m}\sin(\omega t-90°)
\end{aligned}
$$

式中,E_m 是主磁通电动势的最大值,$E_\mathrm{m}=2\pi fN\varPhi_\mathrm{m}$,主磁通电动势的相位比主磁通滞后 $90°$,而有效值则为

$$E=\frac{E_\mathrm{m}}{\sqrt{2}}=\frac{2\pi fN\varPhi_\mathrm{m}}{\sqrt{2}}\approx4.44fN\varPhi_\mathrm{m}$$

故

$$u\approx-e=E_\mathrm{m}\sin(\omega t+90°)$$

可见,外加电压的相位比铁芯中磁通超前 $90°$,而外加电压的有效值

$$U\approx E=4.44fN\varPhi_\mathrm{m} \qquad\qquad (6-2-3)$$

式中,$\varPhi_\mathrm{m}$ 的单位是 Wb(韦[伯]);f 的单位是 Hz(赫[兹]);U 的单位是 V(伏[特])。

式(6-2-3)给出了铁芯线圈在正弦交流电压作用下,铁芯中磁通最大值与电压有效值的数量关系。在忽略线圈电阻和漏磁通的条件下,当线圈匝数 N 和电源频率 f 一定时,铁芯中的磁通最大值 $\varPhi_\mathrm{m}$ 近似与外加电压有效值 U 成正比,而与铁芯的材料及尺寸无关。也就是说,当外加电压 U 和频率 f 一定时,铁芯中的磁通最大值 $\varPhi_\mathrm{m}$ 将保持基本不变。这是交流磁路的一个重要特点,它对于分析交流电机、电器及变压器的工作原理是十分重要的。

二、功率损耗

交流铁芯线圈电路的功率与一般交流电路相同。它的有功功率有两部分,一部分是线圈电阻上的功率损耗,称为铜损,即 $\Delta PCa=RI^2$;另一部分是交流磁通在铁芯中产生的功率损耗,称为铁损,即 ΔPFe。铁损又包括磁滞损耗和涡流损耗两部分。

1. 磁滞损耗 ΔP_h

磁性材料交变磁化的磁滞现象所产生的铁损耗称为磁滞损耗,用 ΔP_h 表示。它是由磁性材料内部磁畴反复转向,相互摩擦,使铁芯发热而造成的损耗。交变磁化一个周期在铁芯单位体积内产生的磁滞损耗 与磁滞回线的面积成正比。为了减小磁滞损耗,交流铁芯均由

软磁材料制成。硅钢和坡莫合金是变压器和电机中常用的软磁铁芯材料。

2. 涡流损耗 ΔP_e

由涡流所产生的损耗称为涡流损耗，用 ΔP_e 表示。磁性材料不仅有导磁能力，同时也有导电能力，在交变磁通的作用下铁芯内将产生感应电动势和感应电流。感应电流在垂直于磁通的铁芯平面内围绕磁感线呈旋涡状，如图 6-2-2(a)所示，故称为涡流。涡流与磁滞现象一样会引起铁芯发热，产生涡流损耗。

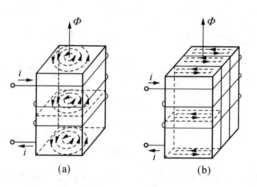

图 6-2-2 铁芯中的涡流

涡流损耗与铁芯厚度的平方成正比。为了减小涡流，可采用硅钢片叠成的铁芯，它不仅有较高的磁导率，还有较大的电阻率，可使铁芯的电阻增大，涡流减小，同时硅钢片的两面涂有绝缘漆，使各片之间互相绝缘，可把涡流限制在一些狭长的截面内，从而减小了涡流损耗，如图 6-2-2(b)所示。所以各种交流电机、电器和变压器的铁芯普遍用硅钢片叠成。当然，涡流也有它有用的一面，如感应加热装置、高频冶炼炉等便是利用涡流的热效应来实现的。

综上所述，交流铁芯线圈电路的功率损耗为

$$\Delta P = \Delta P_{Ca} + \Delta P_{Fe} = \Delta P_{Ca} + \Delta P_h + \Delta P_e \qquad (6-2-4)$$

6.2.2 电磁铁

绝缘导线以磁性物质(例如软铁等)为核心缠绕在其上构成线圈，就形成了常见的实用电磁铁。加入铁芯后磁场强度会极大地增加。当电流流过线圈时，铁芯通过感应被磁化。磁化核心所产生的磁力线沿着线圈方向排列并产生强大的磁场，一旦流过线圈的电流停止，线圈和铁芯就都会失去磁性，不管铁芯存在与否磁场的极性都不会发生改变。如果流经线圈的电流方向发生了改变，线圈和铁芯的极性也会随之改变。

利用通电线圈在铁芯里产生磁场来吸引衔铁(动铁芯)动作的机构称为电磁铁。电磁铁是一种重要的电磁元件，用途极为广泛，工业上常用来操纵、牵引机械装置，或用于钢铁零件的吸持固定、磁性物件的搬运等，在自动控制系统中电磁铁又是构成各种电磁型开关、电磁阀门和继电器、接触器的基本部件。

一、电磁铁的结构

电磁铁的结构形式多种多样，但基本结构由铁芯、线圈及衔铁三部分组成。若按产生吸力的原理分，大体上可以分为三大类型，即拍合式、吸入式和旋转式。如图 6-2-3 所示。

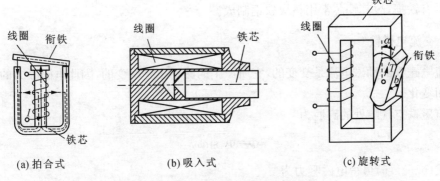

(a) 拍合式　　　　　(b) 吸入式　　　　　(c) 旋转式

图 6-2-3　电磁铁的几种结构形式

当线圈通电后,铁芯和衔铁被磁化,成为极性相反的两块磁铁,它们之间产生电磁吸力。当吸力大于弹簧的反作用力时,衔铁开始向着铁芯方向运动。当线圈中的电流小于某一定值或中断供电时,电磁吸力小于弹簧的反作用力,衔铁将在反作用力的作用下返回原来的释放位置。电磁铁是利用载流铁芯线圈产生的电磁吸力来操纵机械装置,以完成预期动作的一种电器。电磁铁主要由线圈、铁芯及衔铁三部分组成,铁芯和衔铁一般用软磁材料制成。铁芯一般是静止的,线圈总是装在铁芯上。开关电器的电磁铁的衔铁上还装有弹簧,如图 6-2-4 所示。电磁吸力的大小与空气隙中的磁通及空气隙的有效面积有关,即

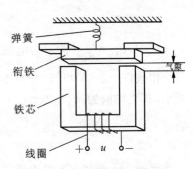

图 6-2-4　电磁铁的基本组成

$$F = \frac{10^7}{8\pi} \frac{\Phi^2}{A} \qquad\qquad (6-2-5)$$

式中,Φ 为空气隙中的磁通,可近似看作与铁芯中的磁通相等,单位是 Wb(韦[伯]);A 为空气隙的有效面积,单位是 m^2(平方米);F 为电磁吸力,单位是 N(牛[顿])。

电磁铁按励磁电流种类的不同可分为直流电磁铁和交流电磁铁两种。一般小型电磁铁为直流激励,大型电磁铁为交流激励。

二、直流电磁铁

由于直流电磁铁中电流恒定,铁芯中无交变磁通产生,能量损耗较小,其功率损耗只有铜损而没有铁损,故其铁芯常用整块软钢制成。直流电磁铁的励磁电流是恒定不变的,其大小只取决于线圈上所加的直流电压 U 和线圈电阻 R 的大小,即 $I = U/R$,所以磁动势 IN 也是恒定的。但是随着衔铁的吸合,空气隙要变小,吸合后空气隙将消失,磁路的磁阻要显著减小,因而磁通 Φ 要增大。由式(6-2-5)可知,吸合后的电磁吸力要比吸合前大得多。其特性如图 6-2-5 所示。

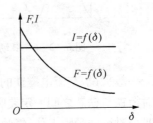

图 6-2-5　直流电磁铁的特性

由于直流电磁铁中电流恒定,铁芯中无交变磁通产生,能量损耗较小,其功率损耗只有铜损而没有铁损,故其铁芯常用整块软钢制成。

三、交流电磁铁

交流电磁铁的励磁电流是交变的,它所产生的磁场也是交变的,因此电磁吸力的大小也随时间而变化。

设电磁铁空气隙处的磁通为

$$\Phi = \Phi_m \sin\omega t$$

由式(6-2-5)可得电磁吸力为

$$f = \frac{1}{2}F_m - \frac{1}{2}F_m\cos2\omega t \qquad (6-2-6)$$

式中,$F_m = \dfrac{10^7}{8\pi}B_m^2 S_O$ 为电磁吸力的最大值。

由式(6-2-6)可知,交流电磁铁的电磁吸力在零与最大值 F_m 之间脉动,如图6-2-6所示,其平均值为

$$F = \frac{1}{2}F_m = \frac{10^7 \Phi_m^2}{16\pi A} \qquad (6-2-7)$$

式中,Φ_m 为磁通的最大值。在外加电压一定的情况下,交流磁路中磁通的最大值基本不变,且 $\Phi_m \approx U/(4.44Nf)$。因此,交流电磁铁在吸合衔铁的过程中,电磁吸力的平均值也基本不变。

交流电磁铁在吸合衔铁的过程中,随着气隙 δ 的减小,磁路的磁阻显著减小,线圈的电感和感抗显著增大,因而电流显著减小,即吸合后的励磁电流要比吸合前小得多。换句话说,交流电磁铁吸合前的励磁电流要比吸合后工作时的励磁电流大得多。交流电磁铁的特性如图6-2-7所示。

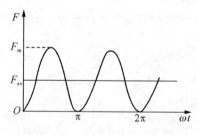

图6-2-6 脉动的电磁吸力

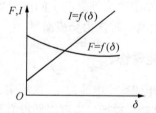

图6-2-7 交流电磁铁的特性

一般来说,交流电磁铁的起动电流比工作电流大几倍至十几倍。因此,交流电磁铁在工作时衔铁与铁芯之间一定要吸合好,由于吸合过程很短,电流值虽大但发热量很小,但是,如果吸合时衔铁受阻卡住,气隙不能减至最小,线圈将因长时间过流而烧毁。同样原因,交流电磁铁不宜过度频繁操作。因此,交流电磁铁以及由它组成的接触器、继电器等,在产品目录中对每小时允许的操作次数有明确的规定,使用时必须注意。

为了减小铁损耗,交流电磁铁的衔铁和铁芯都是由硅钢片叠压而成的。由于电磁吸力是脉动的,这样就会引起衔铁振动,既会造成机械磨损,又会产生噪声,降低电磁铁的使用寿命。因此,通常要在磁极的部分端面上套一个闭合的铜环,称为短路环或分磁环,如图 6-2-8 所示。这样,磁极的磁通被分为穿过短路铜环的 Φ_1 和不穿过短路铜环的 Φ_2 两部分。交变磁通 Φ_1 使短路铜环内产生感应电动势和感应电流,它将阻碍 Φ_1 的变化,于是在 Φ_1 和

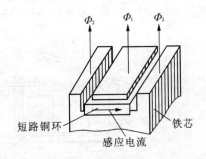

图 6-2-8 交流电磁铁极面上的短路铜环

Φ_2 之间便有一个相位差存在,使这两部分磁通之和以及电磁吸力不会同时为零,也不会同时到达最大值。这样就减弱了衔铁的振动,降低了噪声。

四、电磁铁的应用

电磁铁的应用可以归纳为两方面。一方面是它作为独立电磁元件广泛应用于各种自动装置和系统中,多是用它"牵引"其他机构完成预定的动作。另一方面它也是许多电磁元件的主要组成部分。用电磁铁作为主要组成部分的电磁元件有各种电磁继电器、接触器、电磁阀和电磁离合器等。

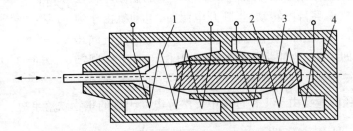

图 6-2-9 操作扰流片的电磁铁

1. 操作扰流片的电磁铁

操作扰流片的电磁铁是把电磁铁作为独立电磁元件应用的自动装置。图 6-2-9 所示为飞机上用了操作扰流片的电磁铁,实际上它就是组合在一起的两个吸入式电磁铁,线圈 1 通电时衔铁向左运动,线圈 2 通电时衔铁向右运动,实现打开扰流片和收起扰流片的操作。

2. 电磁继电器

电磁继电器是一种具有跳跃输出特性的、传递信号的电磁器件,图 6-2-10 为其结构原理图。它的基本组成部分是电磁铁,其线圈接输入电路以接收信号。其次是接触系统,即动、静触点等。该结构中的动触点焊在触点弹簧片上,它们可能是一对或几对,并将它们接入某输出电路以输出信号。线圈不通电时,动、静触点为开启状态的称为常开触点,动、静触点为闭合状态的称为常闭触点。

在线圈两端加电压,且达一定值,线圈中流过一定的电流 I,I 称为吸合电流。电磁铁就会产生足够的电磁吸力克服返回弹簧的拉力将衔铁吸向铁芯,于是带动常开触点闭合以输出信号,如图 6-2-11 所示。继续增大线圈中的输入电流,输出量保持不变。如果减少输入电流 且大于另一个称为释放电流 I_{sf} 时,输出量仍然不变,只有当输入电流达到 I_{sf} 时,电

磁吸力减小到一定值,才使衔铁和动触点在返回弹簧的作用下返回原位。

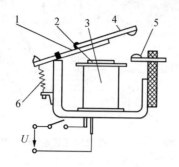

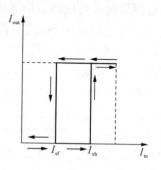

1-衔铁　2-铁芯　3-线圈　4-触点弹簧片
5-动静触点　6-返回弹簧

图6-2-10　电磁继电器

图6-2-11　常开触点的继电特性

3. 电磁抱闸

电磁抱闸是电动机较多采用的机械制动装置,图6-2-12是其原理示意图。

当电动机通电运行时,电磁铁的励磁线圈同时通电,衔铁被吸合并拉伸弹簧,抱闸被提起,装在电动机转轴上的制动轮被松开,从而使电动机能够自由转动;当断开电源时,电动机由于惯性还将继续转动一段时间,但电磁铁的励磁线圈与电动机同步断电,电磁力立即消失,致使抱闸受弹簧拉力作用而压住制动轮,电动机迅速被制动。这种断电制动型电磁抱闸装置常用于

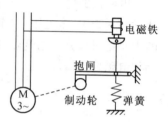

图6-2-12　电磁抱闸

起重机械中,它还能避免由于工作过程中突然停电而出现的重物跌落事故。

6.3　任务三　认识变压器

6.3.1　变压器的结构和工作原理

变压器在国民经济各部门中应用极为广泛,它的基本原理也是异步电动机和其他一些电气设备的基础,其主要功用是将某一电压值的交流电压转换为同频率的另一电压值的交流电压。还可用来改变电流(如电流互感器)变换阻抗(如电子设备中的输出变压器)变换相位(如晶闸管整流装置中的同步变压器)或在控制系统中变换传递信号。

一、变压器的用途及分类

为了适应不同的使用目的和工作条件,变压器的类型很多。一般按变压器的用途分类,也可按照结构特点、相数多少、冷却方式等进行分类。

按用途分类,变压器可分为:
(1)电力变压器:升压变压器、降压变压器、配电变压器等。
(2)仪用变压器:电压互感器,电流互感器。
(3)特殊变压器:电炉变压器、电焊变压器、整流变压器等。
(4)试验用变压器:高压变压器和调压器等。

（5）电子设备及控制线路用变压器：输入、输出变压器，脉冲变压器、电源变压器等。

按绕组的多少，变压器可分为双绕组、三绕组、多绕组以及自耦（单绕组）变压器；根据变压器的铁芯结构，又分芯式变压器与壳式变压器；按相数的多少，分为单相变压器、三相变压器和多相变压器等。

按冷却方式分，有用空气冷却的干式变压器和用变压器油冷却的油浸式变压器等。

作为电能传输过程中使用的电力变压器，其传输过程如图 6-3-1 所示。

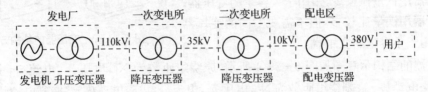

图 6-3-1　电能传输过程示意

在电力系统中，远距离输送电能都是采用高压输电，如 35 kV、110 kV、220 kV、500 kV等。这是由于在一定的功率因数下，输送同样大小的电功率时，输电电压越高，则输电电流越小。这样不仅可以减小输电线的截面积，节省材料，而且还可以减少输电线路上的功率损耗。为此要用变压器升高输电电压。

在用电方面，为了保证用电的安全和满足用电设备的电压要求（如 220 V、380 V、660 V、3 kV、6 kV、10 kV 等），要利用变压器将电压降低。

变压器种类虽繁多，但它们的基本结构、作用原理和分析它们的方法仍是相同的。下面以单相双绕组变压器为例来介绍其基本结构和工作原理。

二、变压器的基本结构

变压器主要由铁芯和绕组（也叫线圈）两个基本部分组成。工频和音频变压器的铁芯用硅钢片叠成；而中高频变压器、开关变压器由于工作频率高，铁芯必须采用非金属的铁氧体材料，又称为磁心。铁芯的形状有口形、EI形、F形和C形等，如图 6-3-2 所示。

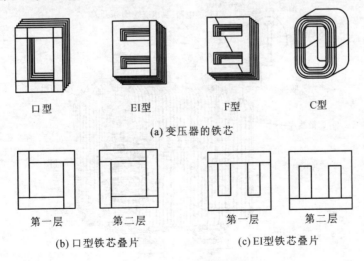

图 6-3-2　变压器铁芯

变压器通常有两种绕组,接电源的线圈称为原绕组(又称为原边绕组或初级绕组);接负载的线圈称为副绕组(又称为副边绕组或次级绕组)。一般来说,变压器的初级只有一个绕组,少数有两个绕组,二次级大多有多个绕组。绕组与绕组之间以及绕组与铁芯之间都是绝缘的。

按铁芯和绕组的组合形式,变压器可分为心式和壳式两种,如图 6-3-3 所示。心式变压器的铁芯被绕组所包围,而壳式变压器的铁芯则包围绕组。芯式变压器用铁量比较少,多用于大容量的变压器;壳式变压器用铁量比较多,但不需要专门的变压器外壳,常用于小容量的变压器。

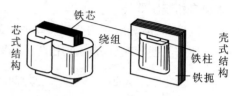

图 6-3-3　变压器的结构方式

变压器的结构示意图如图 6-3-4 所示,原绕组匝数为 N_1,电压 u_1,电流 i_1,主磁电动势 e_1,漏磁电动势 $e_{\sigma 1}$;副绕组匝数为 N_2,电压 u_2,电流 i_2,主磁电动势 e_2,漏磁电动势 $e_{\sigma 2}$。变压器的图形符号如图 6-3-5 所示。

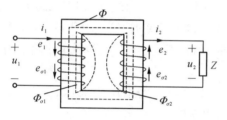

图 6-3-4　变压器结构示意图

图 6-3-5　变压器的符号

变压器工作时绕组和铁芯中要产生铜损耗和铁损耗,使它们发热。为了防止变压器因过热损坏绝缘,必须采用一定的冷却方式和散热装置。小容量的变压器采用空气自冷式,即在空气中自然冷却;容量较大的变压器采用油冷式,即将其放置在有散热管的油箱中通过油的自然对流循环冷却;大型变压器还要用油泵使冷却液在油箱与散热管中作强制循环,以增强冷却效果。例如,电力变压器是将铁芯和绕组浸入油箱中,油箱外壁装有散热片或散热油管,如图 6-3-6 所示。

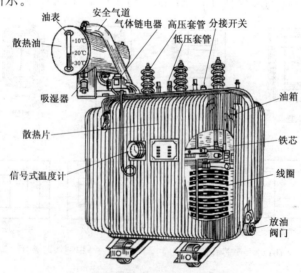

图 6-3-6　三相油浸式电力变压器

三、变压器的工作原理

1. 变压器的空载运行与电压变换作用

如图 6-3-7 所示，变压器的一次侧接电源，二次侧开路，这种运行状态称为空载运行。此时副绕组中的电流 $i_2 = 0$，电压为开路电压 u_{20}，原绕组通过的电流为空载电流 i_{10}，电源和电流的参考方向如图所示。图中 N_1 为原绕组的匝数，N_2 为副绕组的匝数。

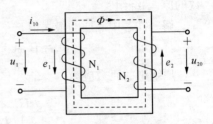

图 6-3-7　变压器的空载运行

副边开路时，通过原边的空载电流 i_{10} 就是励磁电流。磁动势 $i_{10}N_1$ 在铁芯中产生的主磁通 Φ 既穿过原绕组，也穿过副绕组，于是在原、副绕组中分别感应出电动势 e_1 和 e_2。且 e_1 和 e_2 与 Φ 的参考方向之间符合右手螺旋定则，由法拉第电磁感应定律可得

$$\left.\begin{array}{l} e_1 = -N_1 \dfrac{\mathrm{d}\Phi}{\mathrm{d}t} \\[2mm] e_2 = -N_2 \dfrac{\mathrm{d}\Phi}{\mathrm{d}t} \end{array}\right\} \tag{6-3-1}$$

e_1、e_2 的有效值分别为

$$\left.\begin{array}{l} E_1 = 4.44 f N_1 \Phi_{\mathrm{m}} \\[2mm] E_2 = 4.44 f N_2 \Phi_{\mathrm{m}} \end{array}\right\} \tag{6-3-2}$$

式中，f 为交流电源的频率，Φ_{m} 为主磁通的最大值。

如果忽略漏磁通的影响，并且不考虑绕组上电阻的压降，则可认为原、副绕组上电动势的有效值近似等于原、副绕组上电压的有效值，即

$$U_1 \approx E_1 \quad U_{20} \approx E_2$$

将式(6-3-2)代入，得

$$\frac{U_1}{U_{20}} \approx \frac{E_1}{E_2} = \frac{4.44 f N_1 \Phi_{\mathrm{m}}}{4.44 f N_2 \Phi_{\mathrm{m}}} = \frac{N_1}{N_2} = K \tag{6-3-3}$$

由式(6-3-3)可见，变压器空载运行时，原、副绕组上电压的比值等于两者的匝数之比，这个比值 K 称为变压器的变比。若改变变压器原、副绕组的匝数，就能够把某一数值的交流电压变为同频率的另一数值的交流电压

$$U_{20} = \frac{N_2}{N_1} U_1 = \frac{1}{K} U_1 \tag{6-3-4}$$

这就是变压器的电压变换作用。

当原绕组匝数 N_1 比副绕组匝数 N_2 多时，$K > l$，这种变压器称为降压变压器；反之，若 $N_1 < N_2$，$K < 1$，则称为升压变压器。

变压器的两个绕组之间，在电路上没有连接。原绕组外加交流电压后，依靠两个绕组之间的磁耦合和电磁感应作用，使副绕组中产生交流电压。也就是说原、副绕组在电路上是相

互隔离的。

例 6-3-1 已知某变压器铁芯截面积为 150 cm^2。铁芯中磁感应强度的最大值不能超过 1.2 T,若要用它把 $6\,000 \text{ V}$ 工频交流电变换为 230 V 的同频率交流电,则应配多少匝数的原、副绕组?

解 铁芯中磁通的最大值

$$\Phi_m = B_m A = 1.2 \times 150 \times 10^{-4} \text{ Wb} = 0.018 \text{ Wb}$$

原绕组的匝数应为

$$N_1 = \frac{U_1}{4.44 f \Phi_m} = \frac{6\,000}{4.44 \times 50 \times 0.018} \text{匝} \approx 1\,502 \text{ 匝}$$

副绕组的匝数应为

$$N_2 = \frac{U_2}{4.44 f \Phi_m} = \frac{230}{4.44 \times 50 \times 0.018} \text{匝} \approx 58 \text{ 匝}$$

或

$$N_2 = \frac{N_1}{K} = \frac{N_1}{U_1/U_2} = \frac{1\,502}{6\,000/230} \text{匝} \approx 58 \text{ 匝}$$

2. 变压器的负载运行和电流变换作用

如图 6-3-8 所示,变压器的原绕组加上交流电压 u_1,副绕组接上负载 Z_L,这种运行状态称为负载运行。

则在副绕组感应电动势 e_2 的作用下,将产生副绕组电流 i_2。这时,原绕组的电流由 i_{10} 增大为 i_1,且 u_2 略有下降,这是因为有了负载后,i_1、i_2 会增大,原、副绕组本身的内部压降也要比空载时增大,使副绕组电压 U_2 比 E_2 低一些。

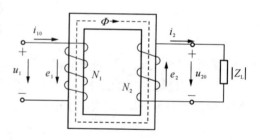

图 6-3-8 变压器的负载运行

因为变压器内部压降一般小于额定电压的 10%,因此变压器有无负载对电压比的影响不大,可以认为负载运行时变压器原、副绕组的电压比仍然基本上等于原、副绕组匝数之比。

变压器负载运行时,由 i_2 形成的磁动势 $i_2 N_2$ 对磁路也会产生影响,即这时变压器铁芯中的主磁通 Φ 将由原绕组磁动势 $i_1 N_1$ 和副绕组磁动势 $i_2 N_2$ 共同产生。由式 $U \approx E \approx 4.44 f N \Phi_m$ 可知,当电源电压和频率不变时,铁芯中的磁通最大值应保持基本不变,那么磁动势也应保持不变,即

$$I_1 N_1 \approx I_{10} N_1 \tag{6-3-5}$$

由于变压器空载电流很小,一般只有额定电流的百分之几,因此当变压器额定运行时,$I_1 N_1$ 可忽略不计。则有 $I_1 N_1 \approx I_2 N_2$。

可见变压器负载运行时,原、副绕组的磁动势方向相反,即副边电流 I_2 对原边电流 I_1 产生的磁通有去磁作用。因此,当负载阻抗减小,副边电流 I_2 增大时,铁芯中的主磁通将减小,于是原边电流 I_1 必然增加,以保持主磁通基本不变。所以,无论负载怎样变化,原边电流 I_1 总能按比例自动调节,以适应负载电流的变化。

于是得变压器原、副边电流有效值的关系为

$$\frac{I_1}{I_2} \approx \frac{N_2}{N_1} = \frac{1}{K} \qquad\qquad (6-3-6)$$

由式(6-3-6)可知,当变压器额定运行时,原、副边电流之比近似等于其匝数比的倒数。改变原、副绕组的匝数,可以改变原、副绕组电流的比值,这就是变压器的电流变换作用。

应当指出,式(6-3-6)只适用于满载和接近满载的运行状态,而不适用于轻载运行状态。

从能量转换的角度来看,副绕组接上负载后,副边电路出现电流,说明副绕组向负载输出电能,这些电能只能由原绕组从电源吸取,然后通过主磁通传递到副绕组。副绕组向负载输出的电能越多,原绕组向电源吸取的电能也越多。因此,副边电流变化时,原边电流也会相应地变化。

不难看出,变压器的电压比与电流比互为倒数,因此匝数多的绕组电压高,电流小;匝数少的绕组电压低,电流大。

例 6-3-2 已知一变压器 $N_1 = 1\,000$ 匝,$N_2 = 200$ 匝,$U_1 = 220$ V,$I_2 = 12$ A,负载为纯电阻,忽略变压器的漏磁和损耗,求变压器的副边电压 U_2、原边电流 I_1 和输入、输出功率。

解 变比 $K = \dfrac{N_1}{N_2} = \dfrac{1\,000}{200} = 5$

二次电压 $U_2 = \dfrac{U_1}{K} = \dfrac{220}{5}$ V $= 44$ V

一次电流 $I_1 = \dfrac{I_2}{K} = \dfrac{12}{5}$ A $= 2.4$ A

由于负载为纯电阻,功率因数 $\lambda = 1$,故输入功率 $P_1 = U_1 I_1 = 220 \times 2.4$ W $= 528$ W

输出功率 $P_2 = U_2 I_2 = 44 \times 12$ W $= 528$ W

可见,当变压器的功率损耗忽略不计时,它的输入功率与输出功率相等,这是符合能量守恒定律的。

在远距离输电中,线路损耗 P_l 与电流 I_1 的平方和线路电阻 R_1 的乘积成正比,在输送同样功率的情况下,如果所用电压越高,则电流越小,输电线上的损耗也越小,因而输电导线的截面积可以减小,节约成本。所以电厂在输送前,必须用升压变压器将电压升高,但输电到用户时,电压不能太高,如我国为 $380/220$ V,故又需要用降压变压器将电压降低。

3. 变压器的阻抗变换作用

如图 6-3-9 所示,变压器一次侧接电源 U_1,二次侧接负载阻抗 $|Z_L|$,对于电源来说,图中点画线框内的电路可用另一个阻抗 $|Z_L'|$ 来等效代替。所谓等效,就是它们从电源吸取的电流和功率相等。当忽略变压器的漏磁和损耗时,等效阻抗可由下式求得。

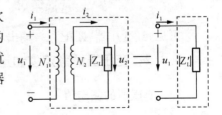

图 6-3-9 变压器的阻抗变换作用

$$|ZL'| = \frac{U_1}{I_1} = \frac{(N_1/N_2)U_2}{(N_2/N_1)I_2} = (N_1/N_2)^2|Z_L| = K^2|Z_L| \qquad (6-3-7)$$

式(6-3-7)说明,在变比为 K 的变压器二次侧接阻抗为 $|Z_L|$ 的负载时,相当于在电源上直接接一个阻抗为 $|Z_L'| = K^2|Z_L|$ 的负载。也可以说,变压器把负载阻抗 $|Z_L|$ 变换为 $|Z_L'|$。通过选择合适的变比 K,可把实际负载阻抗变换为所需的数值,这就是变压器的阻抗变换作用。

在电子电路中,为了提高信号的传输功率,常用变压器将负载阻抗变换为适当的数值,这种做法称为阻抗匹配。

例 6-3-3　某交流信号源的电压 $U_s = 160$ V,内阻 $R_0 = 1\,000$ Ω,负载电阻 $R_L = 12$ Ω。试求:

(1) 将负载与信号源直接相连,如图 6-3-10(a) 所示,信号源输出多大功率?

(2) 若要信号源输给负载的功率达到最大,负载的阻抗应等于信号源的内阻。现用变压器进行阻抗变换,如图 6-3-10(b) 所示,则变压器的匝数比应选多少? 阻抗变换后信号源的输出功率多大?

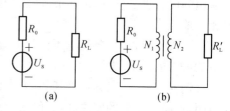

(a)　　　　　(b)

图 6-3-10　例 6-3-3 的电路图

解　(1) 由图 6-3-10(a) 可得信号源的输出功率为

$$P = I^2 R_L = \left(\frac{U_s}{R_0 + R_L}\right)^2 R_L = \left(\frac{160}{1\,000 + 12}\right)^2 \times 12 \text{ W} \approx 0.3 \text{ W}$$

(2) 若要信号源输给负载的功率达到最大,则变压器的输入阻抗应等于信号源的内阻抗,即

$$R_L' = R_0 = 1\,000 \text{ Ω}$$

根据式(6-3-7)可知,变压器的匝数比应选

$$\frac{N_1}{N_2} = \sqrt{\frac{R_L'}{R_L}} = \sqrt{\frac{1\,000}{12}} \approx 9.12$$

这时信号源输出功率为

$$P = I^2 R_L' = \left(\frac{U_s}{R_0 + R_L'}\right)^2 R_L' = \left(\frac{160}{1\,000 + 1\,000}\right)^2 \times 1\,000 \text{ W} = 6.4 \text{ W}$$

可见,经变压器"匹配"后,输出功率增大了许多倍

6.3.2　变压器的额定值和运行特性

一、变压器的额定值

变压器满负荷运行状态称为额定运行,额定运行时各电量值为变压器的额定值。为了使变压器能够长时间安全可靠地运行,制造厂家将它的额定值标示在铭牌上或产品说明书中。在使用变压器之前,首先要正确理解各个额定值的意义。变压器的额定值主要有:

1. 额定电压 U_{1N}、U_{2N}(kV)

原绕组额定电压 U_{1N} 是根据绝缘强度和允许发热所规定的应加在原绕组上的正常工作电压有效值。

副绕组额定电压 U_{2N} 一般是指变压器原绕组施加额定电压时的副绕组空载电压有效值。考虑到变压器工作时绕组内部存在电压降,副绕组的额定电压通常比负载运行时所需的额定电压要高出 5%～10%。对于有固定负载的专用电源变压器,副绕组的额定电压有时就是指额定负载下的电压有效值。

2. 额定电流 I_{1N}、I_{2N}(A)

原、副绕组额定电流 I_{1N} 和 I_{2N} 是指变压器连续运行时,原、副绕组允许通过的最大电流有效值。

3. 额定容量 S_N(kV·A)

额定容量 S_N 是指变压器副绕组额定电压和额定电流的乘积,即副绕组额定视在功率。

$$S_N = U_{2N} I_{2N} \qquad (6-3-8)$$

额定容量的单位是 V·A(伏安)或 kV·A(千伏安)。

额定容量反映了变压器所能传送电功率的能力,但不要把变压器的实际输出功率与额定容量相混淆。变压器的实际输出功率是由接于副绕组的负载决定的,它能输出的最大有功功率还与负载的功率因数有关。

额定电压、额定电流和额定容量之间的关系如下:

对于单相变压器:$S_N = U_{1N} I_{1N} = U_{2N} I_{2N}$

对于三相变压器:$S_N = \sqrt{3} U_{1N} I_{1N} = \sqrt{3} U_{2N} I_{2N}$

二、变压器的外特性

在分析变压器工作原理时,为了突出主要物理量的作用,忽略了原、副边绕组中的电阻及漏磁通对变压器工作的影响。实际上,变压器在负载运行中,随着负载的增加,原、副绕组上的电阻压降及漏磁电动势都随之增加,副绕组的端电压 U_2 通常会有所降低。

当原绕组上外加电压 $U_1 = U_{1N}$,副绕组的负载功率因素 $\cos\varphi$ 是常数时,副边绕组电压随负载电流变化的规律,即:$U_2 = f(I_2)$,称为变压器的外特性,如图 6-3-11 所示。

从图中可以看出,负载性质和功率因数不同时,从空载($I_2 = 0$)到满载($I_2 = I_{2N}$),变压器副边电压 U_2 变化的趋势和程度是不同的,用副边电压变化率(或称电压调整率)来表示。副边电压变化率 $\triangle U\%$ 规定为:当原边接在额定电压和额定频率的交流电源上,副边开路电压 U_{2N} 和在指定的功率因数下副边输出额定电流时的副边电压 U_2 的算术差与副边额定电压 U_{2N} 的百分比值,即

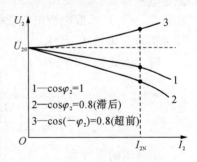

1—$\cos\varphi_2 = 1$
2—$\cos\varphi_2 = 0.8$(滞后)
3—$\cos(-\varphi_2) = 0.8$(超前)

图 6-3-11　变压器的外特性

$$\triangle U\% = \frac{U_{2N} - U_2}{U_{2N}} \times 100\% \qquad (6-3-9)$$

变压器的电压变化率表征了供电电压的稳定性,是变压器的一个重要技术指标,直接影响到供电质量,$\triangle U\%$越小越好。一般来说,容量大的变压器,电压变化率较小,电力变压器的电压变化率一般在$3\%\sim6\%$之间。

三、变压器的损耗和效率

变压器在传输电能的过程中,原、副绕组和铁芯都要消耗一部分功率,即铜损耗$\triangle P_{Ca}$和铁损耗$\triangle P_{Fe}$。铁损耗是由交变磁通在铁芯中产生的,包括磁滞损耗和涡流损耗。当外加电压U_1和频率f一定时,主磁通Φ_m基本不变,铁损耗也基本不变,故铁损耗又称为固定损耗;铜损耗是由电流I_1、I_2分别流过一次、副绕组的电阻所产生的损耗,它随电流的变化而变化,故称为可变损耗。

变压器输出功率P_2与输入功率P_1之比称为变压器的效率,通常用百分数表示,即

$$\eta=\frac{P_2}{P_1}\times100\%=\frac{P_2}{P_2+\Delta P_{Ca}+\Delta P_{Fe}}\times100\% \qquad (6-3-10)$$

由式(6-3-10)可知,变压器的效率与负载有关。空载时,$P_2=0$,但$\triangle P_{Ca}\neq0$,$\triangle P_{Fe}\neq0$,故$\eta=0$。随着负载的增大,开始时,η也增大,但后来因铜损耗增加得很快(铜损耗与电流平方成正比),η反而有所减小。

变压器效率η与负载电流I_2的关系如图6-3-12所示。在额定负载时,小型变压器的效率约为$60\%\sim90\%$,大型电力变压器的效率可达$90\%\sim99\%$。但轻载时的效率都很低,因此应合理选用变压器的容量,避免长期轻载或空载运行。

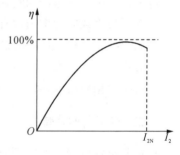

20世纪90年代以来,变压器磁性材料采用非晶合金,空载损耗值很低,其空载损耗值比同容量的硅钢片变压器可降低75%。

图6-3-12　变压器与负载的关系

例6-3-4　有一台照明变压器,额定容量$S_N=200\ V\cdot A$,额定电压$U_{1N}/U_{2N}=220\ V/36\ V$。铁芯用硅钢片叠成,截面积$A=20\ cm^2$,磁感应强度的饱和值$B_m=1.1\ T$,取副绕组空载电压$U_{20}$为$U_{2N}$的1.05倍。试求变压器原、副绕组匝数$N_1$、$N_2$及其额定电流$I_{1N}$和$I_{2N}$。

解　由式(6-3-3)可得原绕组的匝数为

$$N_1=\frac{U_{1N}}{4.44fB_mA}=\frac{220}{4.44\times50\times1.1\times20\times10^{-4}}匝$$

$$\approx451匝$$

副绕组的匝数为

$$N_2=\frac{N_1}{U_{1N}}U_{20}=\frac{N_1}{U_{1N}}\times1.05\times U_{2N}$$

$$=\frac{451}{220}\times1.05\times36匝\approx77匝$$

原、副绕组的额定电流分别为

$$I_{2N} = \frac{S_N}{U_{2N}} = \frac{200}{36} \text{ A} \approx 5.56 \text{ A}$$

$$I_{1N} = I_{2N}\frac{N_2}{N_1} = 2.78 \times \frac{77}{451} \text{ A} \approx 0.475 \text{ A}$$

6.4　任务四　常用变压器

6.4.1　三相电力变压器

一、三相电力变压器的结构

在电力系统中,用于变换三相交流电压,输送电能的变压器,称为三相电力变压器。结构如图 6-4-1 所示,它有三个心柱,各套一相的原、副绕组。由于三相原绕组所加的电压是对称的,因此三相磁通也是对称的,副绕组电压也是对称的。为了散去运行时由于本身的损耗所发出的热量,通常铁芯和绕组都浸在装有绝缘油的油箱中,通过套管将热量散发于大气中。考虑到油会热胀冷缩,故在变压器油箱上置一储油柜和油位表,此外,还装有一根

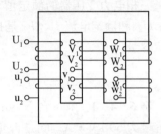

图 6-4-1　三相电力变压器结构示意图

防爆管,一旦发生故障(例如短路事故),产生大量气体时,高压气体将冲破防爆管前端的塑料薄片而释放,从而避免变压器发生爆炸。

二、三相电力变压器连接方式

三相变压器的原、副绕组可以根据需要分别接成星形或三角形。在低压电网中,三相配电变压器的副绕组一般采用星形连接,并接有中性线;原绕组则有星形或三角形两种接法。我国 20 世纪五六十年代制造的铝线绕组变压器,原绕组大多采用星形连接;20 世纪 80 年代以后制造的铜线绕组变压器,原绕组大多采用三角形连接。

连接方式用 Y 或 y 表示星形连接,D 或 d 表示三角形连接,大写字母表示高压侧,小写字母表示低压侧。若星形连接有中性线引出,则用 YN 或 yn 表示。上述两种接法分别用 D,yn 和 Y,yn 来表示,如图 6-4-2 所示。输入端 U_1、V_1、W_1 接高压输电线,输出端 u_1、v_1、w_1、n 接低压配电柜。

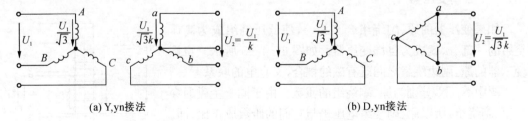

(a) Y,yn接法　　　　　　　　　　　　　　(b) D,yn接法

图 6-4-2　三相电力变压器绕组连接方式

三相变压器原、副绕组线电压的比值,不仅与每相匝数比有关,而且与连接方式有关。设原、副绕组的线电压分别为 U_{L1}、U_{L2},相电压分别为 U_{P1}、U_{P2},匝数分别为 N_1、N_2,则作 D, yn 连接时，有

$$\frac{U_{L1}}{U_{L2}}=\frac{U_{P1}}{\sqrt{3}U_{P2}}=\frac{1}{\sqrt{3}}\frac{N_1}{N_2}=\frac{1}{\sqrt{3}}K \qquad (6-4-1)$$

作 Y,yn 连接时，有

$$\frac{U_{L1}}{U_{L2}}=\frac{\sqrt{3}U_{P1}}{\sqrt{3}U_{P2}}=\frac{N_1}{N_2}=K \qquad (6-4-2)$$

三、三相电力变压器的额定值

三相电力变压器的额定值含义与单相变压器基本相同。三相电力变压器的额定电压 U_{1N}/U_{2N} 和额定电流 I_{1N}/I_{2N} 是指线电压和线电流。三相变压器的额定容量 S_N 是指三相总额定容量。

$$S_N=\sqrt{3}U_{2N}I_{2N} \qquad (6-4-3)$$

例 6-4-1　有一台 Y,yn 连接的三相电力变压器，已知额定电压为 10 kV/400 V，额定容量为 50 kV·A。问是否允许接入一台额定电压为 400 V、额定功率为 45 kW、额定功率因数为 0.87 的三相负载？

解　负载的额定电压与变压器的额定电压一致，如果是国产设备，额定频率一般没有问题，主要看容量或额定电流是否符合要求。

变压器二次侧的额定电流

$$I_{2N}=\frac{S_{2N}}{\sqrt{3}U_{2N}}=\frac{50\times10^3}{\sqrt{3}\times400}=72.2\text{ A}$$

负载所需电流

$$I_L=\frac{P_2}{\sqrt{3}U_{2N}\cos\varphi}=\frac{45\times10^3}{\sqrt{3}\times400\times0.87}=74.4\text{ A}$$

$I_L>I_{2N}$，已超载，故不允许接入该负载。

6.4.2　自耦变压器

一、自耦变压器

如果变压器的原、副绕组合二为一，使低压绕组成为高压绕组的一部分，就成为自耦变压器。如图 6-4-3 所示。自耦变压器的原、副边绕组之间既有磁的耦合，又有电的联系。

图中 N_1、N_2 分别为原、副绕组的匝数。由于同一主磁通穿过原、副绕组，所以原、副绕组电压仍与它们的匝数成正比，即

$$\frac{U_1}{U_2}\approx\frac{N_1}{N_2}=K$$

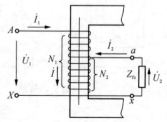

图 6-4-3　自耦变压器

在电源电压一定时,主磁通最大值基本不变,同样存在着磁动势平衡关系。略去空载电流,则原、副边电流之比为

$$\frac{I_1}{I_2} \approx \frac{N_2}{N_1} = \frac{1}{K}$$

由于 I_1 与 I_2 近似反相位,因此自耦变压器线圈中原、副绕组公共部分的电流大小为

$$I = I_2 - I_1$$

如果变比 K 接近于 1 时, I_1 与 I_2 数值相差不大,公共部分的电流很小,这部分线圈可用截面较小的导线,以节省铜材,使得变压器铜损减少,能提高变压器的效率,此优点在变比较大时不显著。自耦变压器的变比一般为 $1.5 \sim 2$。

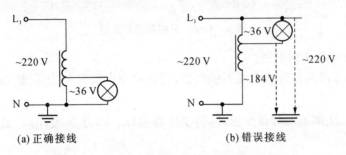

(a) 正确接线　　　　　　　　(b) 错误接线

图 6 - 4 - 4　自耦变压器提供安全电压的接线方法

与普通变压器相比,自耦变压器用料少,体积小,重量轻,成本低。但由于原、副绕组之间既有磁的联系又有电的联系,使用时必须特别注意安全。图 6 - 4 - 4 表示用自耦变压器给携带式行灯提供 36 V 安全工作电压的接线图。正确接线如图 6 - 4 - 4(a)所示,中性线必须接在公共端。如果接线不正确,把相线接在公共端,如图 6 - 4 - 4(b)所示,则行灯对地电压有 $184 \sim 220$ V,是很不安全的。因此,为了防止意外,工厂供电用的降压变压器和安全用的降压变压器一般都不允许采用自耦变压器。

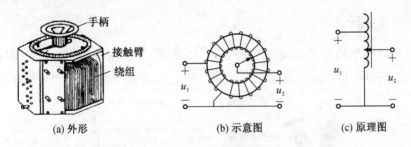

(a) 外形　　　　　　　(b) 示意图　　　　　　　(c) 原理图

图 6 - 4 - 5　单相自耦调压器

有的自耦变压器利用滑动触头均匀地改变副绕组的匝数,从而能改变输出电压。这种可以平滑地调节输出电压的自耦变压器称为调压器,它常用于实验室中。

自耦调压器分单相和三相两种。图 6 - 4 - 5 所示为单相自耦变压器,它一般可将 220 V 电压调到 $0 \sim 250$ V。图 6 - 4 - 6 所示为三相自耦调压器,它由 3 个单相自耦调压器组合而成,通常接成星形,二次抽头的滑动触头安装在同一转轴上,由手柄同步移动,以保证三相电压对称。

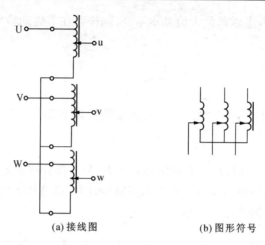

(a) 接线图　　　　　　　　(b) 图形符号

图 6-4-6　三相自耦调压器

使用自耦变压器注意事项：

（1）单相调压器的相线与中线不能接错，否则输出电压即便为零，输出端仍为高电位，有危险。

（2）一次、二次侧不能对调使用，以防变压器损坏。因为 N 变小时，磁通增大，电流会迅速增加。

（3）接电前先将滑动触头归零，使用后也归零。

（4）输出电压无论多低，输出电流都不允许大于额定电流。

6.4.3　仪用互感器

仪用互感器也称为交流互感器，是电工测量中经常使用的一种专用双绕组变压器，它可将交流高电压变换成低电压或将交流大电流变换为小电流然后送给测量仪表或自动控制、保护装置。这样可用来扩大测量仪表的量程和使测量仪表与高压电路隔离，以保证工作人员的安全。

按不同的用途，仪用互感器分为电压互感器和电流互感器两种。

一、电压互感器

电压互感器的结构原理及接线图如图 6-4-7 所示，高压绕组作原绕组，其匝数 N_1 很多，与被测电路并联；低压绕组作副绕组，匝数 N_2 较少，接电压表、功率表等负载。

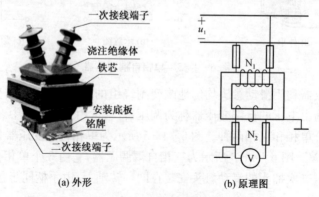

(a) 外形　　　　　　　　(b) 原理图

图 6-4-7　电压互感器

由于电压表等负载阻抗非常大,电压互感器二次电流很小,故电压互感器的运行近似于变压器的空载运行,于是有

$$U_1 = \frac{N_1}{N_2}U_2 = K_u U_2 \qquad (6-4-4)$$

式中,K_u 称为电压互感器的变压比。

这样,通过测量 U_2 再乘以变比 K_u 可得出 U_1。如果电压互感器与电压表是配套的,就可以不经过中间运算而直接从表盘上读出 U_1 的数值。

由式(6-4-4)可知,当 $N_1 \gg N_2$ 时,K_u 很大,$U_2 \ll U_1$,故可用低量程的电压表去测量高电压。电压表读数乘以 K_u,就是待测的高电压值。电压表的标尺可以直接按被测高电压刻度,即直接从低压电压表上读出高压值。通常电压互感器不论其额定电压是多少,其副绕组额定电压皆为 100 V,可采用统一的 100 V 标准电压表。因此,在不同电压等级的电路中所用的电压互感器,其变压比是不同的,例如 6 000/100、10 000/100 等,这样,与电压互感器二次绕组连接的各种仪表和继电器就可以标准化,在测量不同等级的高电压时,只需换用不同电压等级的电压互感器即可。

在运行中,电压互感器的副边不允许短路,以防烧坏线圈。为了工作安全,电压互感器的铁芯、金属外壳及低压绕组的一端都必须接地,避免高、低绕组间的绝缘损坏,否则低压侧将出现高电压,这对工作人员是非常危险的。

二、电流互感器

电流互感器的结构原理和接线图如图 6-4-8 所示,它的原绕组用粗线绕成,通常匝数很少(只有一匝或几匝),串联于待测电流的线路中,使待测电流流过原绕组。它的副绕组匝数较多,导线较细,与电流表等负载串联接成闭合回路。

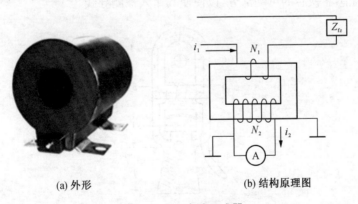

(a) 外形   (b) 结构原理图

图 6-4-8 电流互感器

因为变压器有电流变换作用,而且电流表等负载阻抗非常小,所以电流互感器的副绕组相当于短路,这时有

$$I_1 = \frac{N_2}{N_1}I_2 = K_i I_2 \qquad (6-4-5)$$

式中,K_i 称为电流互感器的变流比。

因此,测量时只要将电流表读数乘上变流比就能够得到被测电流。若电流互感器与电流表是配套的,可直接从表盘上读出 I_1。

由式(6-4-5)可知,$N_2 \gg N_1$ 时,K_i 很大,$I_2 \ll I_1$,故利用电流互感器可用小量程的电流表来测量大电流。电流互感器副绕组的额定电流通常都为 5 A。在不同电流等级的电路中所用的电流互感器的变流比是不同的,例如 30/5、50/5、100/5 等。与电力变压器不同,电流互感器的原绕组是串联在待测电流的电路之中,其原边电流的大小并不随副边电流的变化而变化。

由于各种仪表电流线圈的阻抗都很小,电流互感器在运行时,其副绕组工作在接近短路状态。正常工作时,原、副绕组的磁动势相互抵消,铁芯中磁通较小。电压互感器在运行中不允许副绕组短路,否则将烧坏互感器,故应在原、副绕组中接入熔断器进行保护。电流互感器在运行中不允许副绕组开路,因为它的原绕组是与负载串联的,其原绕组电流 I_1 的大小,取决于供电线路上负载的大小而不取决于副绕组电流 I_2,这点与普通变压器是不同的。这样当副绕组开路时,铁芯中由于失去了 I_2 的去磁作用,主磁通将急剧增加,使铁芯过热而烧毁绕组,同时副绕组会感应出高电压,危及人身和设备的安全。因此电流互感器的副绕组不允许接入熔断器和开关,而且在副绕组电路中拆装仪表时,还必须先将仪表短路。此外,为了安全,电压互感器和电流互感器的铁芯和副绕组的一端都必须接地。

当测量高电压、大电流负载的功率时,可以同时使用电压互感器和电流互感器来扩大功率表的量程。功率表的电流线圈串入电流互感器副边电路,电压线圈并联在电压互感器副边上。如功率表的读数为 P_2,则被测功率为 $P = K_u \cdot K_i \cdot P_2$。

用电流互感器、电流表和钳形扳手可以制成使用方便的钳形电流表,如图 6-4-9 所示。钳形电流表的穿心式电流互感器的副边绕组缠绕在铁芯上且与交流电流表相连,它的原边绕组即为穿过互感器中心的被测导线。旋钮实际上是一个量程选择开关,扳手的作用是开合穿心式互感器铁芯的可动部分,以便使其钳入被测导线。

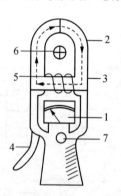

1-电流表　2-电流互感器　3-铁芯　4-手柄
5-二次绕组　6-被测导线　7-量程开关
图 6-4-9　交流钳形电流表结构示意图

测量电流时,按动扳手,打开钳口,将被测载流导线置于穿心式电流互感器的中间,当被测导线中有交流电流通过时,交流电流的磁通在互感器副边绕组中感应出电流,该电流通过电磁式电流表的线圈,使指针发生偏转,在表盘标度尺上指出被测电流值。

模块二　技能性任务

6.5　任务一　单相变压器绕组同名端的判别

一、实验目的

利用实验学习如何判断变压器绕组同名端。

二、实验原理

同名端是指在同一交变磁通的作用下任意时刻(或两个以上)绕组中都具有相同电势极性的端点彼此互为同名端。判别方法为：当电流从两个同极性端流入(或流出)时,铁芯中所产生的磁通方向是一致的。

三、实验设备

直流电源	+5 V
导线	若干
直流电压表	1 只
直流电流表	1 只

四、实验内容与步骤

1. 观察法

因为绕组的极性是由它的绕制方向决定的,所以可以用直观法判别它们的极性。根据绕组的绕向判断,取绕组上端为首端,下端为末端。绕向相同时,首端和首端为同极性端,尾端和尾端为同极性端；2. 绕向相反时,首端和尾端为同极性端,尾端和首端为同极性端。

2. 测试法

(1) 电压表法：一单相变压器原副边绕组连线如图 6‑5‑1 所示,在它的原边加适当的电压 U_1,分别用电压表测出副边电压 U_2,以及 1U1、2U1 之间的电压 U_3。

如果 $U_3 = U_1 + U_2$,则是异名端相连,即 1U1 和 2U1 是异名端,而 1U1 和 2U2 是同名端。

如果 $U_3 = U_1 - U_2$,则是同名端相连,即 1U1 和 2U1 是同名端,而 1U1 和 2U2 是异名端。

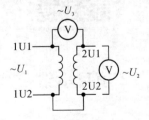

图 6‑5‑1　电压表法判别单相变压器同名端

（2）直流电流法：一单相变压器原副边绕组连线如图 6-5-2 所示,当合上开关 S 的瞬间,如直流毫安表表针正向偏转,说明 1U1 和 2U1 都处于高电位,则 1U1 与 2U1 是同名端;如果表针反向偏转,则 2U1 和 1U2 为同名端。

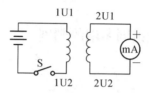

图 6-5-2　直流电流法单相变压器同名端

五、实验分析、思考

1. 分析思考单相变压器是否符合同极性相减,异极性相加。
2. 通电测量时注意安全。

6.6　任务二　三相变压器首、尾端的判断

打开手机微信,扫描以下二维码获得本节内容。

模块三　拓展性任务

6.7　变压器日常检测内容

打开手机微信,扫描以下二维码获得本节内容。

项目小结

1. 磁路是磁通集中经过的路径,电磁铁、变压器、电机等电气设备磁路的主要材料都是磁性材料。磁路的物理量之间的关系式有:

$$\Phi = BA$$
$$B = \mu H$$
$$\Phi = \frac{F}{R_m} = \frac{IN}{\frac{l}{\mu A}}$$

2. 磁路的基本定律有安培环路定律、电磁感应定律和磁路欧姆定律。磁路欧姆定律一般只用来进行定性分析。

3. 在交流铁芯线圈中,电流和磁通都是交变的,磁通最大值为 $\Phi_m = \dfrac{U}{4.44Nf}$,磁通只与电源和线圈匝数有关,电流则与磁路有关,与线圈电阻基本无关。交流铁芯电路中,功率损耗既产生于线圈中的铜损耗,还产生于铁芯中的铁损耗,故交流铁芯普遍采用硅钢片叠成。

4. 电磁铁是一种把电能转换为机械能的一种重要的电磁元件,它由线圈、铁芯和衔铁三部分组成。电磁铁的吸力公式为

$$F = \frac{10^7}{8\pi} \frac{\Phi^2}{A}$$

5. 电磁铁的应用广泛,可以作为独立电磁元件,也可以作为电磁元件的主要组成部分。

6. 变压器主要由铁芯和绕组两个基本部分组成。变压器可以空载运行、负载运行和阻抗变换,它们的关系式为

$$\frac{U_1}{U_2} \approx \frac{N_1}{N_2} = K$$

$$\frac{I_1}{I_2} \approx \frac{N_2}{N_1} = \frac{1}{K}$$

$$|Z_L'| = (N_1/N_2)^2 |Z_L| = K^2 |Z_L|$$

7. 变压器带负载时,其外特性是一条向下倾斜的曲线,当负载增大,功率因数减小,端电压就下降。其变化情况用电压变化率表示为

$$\Delta U\% = \frac{U_{20} - U_2}{U_{20}} \times 100\%$$

8. 自耦变压器是把变压器的原、副边绕组合二为一,它既有磁的耦合,又有电的联系。自耦调压器可以通过改变副绕组的匝数,来改变输出电压。

9. 三相电力变压器主要用于变化三相交流电压。它的原、副绕组可以接成星形或三角形。三相变压器的额定电压和额定电流是指线电压和线电流,三相变压器的额定容量 $S_N = \sqrt{3} U_{2N} I_{2N}$。

10. 仪用互感器按不同的用途可以分为电压互感器和电流互感器。

电压互感器的原绕组匝数多,副绕组匝数少,即 $N_1 \gg N_2$。原绕组并联于待测电路,副绕组连接低量程电压表,二次侧不允许短路,电压互感器用于测量高电压。

电流互感器的原绕组匝数少,副绕组匝数多,即 $N_1 \ll N_2$。原绕组串联于待测电路,副绕组连接小量程电流表,二次侧不允许开路,电流互感器用于测量大电流。

项目思考与习题

6-1 什么叫磁路？为什么磁路必须由铁磁材料构成？

6-2 为什么通常认为空心线圈是线性电感元件，而带铁芯的线圈则为非线性电感元件？

6-3 有一铁芯线圈，试分析铁芯中的磁感应强度、线圈中的电流和铜损 RI^2，在下列几种情况下如何变化：

（1）直流励磁－铁芯截面积加倍，线圈的电阻和匝数以及电源电压保持不变；

（2）交流励磁－铁芯截面积加倍，线圈的电阻和匝数以及电源电压保持不变；

（3）交流励磁－频率和电源电压的大小减半。

6-4 一个空心线圈，测得电阻为 10 Ω，将它接在 220 V、50 Hz 的电源上，测得电流有效值为 15 A；然后在线圈中插入铁芯，测得电流有效值为 2 A。试求这两种情况下的电感量。

6-5 交流电磁铁通电后，若衔铁长时间被卡住不能吸合，会引起什么后果？为什么？

6-6 一个 45 W 的日光灯镇流器，铁芯截面积为 5 cm²，匝数为 1600，工作时端电压为 160 V，电源频率为 50 Hz，铁芯中有一段空气隙面积为 0.6 mm²，求铁芯中磁通密度最大值 B_m。

6-7 请阐述一下变压器的电磁关系。并说明为什么变压器只能变换交流而不能变换直流。

6-8 已知变压器的容量为 1.5 kV·A，初级额定电压为 220 V，次级额定电压为 110 V，试求初、次级线圈的额定电流。

6-9 在 220 V 的电压的交流电路中，接入一个变压器，它的原线圈的匝数是 1 000 匝，副线圈的匝数是 56 匝，副线圈接在白炽电灯的电路上，通过的电流是 8 A。如果变压器的效率是 90%，原线圈中通过的电流是多大。

6-10 图 6-1 所示是用交流法测定变压器绕组同名端的电路。设用交流电压表测得 $U_{12}=12$ V，$U_{34}=6$ V，$U_{24}=6$ V，试确定两个绕组的同名端。

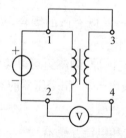

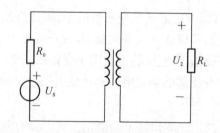

图 6-1 题 6-10 的电路   图 6-2 题 6-11 的电路

6-11 在图 6-2 中，已知信号源的电压 $U_s=12$ V，内阻 $R_0=1$ kΩ，负载电阻 $R_L=8$ Ω，变压器的变比 $K=10$，求负载上的电压 U_2。

6-12 某单相变压器一次绕组匝数为 580，接在 220 V 市电上，空载电流忽略不计。

二次绕组需要 110 V、36 V 和 6.3 V 三种电压,对应的电流分别为 0.2 A、0.5 A 和 1 A。负载均为电阻性,试求:(1) 三个二次绕组的匝数各为多少;(2) 变压器一次绕组电流和变压器容量。

6-13　图 6-3 所示是一小功率电源变压器,一次绕组的匝数为 550 匝,接电源 220 V,它有两个二次绕组,一个电压为 36 V,负载功率为 36 W,另一个电压为 12 V,负载功率为 24 W,不计空载电流,求:

(1) 二次侧两个绕组的匝数;

(2) 一次绕组的电流;

(3) 变压器的容量至少应为多少?

6-14　已知图 6-4 中变压器一次绕组 1-2 接 220 V 电源,二次绕组 3-4、5-6 的匝数都为一次绕组匝数的一半,额定电流都为 1 A。

(1) 在图上标出一、二次绕组同名端的符号。

(2) 该变压器的二次侧能输出几种电压值? 各如何接线?

(3) 有一负载的额定电压为 110 V,额定电流为 1.5 A,能否接在该变压器二次侧工作? 如果能的话,应如何接线?

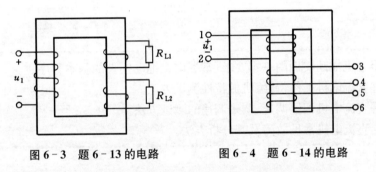

图 6-3　题 6-13 的电路　　　图 6-4　题 6-14 的电路

6-15　使用电压互感器和电流互感器,接线时应注意哪些问题?

6-16　在使用钳形电流表测量软导线中的电流时,如果电流很小,指针的偏转角度太小,读不准确,能否把软导线在钳形电流表的铁芯上绕几圈来增大指针的偏转角度? 此时应如何读数?

6-17　电压互感器的额定电压为 6 000/100 V,现由电压表测得副边电压为 85 V,问原边被测电压是多少? 电流互感器的额定电流为 100/5 A,现由电流表测得副边电流为 3.8 A,问原边被测电流是多少?

项目七　直流电机

知识目标

1. 了解直流电机的基本机构及工作原理。
2. 理解直流电机的磁场分布、感应电动势的产生条件及性质。
3. 掌握掌握直流电动机的分类及其特性。
4. 熟练掌握直流电机的并励电动机的起动。
5. 熟练直流电机的调速。

技能目标

1. 懂得电机拖动实训的基本要求,掌握电机拖动实训的基本程序。
2. 掌握直流电机工作特性、机械特性测试方法。
3. 掌握直流电机调压调速、调磁调速的测试方法。
4. 学会直流电机常见故障及其分析方法。

模块一　学习性任务

7.1　任务一　认识直流电动机

7.1.1　电机的概述

人类社会的生存和发展离不开能源。而能源则有多种形式,如热能、光能、化学能、机械能、电能和原子能等。其中,电能是最重要的能源之一,和其他能源形式相比,电能有适宜生产、管理传输方便等优点;另外,电能还是一种洁净能源,对环境的污染非常小。因此,电能在工农业生产、交通运输、信息传输、国防建设以及日常生活等各个领域获得了广泛的应用。

电机(英文:Electric machinery,俗称"马达")是指依据电磁感应定律实现电能转换或传递的一种电磁装置。电机类型很多,按其能量转化方式功能可分为以下几种。

(1)发电机。把机械能转换为电能的电机,包括直流发电机和交流发电机,发电机在电路中用字母 G 表示。

(2)变压器。将一种电压等级的交流电能变换为另一种电压等级的交流电能的装置。

（3）电动机。电动机作为最主要的机电能量转换装置，其应用已遍及国民经济的各个领域和人们的日常生活，从火箭、卫星等高精技术产品，到汽车、计算机、机器人等，到处都能见到电动机的踪影，据资料显示，在所有动力资源中，90％以上来自电动机。同样，我国生产的电能中60％是用于电动机的。电动机是一种将电能转变为机械能的设备，随着现代电力电子技术、控制技术和计算机技术的发展，电动机应用技术得到了进一步的发展。

设备中常用的电机主要分为两类：一类是驱动电机，一类是控制电机。驱动电机是设备的主要动力源，包括各种类型的交、直流电动机。交流异步电动机较其他类型的电动机结构简单，价格便宜，运行可靠，维护方便，某些设备或辅助用电动机在不要求调速时可采用；若要求调节转速，则可选用直流电用；若要求调节转速，则可选用直流电动机、整流子式电动机或电磁调速异步电动机（滑差电动机）。控制电机也称特种电机，常见的有步进电机、伺服电机、测速发电机等，这些电机不是作为动力来使用的，它的主要任务是转换和传递控制信号，能量的传递是次要的。

直流电动机（direct current motor）是将直流电能转为机械能的旋转机械。图7-1-1所示为直流电动机实物图。它与交流电动机（如三相异步电动机）相比，虽然因结构比较复杂，生产成本较高、故障较多等问题，但由于它具有优良的调速性能和较大的起动转矩，得到广泛应用。本项目介绍直流电动机的结构与工作原理、直流电动机的分类及其在设备中的应用、直流电动机的起动与调速。

图7-1-1　直流电机

7.1.2　直流电机的结构与工作原理

直流电动机主要由磁极、电枢、换向器三部分组成，其结构如图7-1-2所示。

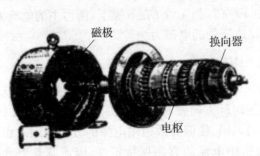

图7-1-2　直流电动机的主要结构

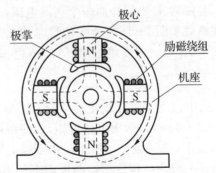

图7-1-3　直流电动机的磁极

一、磁极

磁极是电动机中产生磁场的装置，如图7-1-3所示。它分成极心和极掌两部分。极心上放置励磁绕组，极掌的作用是使电动机空气隙中磁感应强度的分布最为合适，并用来挡住励磁绕组；磁极是用钢片叠成的，固定在机座（即电动机外壳）上；机座也是磁路的一部分。机座常用铸钢制成。

二、电枢

电枢是电动机中产生感应电动势的部分。直流电动机的电枢是旋转的,电枢铁心呈圆柱状,由硅钢片叠成,表面冲有槽,槽中放有电枢绕组,如图 7-1-4 所示。

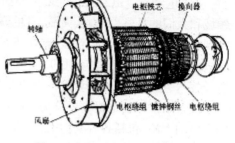

图 7-1-4 直流电动机的电枢

三、换向器(整流子 commutator)

换向器是直流电动机的一种特殊装置,其外形如图 7-1-5 所示,主要由许多换向片组成,每两个相邻的换向片中间是绝缘片。在换向器的表面用弹簧压着固定的电刷,使转动的电枢绕组得以同外电路连接。换向器是直流电动机的结构特征,易于识别。

直流电动机的工作原理如图 7-1-6 所示。

图 7-1-5 换向器

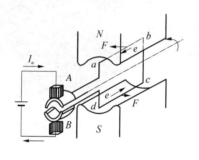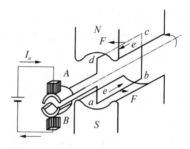

图 7-1-6 直流电动机的工作原理

若在 A、B 之间外加一个直流电压,A 接电源正极,B 接负极,则线圈中有电流流过。当线圈处于图 7-1-6 所示位置时,有效边 ab 在 N 极下,cd 在 S 极上,两边中的电流方向为 $a \rightarrow b$,$c \rightarrow d$。由安培定律可知,ab 边和 cd 边所受的电磁力为

$$F = BIL$$

式中,I 为导线中的电流,单位为 A(安)。根据左手定则可知,两个 F 的方向相反,如图 7-1-6 所示,形成电磁转矩,驱使线圈逆时针方向旋转。当线圈转过 180°时,cd 边处于 N 极下,ab 边处于 S 极上。由于换向器的作用,使两有效边中电流的方向与原来相反,变为 $d \rightarrow c$,$b \rightarrow a$,这就使得两极面下的有效边中电流的方向保持不变,因而其受力方向、电磁转矩方向都不变。

由此可见,正是由于直流电动机采用了换向器结构,使电枢线圈中受到的电磁转矩保持不变,在这个电磁转矩作用下使电枢按逆时针方向旋转。这时电动机可作为原动机带动生产机械旋转,即由电动机向机械负载输出机械功率。

7.1.3 直流电动机的分类及其特性

在直流电动机中,除了必须给电枢绕组外接直流电源外,还要给励磁绕组通以直流电流用以建立磁场。电枢绕组和励磁绕组可以由两个电源单独供电,也可以由一个公共电源供

电。按励感方式的不同,直流电动机可以分为他励、并励、串励和复励等形式。

一、他励电动机

他励电动机的励磁绕组和电根绕组分别由两个电源供电,如图 7－1－7 所示。他励电动机由于采用单独的励磁电源,设备较复杂。但这种电动机调速范围很宽,多用于主机拖动中。

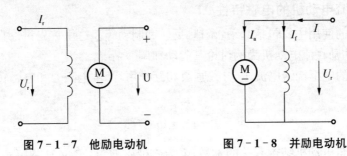

图 7－1－7　他励电动机　　　　　　图 7－1－8　并励电动机

二、并励电动机

并励电动机的励磁绕组是和电枢绕组并联后由同一个直流电源供电,如图 7－1－8 所示,这时电源提供的电流 I 等于电枢电流 I_a 和励磁电流 I_f 之和,即 $I＝I_a＋I_f$。

并励电动机励磁绕组的特点是导线细、匝数多、电阻大、电流小。这是因为励磁绕组的电压就是电枢绕组的端电压,这个电压通常较高。励磁绕组电阻大,可使 I_f 减小,从而减小损耗。由于 I_f 较小,为了产生足够的主磁通 Φ,就应增加绕组的匝数。由于 I_f 较小,可近似为 $I＝I_a$。

并励直流电动机的机械特性较好,在负载变时,转速变化很小,并且转速调节方便,调节范围大,起动转矩较大,因此应用广泛。

三、串励电动机

串励电动机的励磁绕组与电枢绕组串联之后接直流电源,如图 7－1－9 所示,串励电这个电流一般比较大,所以励磁绕组导线粗、匝数少,它的电阻也较小。

串励电动机多用于负载在较大范围内变化的和要求有较大起动转矩的设备中。

四、复励电动机

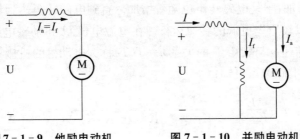

图 7－1－9　他励电动机　　　　图 7－1－10　并励电动机

这种直流电动机的主磁极上装有两个励磁绕组,一个与电枢绕组串联,另一个与电枢绕组并联,如图 7-1-10 所示,复励电动机有串励电动机和并励电动机的特点,所以也被广泛应用。

在以上四种类型的直流电动机中,以并励直流电动机和他励直流电动机应用最为广泛。

7.2 任务二 直流电动机的电力拖动

7.2.1 直流电动机的电磁特性

直流电动机的使用主要包括起动、调速、反转和制动等。这里首先讨论直流电动机的电磁特性,然后以并励直流电动机为例讨论其起动和调速情况。

直流电动机的电枢绕组电流 I_a 与磁通 Φ 相互作用,产生电磁力和电磁转矩。电磁转矩 T 的大小为

$$T = K_T \cdot \Phi \cdot I$$

式中,K_T 为与电动机结构有关的常数;Φ 为磁极磁通量,单位为 Wb(韦伯);I_a 为电枢电流,单位为 A(安);T 为电磁转矩。

在电磁转矩 T 作用下电枢转动,这时电枢因切割磁力线而产生电动势 E。

$$E = K_E \cdot \Phi \cdot n$$

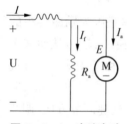

图 7-2-1 直流电动机的电枢

式中,Φ 为磁极磁通量,单位为 Wb(韦伯);n 为电枢转速,单位为 r/min;K_E 为与电动机结构有关的常数;E 为感生电动势,单位为 V(伏特)。

显然,这个电动势 E 是反电动势,故加在电枢绕组的端电压分为两部分:其一是用来平衡反电动势;其二为电枢绕组的电压降,如图 7-2-1 所示。

因此,直流电动机电枢的电压平衡方程式为

$$U = E + I_a R_a$$

式中,U 为电枢外加电源电压;R_a、I_a 为电枢绕组的电阻和电流。

电动机的电磁转矩是驱动转矩,因此,电动机的电磁转矩 T 必须与机械负载转矩及空载损耗转矩相平衡。当轴上的机械负载转矩发生变化时,则电动机的转速、反电动势、电流及电磁转矩将自动进行调整,以适应负载的变化,保持新的平衡。例如,当负载增加时,电动机的电磁转矩便暂时小于阻转矩,所以转速下降。当磁通 Φ 不变时,反电动势 E 必将减小,而电枢电流 I_a 将增加,于是电磁转矩也随着增加。直到电磁转矩达到新的平衡后转速不再下降,而电动机则以较原先更低的转速运行。在电源电压 U 和励磁电路的电阻 R_a 不变的情况下,电动机的转速 n 与转矩 T 的关系 $n = f(T)$ 称为电动机的机械特性。

由上面讨论的电磁关系可知:

$$n = \frac{E}{K_E \Phi} = \frac{U - I_a R_a}{K_E \Phi} = \frac{U}{K_E \Phi} - \frac{R_a T}{K_T K_E \Phi^2} = n_0 - \Delta n$$

在上式中,$n_0 = \dfrac{U}{K_E \Phi}$ 是 $T=0$ 时的转速,实际上是不存在的,因为即使电动机轴上没有

加机械负载,电动机的输出转矩也不可能为零,它还要平衡空载损耗转矩,所以 n_0 称为理想空载转速。

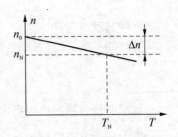

式中的 $\Delta n = \dfrac{R_a T}{K_T K_E \Phi^2}$ 是转速降,它表示:当负载增加时,电动机的转速下降。转速降是电枢电阻 R_a 引起的。当负载增加时,I_a 增大,$R_a I_a$ 增大,由于电源电压 U 是一定的,这就使反电动势 E 减小,也就是转速 n 降低了。

并励电动机的机械特性曲线如图 7-2-2 所示。由于 R_a 很小,在负载变化时,转速的变化不大,因此,并励电动机具有硬的机械特性。

图 7-2-2　并励电动机的
机械特性曲线

7.2.2　并励电动机的起动

电动机接通电源,转子从静止状态开始转动起来最后达到稳定运行。由静止状态到稳定状态这段过程称为起动过程。

并励电动机在稳定运行时,其电枢电流为

$$I_a = \frac{U - E}{R_a}$$

因为电枢电阻 R_a 很小,所以电源电压 U 和反电动势 E 极为接近。

在电动机起动的初始瞬间,$n=0$,$E=K_E \cdot \Phi \cdot n = 0$。这时的电枢电流为 $I_{ast} = \dfrac{U}{R}$。

由于 R_a 很小,起动电流将达到额定电流的 $10 \sim 20$ 倍,这是不允许的。因为并励电动机的转矩正比于电枢电流,所以它的起动转矩太大,会产生机械冲击,使传动机械(如齿轮)遭受损坏,因此,必须限制起动电流。限制起动电流的方法是起动时在电枢电路中连接起动电阻 R_a(图 7-2-3)。这时电枢中的起动电流初始值为

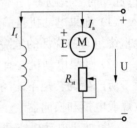

$$I_{ast} = \frac{U}{R_a + R_{st}}$$

图 7-2-3　电枢电路串入
电阻起动

而起动电阻则可由上式确定,即 $R_{st} = \dfrac{U}{I_{ast}} - R$。

一般规定,起动电流不应超过额定电流的 $1.5 \sim 2.5$ 倍。起动时,应将起动电阻放在最大值处,待起动后,随着电动机转速的上升,将它逐段切除。起动电阻是按短期使用设计的,不能长期接在电枢电路中。

例 7-2-1　Z2—61 型并励电动机,$P_a = 10$ kW,$U = 220$ V,$I_a = 53.5$ A,$n_n = 1\,500$ r/min,$R_a = 0.4$ Ω,最大励磁功率 $P_{fm} = 280$ W。试求:(1)直接起动时起动电流为额定电枢电流的几倍? (2)起动电流限制在额定电枢电流 2 倍时的起动电阻值。

解:起动时励磁电流为最大值:

$$I_{fm} = \frac{P_{fm}}{U} = \frac{280}{220} \text{ A} = 1.27 \text{ A}$$

电枢额定电流：

$$I_{an}=I_n-I_{fm}=(53.5-1.27)\text{A}=52.23\text{ A}$$

直接起动时起动电流：

$$I_s=\frac{U}{R_a}=\frac{220}{0.4}\text{ A}=550\text{ A}$$

起动电流为额定电枢电流的倍数 $=\dfrac{I_s}{I_{an}}=\dfrac{550}{52.23}=10.5$

若将起动电流限制为额定电枢电流的 2 倍，即

$$\frac{U}{R_a+R_s}=2I_{an}$$

则起动电阻值为

$$R_s=\frac{U}{2I_m}-R_a=\left(\frac{220}{2\times52.23}-0.4\right)\Omega=1.71\text{ }\Omega$$

这种电阻起动法广泛应用于小型直流电动机，较大容量和经常起动的电动机常采用降压起动法，依靠降低电动机端电压来限制起动电流。降压起动需要一套调压供电装置作为电动机电源，常用于他励电动机，只降低电枢两端电压，励磁电压保持不变。

需要注意的是，直流电动机在起动或工作时，励磁电路必须保持接通装态，不能让它断开（起动时要满励磁）。否则，由于磁路中只有很小的剩磁，可能发生下述事故。

（1）如果电动机是静止的，因转矩太小，不能起动；由于反电动势为零，电枢电流很大，电枢绕组有被烧坏的危险。

（2）如果电动机在有载运行时断开励磁电路，电动势立即减小而使电枢电流增大；同时由于所产生的转矩不能满足负载需要，电动机必将减速而停车，更加促使电枢电流增大，以致烧毁电枢和换向器。

（3）如果电动机空载运行，它的转速可能上升到很高的值（这种事故称为"飞车"），使电机遭受严重的机械损伤，而且还会因电枢电流过大将绕组烧毁。

7.2.3 直流电动机的调速

并励或他励直流电动机与交流异步电动机相比，虽然结构复杂，价格高，维修也不方便，但是在调速性能上有其独特的优点。因为笼型电动机在一般情况下是不能调速的，更不能无级调速，因此，对调速要求较高的设备，均采用直流电动机。这是因为直流电动机能无级调速，机械传动机构比较简单。

由直流电动机的转速公式

$$n=\frac{U-I_aR_a}{K_E\Phi}$$

可知 R_a、Φ 和 U 中的任意一个值，都可使转速改变，改变电枢电路中外电阻的方法也可进行调速。但其缺点是耗电多，电动机机械特性软，调速范围小，且只能进行有级调速，故这种方法目前已较少采用。现常用的对直流电动机调速的方法有调磁法和调压法。

一、调磁法

即改变磁通 Φ,当保持电源电压 U 为额定值时,调节 R_f,改变励磁电流 I_f 以改变磁通量,如图 7-2-4 所示。由于

$$n=\frac{U}{K_E\Phi}-\frac{R_aT}{K_TK_E\Phi^2}$$

可知磁通 Φ 减小时,n_0 升高,转速降 Δn 增大,后者与 Φ^2 成反比,所以磁通愈小,机械特性曲线愈陡,但仍具有一定硬度,如图 7-2-5 所示。在一定负载下,Φ 愈小,则 n 愈高。由于电动机在额定状态运行时,它的磁路已接近饱和,所以通常都是减小磁通($\Phi<\Phi_n$),将转速往上调($n>n_n$)。

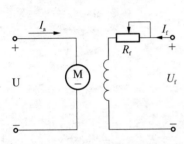

图 7-2-4　改变电动机磁通调速

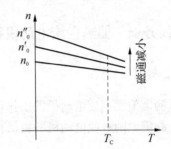

图 7-2-5　改变磁通 Φ 时的机械特性曲线

二、调压法

即改变电压 U。当保持他励电动机的励磁电流 I_f 为额定值时,降低电枢电压 U,则由

$$n=\frac{U}{K_E\Phi}-\frac{R_aT}{K_TK_E\Phi^2}$$

可见,n_0 变低了,但 Δn 未改变。因此,改变 U 可得出一组平行的机械特性曲线。在一定负载下,U 愈低,则 n 愈低。由于改变电枢电压只能向小于电动机额定电压的方向改变,所以转速将下调。

调速的过程是:当磁通 Φ 保持不变时,减小电压 U,由于转速不立即发生变化,反电动势 E 便暂不变化,于是电流 I_a 减小,转矩 T 也减小。如果阻转矩 T_c 未变,则 $T<T_c$,转速 n 下降。随着 n 的降低,反电动势 E 减小,I_a 和 T 增大,直到 $T=T_c$ 时为止,但这时转速已比原来降低了。

由于调速时磁通不变,如在一定的额定电流下调速,则电动机的输出转矩便是一定的(恒转矩调速)。

这种调速方法有下列优点:机械特性较硬,并且电压降低后硬度不变,稳定性较好;调速幅度大;可均匀调节电枢电压;得到平滑的无级调速。

这种调速方法的缺点是调压需用专门的设备,投资较高。近年来由于采用了可控硅整流电源对电动机进行调压和调速,使这种方法得到了广泛应用。印刷设备中直流电动机的调速多采用这种方法。

例 7-2-2　有一他励电动机,已知:$U=220$ V,$I=52.2$ A,$n=1\,500$ r/min,$R_a=0.7$ Ω,

今将电枢电压降低一半,而负载转矩不变,问转速降低多少? 设励磁电流保持不变。

解:由 $T = K_T \Phi I_n$ 可知,在保持负载转矩和励磁电流不变的条件下,电流也保持不变。电压降低后的转速 n' 对原来的转速 n 之比

$$\frac{n'}{n} = \frac{\dfrac{E'}{K_E \Phi}}{\dfrac{E}{K_E \Phi}} = \frac{E'}{E} = \frac{U' - I_a R_a}{U - I_a R_a} = \frac{110 - 52.2 \times 0.7}{220 - 52.2 \times 0.7} = 0.4$$

即在保持负载转矩不变的条件下,转速降低到原来的 40%。

模块二　技能性任务

7.3　任务一　他励直流电动机特性的测定

一、实训目的

1. 测定他励直流电动机的工作特性。
2. 测定他励直流电动机的机械特性。

二、实训电路与实训设备

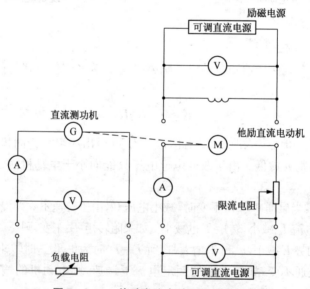

图 7-3-1　他励直流电动机实训电路图

所用实训设备为亚龙 YL—195 型装置单元 YL021、YL022、YL023、YL035、YL006、YL024、YL005 和亚龙直流测功机。

三、实训内容与实训步骤

1. 测定他励直流电动机的工作特性

直流电动机的工作特性是指在电枢电压 U_a 与励磁电压 U_F 为额定值并保持恒量的条件

下,电动机的转速 n、负载转矩 T_L、电动机效率 η 与电枢电流 I_a 间的关系,即 $n=f(I_a)$,$T_L=f(I_a)$,$\eta=f(I_a)$。

(1) 按照图 7-3-1 接好线路,调整直流电源为 $U_F=U_{FN}=110$ V,$U_a=U_{aN}=110$ V。

(2) 每次合闸起动工作电源前,将限流电阻 YL005 调至最大,起动后减至为零。

(3) 调节负载电阻,由最大阻值逐渐减少调节,使电动机电枢电流 I_a 由最小增加至 I_{aN},同时把各电枢电流对应的数据填至下表。

(4) 实训结束后绘制直流电动机工作特性曲线即 $n=f(I_a)$,$T_L=f(I_a)$,$\eta=f(I_a)$。

表 7-3-1　$U_F=U_{FN}=110$ V　　　$U_a=U_{aN}=110$ V

$I_a(A)$								
$I_G(A)$								
$T_L(N\cdot m)$								
$n(r/min)$								
$P_L(W)$								
$P_e(W)=U_a{}^*I_a$								
$\eta=P_L/P_e{}^*\%$								

2. 测定他励直流电动机的机械特性

直流电动机的工作特性是指在电枢电压 U_a 与励磁电压 U_F 为额定值并保持恒量的条件下,电动机的转速 n 和负载转矩 T_L 之间的关系,即 $n=f(T_L)$。

(1) $U_F=U_{FN}=110$ V,$U_a=U_{aN}=110$ V。

(2) 测功机的阻力转矩 T_L 是由调节测功机输出电流 I_G 来改变的,实训时可以以 I_G 为自变量来调节,然后读取相应的 T_L 与 n 的值。

(3) 实训结束后绘制直流电动机机械特性曲线即 $n=f(T_L)$。

表 7-3-2　$U_F=U_{FN}=110$ V　　　$U_a=U_{aN}=110$ V

$I_G(A)$								
$I_a(A)$								
$T_L(N\cdot m)$								
$n(r/min)$								

四、实训注意事项

1. 测功机使用时,起动时,先把起动限流电阻调至最大,以限制起动电流。

2. 实训时,注意机组运转是否平滑,有无噪音(若振动过大,则表明机组对接不同心,需要重新调整)。

3. 注意电压表和电流表的选择,电压表为并接,电流表为串接,不要搞错。

五、实训报告

实训报告要简明扼要、字迹清楚、图表整洁、结论明确。包括以下内容:

1. 实训名称、专业班级、学号、姓名、实训日期。

2. 绘出实训时所用的电路图,注明电机铭牌数据(P_N、U_N、I_N、n_N)。

3. 根据所得实训数据,绘制出相应的工作特性曲线和机械特性曲线,并分析曲线特点。

4. 每次实训每人独立完成一份报告,按时送交指导教师批阅。

7.4 任务二 他励直流电动机调速特性的研究

一、实训目的

1. 研究他励直流电动机的调压调速特性。

2. 研究他励直流电动机的调磁调速特性。

二、实训电路与实训设备

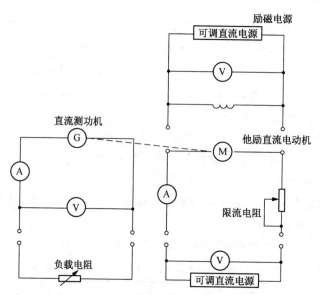

图7-4-1 他励直流电动机实训电路图

所用实训设备为亚龙 YL—195 型装置单元 YL021、YL022、YL023、YL035、YL006、YL024、YL005 和亚龙直流测功机。

三、实训内容与实训步骤

1. 他励直流电动机的调压调速特性研究

对某恒定转矩负载 T_L,改变电枢电压 U_a,电枢电阻和与励磁电压 U_F 保持恒量的条件下,电动机的转速 n 与电枢电压 U_a 的关系,即 $n=f(U_a)$。

(1)按照图7-4-1接好线路,调整直流电源为 $U_F = U_{FN} = 110$ V。

(2)每次合闸起动工作电源前,将限流电阻 YL005 调至最大,起动后减至零。

(3)保持 T_L 为恒量即 $I_G = 1.2$ A。分挡调节 U_a(110 V,100 V,90 V,…,30 V)测定转速的变化。

表 7 - 4 - 1　$U_F = U_{FN} = 110\ V$　$I_G = 1.0\ A$

$U_a(V)$									
$I_a(A)$									
$n(r/min)$									

2. 他励直流电动机的调磁调速特性研究

对某恒定功率 P_L（励磁电压的减少，电机的转速会相应地上升，若负载转矩不变，则输出的机械功率将超过额定值，电动机的电枢电流也将超过额定值，使电机发热严重），在电枢电压 U_a、电枢电阻为额定值并保持恒量的条件下，电动机的转速 n 和负载转矩 T_L 之间的关系，即 $n = f(T_L)$。

(1) 按照图 7 - 4 - 1 接好线路，调整直流电源为 $U_a = U_{aN} = 110\ V$，$P_L = 120\ W$。

(2) 每次合闸起动工作电源前，将限流电阻 YL005 调至最大，起动后减为零。

(3) 保持 P_L 为恒量。分挡调节 U_F（110 V,100 V,90 V,80 V,70 V）测定转速的变化。

表 7 - 4 - 2　$U_a = U_{aN} = 110\ V$, $P_L = 120\ W$

$U_F(V)$									
$I_F(A)$									
$n(r/min)$									

四、实训注意事项

1. 测功机使用时，起动时，先把起动限流电阻调至最大，以限制起动电流。

2. 实训时，注意机组运转是否平滑，有无噪音（若振动过大，则表明机组对接不同心，需要重新调整）。

3. 注意电压表和电流表的选择，电压表为并接，电流表为串接，不要搞错。

五、实训报告

实训报告要简明扼要、字迹清楚、图表整洁、结论明确。包括以下内容：

1. 实训名称、专业班级、学号、姓名、实训日期。

2. 绘出实训时所用的电路图，注明电机铭牌数据（P_N、U_N、I_N、n_N）。

3. 根据所得实训数据，绘制出相应的工作特性曲线和机械特性曲线，并分析曲线特点。

4. 每次实训每人独立完成一份报告，按时送交指导教师批阅。

模块三　拓展性任务

7.5　直流电机常见故障与处理方法

一、直流电动机不能起动

(1) 检查电源是否接通，接通时电源指示灯应亮。

（2）控制箱的线路及其器件有故障，更换故障线路或器件。

（3）负载太大，找出超载原因并排除。

（4）转子被卡住，重新装配电动机。

（5）电源电压过低，提高电源电压。

（6）碳刷不在中心线，调整碳刷位置。

二、直流电动机转速低、运行无力

（1）电源电压低，检查欠压原因。

（2）负载大，检查超载原因并排除。

（3）调速电阻损坏，检查线路和测量排除。

三、直流电动机温度升高

（1）负载太大，减小负载或者停车。

（2）电源超压，减小电源电压，不能排除立即停止使用。

（3）环境温度过高，改善通风条件，降低环境温度。

（4）电机线圈有短路或接地故障，找出短路点或接地点，予以修复。

四、直流电动机噪声大

（1）转子与定子摩擦，拆装并校正。

（2）轴承可能缺少润滑油，更换轴承或加润滑油。

（3）风叶碰壳，重新装配风叶。

（4）地脚螺丝松动，调整并拧紧地脚螺丝。

（5）皮带盘不平衡，调整并校平衡。

五、直流电动机轴承过热

（1）轴承损坏，更换轴承。

（2）轴承油脂过多、过少或有杂质，按标准加润滑脂或更换润滑油脂。

（3）轴承走内圈或走外圆、过紧，检查排除产生的原因并修理。

（4）轴线不对，重新走线。

六、直流电动机换向器火花过大

（1）电刷牌号或尺寸不符合要求，更换合适的电刷。

（2）换向器表面有污垢杂物，清除杂物，灼烧严重时进行修理。

（3）电刷压力太小，调整电刷压力，使用适当尺寸的电刷。

（4）电刷位置不在几何中心线上，调整电刷的位置。

（5）电刷磨损过度，更换电刷。

（6）换向器线圈损坏，修理或更换线圈。

七、直流电动机转速过高

(1) 电枢电压过高,降低电枢电压。
(2) 励磁回路电阻过大,减小励磁回路电阻或修理接触不良的断路点。
(3) 电刷不在中心线上,调整电刷的位置。

项目小结

1. 直流电动机的工作原理是建立在"电生磁、磁生电、电磁生力"的电磁作用原理基础之上的,要熟练掌握电磁学上的右手螺旋定则、右手定则和左手定则,从而确定各物理量的正方向;结合电刷和换向器的作用来理解直流电机的换向。

2. 直流电动机是由静止的磁极和旋转的电枢两大部分组成,两者之间有气隙,使电机中磁和电有相对运动,进行机电能量的转换。

3. 直流电机的磁场是由励磁绕组和电枢绕组共同产生的,电机空载时,只有励磁电流建立的主磁场;负载时电枢绕组有电枢电流流过,产生电枢磁场,电枢电流产生的电枢磁场对主磁场的影响称为电枢反应。

4. 无论发电机还是电动机,负载运行时电枢绕组都产生感应电动势和电磁转矩:$E_a = C_E \varphi n$,E_a的大小,与发电机电枢的转速 n 和磁极磁通 φ 的乘积成正比;$T_{em} = C_T \varphi I_a$,电磁转矩 T_{em} 与定子磁通 φ,电枢电流 I_a 成正比。

5. 直流电机的平衡方程式表达了电机内部各物理量的电磁关系。各物理量之间的关系可用电压平衡方程式、转矩平衡方程式和功率平衡方程式表示。

6. 直流电机的机械特性 $n = f(T_L)$,表示电动机的输出转矩和转速之间的关系。他励电动机的机械特性为硬特性,即电动机的转速随转矩的增加稍有下降。

7. 直流电机起动时要有足够大的起动转矩 T_{st},起动电流 I_{st} 要尽可能小。他励电动机起动时,起动电流可达额定电流的十几倍,足以损坏电动机,所以直流电动机一般不允许直接起动,必须降低电源电压,或在电枢电路串电阻起动。

8. 改变磁通的方向或改变电枢电流的方向,直流电机可以实现反转,但是改变磁通的方向,会产生很大的感应电势,所以换向一般采用改变电枢电流方向的方法。

9. 直流电机常用的调速方法有三种:改变电枢回路串联的电阻大小、减弱励磁的磁通、降低电源电压。三种调速方法各有特点,应按不同场合要求选用。

10. 直流电机制动的特点是电磁转矩的方向和电动机的旋转方向相反。直流电机的电气制动的方法通常有三种:能耗制动、反接制动和回馈制动。三种制动方法也各有其特点,应按不同场合要求选用。

项目思考与习题

1-1　直流电动机的励磁方式可分为:＿＿＿＿、＿＿＿＿、＿＿＿＿和＿＿＿＿。

1-2 电机是利用电和磁相互作用的_____理论来实现能量转换的一种装置。电动机的作用是将_____转换成_____,发电机的作用是将_____转换成_____。

1-3 以电动机为原动机,通过传动机构拖动生产机械进行运行的系统,称为_____。

1-4 电力拖动可分为_____和_____。

1-5 电动机可分为_____和_____两大类。

1-6 电机是一种双向的机电能量转换装置,即电机具有_____。

1-7 直流电机是由_____和_____组成,前者的作用是_____,后者的作用是_____。

1-8 电机定子主要有五个组成部分:_____、_____、_____、_____、_____。

1-9 直流电动机的机械特性是电动机的_____与_____之间的关系。可分为_____和_____。

1-10 直流电动机调速的方法有_____、_____、_____。

1-11 他励电动机的负载转矩一定时,若在电枢回路串入一定的电阻,则转速将( )。

A. 上升　　　　　　　B. 下降　　　　　　　C. 不变

1-12 转速上升调速是( )调速。

A. 调磁　　　　　　　B. 调压　　　　　　　C. 串电阻

1-13 机械特性硬度不变的调速方法是( )。

A. 调磁　　　　　　　B. 调压　　　　　　　C. 串电阻

1-14 静差度 S 越小,表示电动机转速的相对稳定性越( )。

A. 高　　　　　　　　B. 低　　　　　　　　C. 不变

1-15 绝对硬特性是指转矩变化时,转速( )。

A. 上升　　　　　　　B. 下降　　　　　　　C. 不变

1-16 作出他励直流电动机的简单原理接线图。

1-17 作出他励直流电动机固有机械特性曲线。

1-18 他励电动机的励磁电压和电枢电压都为 220 V,励磁电阻为 120 Ω,电枢电阻为 0.2 Ω,额定功率 10 kW,额定转速为 1 000 r/min,效率为 0.8。求:I_f, I_a, E_a, T。

1-19 一台他励直流电动机的额定数据为 $R_a = 0.4$ Ω, $U_N = 220$ V, $n_N = 1 500$ r/min, $I_N = 53.4$ A,保持额定负载转矩不变。求:(1) 电枢回路串入 1.6 Ω 电阻后的稳态转速;(2) 电源电压降为 110 V 时的稳态转速。(3) 磁通减少 30% 时的稳态转速。

项目八 交流异步电动机

1. 了解交流异步电机的基本结构及工作原理。
2. 理解交流电机的磁场分布、感应电动势的产生条件及性质。
3. 熟练掌握交流电机的感应电动势和电磁转矩。
4. 熟练掌握交流电机的工作特性和机械特性。
5. 掌握交流电力拖动系统稳定运行的条件。
6. 熟练掌握交流电机的起动、调速和制动。

1. 懂得电机拖动实训的基本要求,掌握电机拖动实训的基本程序。
2. 掌握交流电机工作特性、机械特性测试方法。
3. 掌握交流电机调压调速、调磁调速的测试方法。
4. 学会交流电机常见故障及其分析方法。

模块一 学习性任务

8.1 任务一 认识交流异步电动机

8.1.1 交流异步电机的概述

　　交流电机的种类与规格很多,按其功能的不同,可分为交流发电机和交流电动机。目前广泛采用的交流发电机是同步发电机,这是一种由原动机拖动旋转(例如火力发电厂的汽轮机、水电站的水轮机)产生交流电能的装置,目前世界各国的电能几乎均由同步发电机产生。交流电动机则是指由交流电能供电,将交流电能转变为机械能的装置。

　　根据电机转子的转速是否和定子磁场旋转速度一致,交流电机可分为异步电机和同步电机两大类。同步电动机是指电动机的转速始终与定子旋转磁场转速一致,不随负载变化而变化的电动机,它主要用于功率较大,转速不要求调节的生产机械,例如大型水电站电机、空气压缩机和矿井通风机等。异步电机是指电机的转速随负载变化稍有变化的旋转电机,这是目前使用最多的电机。因为异步电机拥有结构简单、坚固耐用、维护方便、价格便宜和工作可靠等优点,它是所有电机应用最广泛的一种。例如一般的机床、起重机、传送带、鼓风机、水泵等普遍采用三相异步电动机,各种家用电器、医疗器械和小型机械等都采用单相异步电动机。

据我国及世界上一些发达国家的统计表明,在整个电能消耗中,电动机的耗能约占 60% 左右,而在整个电动机的耗能中,三相异步电动机又居首位。异步电动机存在以下缺点:

(1) 功率因数较差。因为在运行时需从电网中吸取感性无功电流来建立磁场,从而降低了电网的功率因数。

(2) 起动和调速性能较差。

本章重点讲述三相异步电机的工作原理、结构、特性和使用及其维护。

8.1.2　交流异步电动机的基本结构

三相异步电动机的结构主要由定子和转子两大部分组成。转子装在定子腔内,定转子之间有一缝隙,称为气隙。图 8-1-1 所示为异步电动机的结构图。

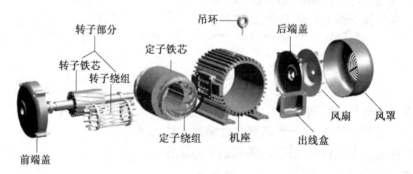

图 8-1-1　笼形异步电动机的构造

一、定子部分

定子部分主要由定子铁芯、定子绕组和机座三部分组成。

定子铁芯是电机磁路的一部分,为减少铁芯损耗,一般由 0.5 mm 厚的导磁性能较好的硅钢片叠成,安放在机座内。定子铁芯叠片冲有嵌放绕组的槽,故又称为冲片。中、小型电机的定子铁芯和转子铁芯都采用整圆冲片,如图 8-1-2 所示。大、中型电机常采用扇形冲片拼成一个圆。为了冷却铁芯,在大容量电机中,定子铁芯分成很多段,每两段之间留有径向通风槽,作为冷却空气的通道。

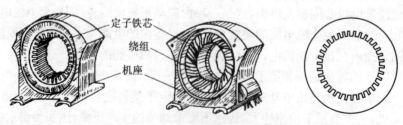

图 8-1-2　定子机座和铁芯冲片

　　定子绕组是电机的电路部分，它嵌放在定子铁芯的内圆槽内。定子绕组分为单层和双层两种。一般小型异步电动机采用单层绕组，大、中型异步电动机采用双层绕组。

　　机座的作用是固定和支撑定子铁芯及端盖，因此，机座应有较好的机械强度和刚度。中小型电动机一般用铸铁机座，大型电动机的机座则用钢板焊接而成。

二、转子部分

　　转子主要由转子铁芯、转子绕组和转轴三部分组成。整个转子靠端盖和轴承支撑着。转子的主要作用是产生感应电流，形成电磁转矩，以实现机电能量的转换。

　　转子铁芯是电机磁路的一部分，通常为圆柱形，一般也用 0.5 mm 厚的硅钢片叠成，压制在转轴上。转子铁芯叠片冲有嵌放绕组的槽。转子铁芯固定在转轴或转子支架上。

　　按转子绕组的结构形式，异步电动机分为笼型转子和绕线转子两种。笼型转子绕组是由嵌在转子铁芯槽内的若干铜条组成的，两端分别焊接在两个短接的端环上。如果去掉铁芯，整个转子绕组的外形就像一个笼子，故称笼型转子。中小型笼型异步电动机大都在转子铁芯槽中浇注铝液，铸成笼型绕组，同时在端环铸出许多叶片，作为冷却的风扇。笼型转子的结构如图 8-1-3 所示。

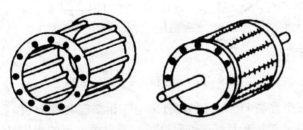

图 8-1-3　笼形转子

　　绕线转子的绕组与定子绕组相似，在转子铁芯槽内嵌放对称的三相绕组，作星形连接。三个绕组的三个尾端连接在一起，三个首端分别接到装在转轴上的三个铜制集电环上，通过电刷与外电路的可变电阻器相连，如图 8-1-4 所示，以改善电动机的起动和调速性能。

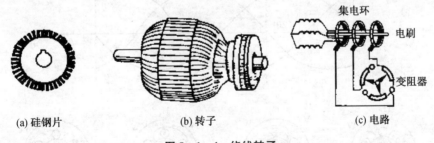

(a) 硅钢片　　　　　　(b) 转子　　　　　　(c) 电路

图 8-1-4　绕线转子

　　绕线转子异步电机由于其结构复杂，价格较高，一般只用于对起动和调速有较高要求的场合，如立式机床、起重机等。实际应用中，如笼型异步电动机由于构造简单、价格低廉、工作可靠、维护方便，已成为生产上应用得最广泛的一种电动机。所以本教材以笼形电机为主。

8.1.3　三相异步电动机的工作原理

三相异步电动机是利用定子绕组中的三相交流电流所产生的旋转磁场与转子绕组内的感应电流相互作用而产生转矩的。因此,先要分析旋转磁场的产生和特点,然后再讨论转子的转动。

一、定子的旋转磁场

如图 8-1-5 是一个最简单的三相定子绕组(为了便于说明问题,每相绕组只用一匝线圈来表示)。在定子铁芯的槽内按空间相隔 120°安放三个相同的绕组 U_1U_2、V_1V_2 和 W_1W_2 将它们作星形连接。

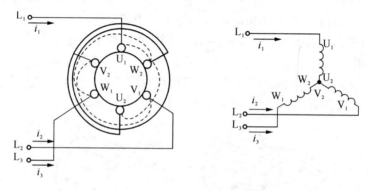

图 8-1-5　三相定子绕组的布置

当定子绕组的三个首端 U_1、V_1 和 W_1 分别与三相交流电源 L_1、L_2 和 L_3 接通时,定子绕组中便有对称的三相交流电流 I_1、I_2、和 I_3 流过。若电源电压的相序是 1→2→3,电流参考方向如上图 8-1-5 所示,即从首端 U_1、V_1、和 W_1 流入,末端 U_2、V_2、和 W_2 流出,则三相电流的波形如图 8-1-6 上面部分所示,它们空间相差 120°。

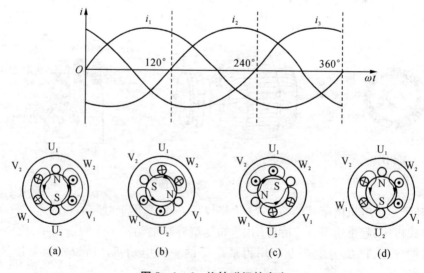

图 8-1-6　旋转磁场的产生

下面分析三相交流电在铁芯内部空间产生的合成磁场。在 $\omega t=0$ 时刻,i_1 为 0,U_1U_2 绕组此时无电流;i_2 为负,电流的真实方向与参考方向相反,即从末端 V_2 流入,从首端 V_1 流出;i_3 为正,电流的真实方向与参考方向一致,即从首端 W_1 流入,从末端 W_2 流出,如图 8-1-6(a)所示。将每相电流产生的磁场相加,便得出三相电流共同产生的合成磁场,这个合成磁场此刻在转子铁芯内部空间的方向是自上而下,相当于是一个 N 极在上,S 极在下的两极磁场。

用同样的方法可画出 ωt 分别为 120°、240°、360°时各相电流的流向及合成磁场的磁感线方向,如图 8-1-6 (b)(c)(d)所示,而 $\omega t = 360°$时,电流流向与 $\omega t = 0$ 时完全一样。

若进一步研究其他瞬时的合成磁场可以发现,各瞬时的合成磁场的磁通大小和分布情况都相同,但方向各不相同,且向一个方向旋转。由于三相电流是连续变化的,所以磁场在空间的位置改变也是连续的,当正弦交流电变化一周时,合成磁场在空间也正好旋转了一周。合成磁场的磁通大小,就等于通过每相绕组的磁通最大值。

由上述分析,可得出如下的结论:

(1) 旋转磁场的产生:在定子的三个空间上互差 120°的绕组中分别通入在相位上互差 120°的三相交流电时,所产生的合成磁场是一个旋转磁场。

(2) 旋转磁场的转速:上述电动机每相只有一个线圈,分别放置在定子铁芯的 6 个槽内,在这种条件下所形成的旋转磁场只有一对 N、S 磁极(2 极)在旋转。如果每相有两个线圈,分别放置在定子铁芯的 12 个槽内,则可形成两对 N、S 磁极(4 极)的旋转磁场,用上面的分析方法不难证明,当电流变化一个周期时,N 极变为 S 极再变为 N 极,在空间只转动了半周。定子采取不同的结构和接法还可以获得 3 对(6 极) 4 对(8 极) 5 对(10 极)等不同极对数的旋转磁场。

如前所述,一对磁极的旋转磁场当电流变化一周时,旋转磁场在空间正好转过一周。对 50 Hz 的工频交流电来说,旋转磁场每秒钟将在空间旋转 50 周。其转速为

$$n_1 = 60 f_1 = 60 \times 50 \text{ r/min} = 3\ 000 \text{ r/min}$$

若旋转磁场有两对磁极,则电流变化一周,旋转磁场只转过半周,比一对磁极情况下的转速慢了一半,即

$$n_1 = 60 f_1 / 2 = 1\ 500 \text{ r/min}$$

同理,在三对磁极的情况下,电流变化一周,旋转磁场仅旋转 1/3 周,即

$$n_1 = 60 f_1 / 3 = 1\ 000 \text{ r/min}$$

依此类推,当旋转磁场具有 P 对磁极时,旋转磁场的速度(r/min)为

$$n_1 = \frac{60 f_1}{P} \tag{8-1-1}$$

旋转磁场的转速 n_1 又称同步转速。由式 8-1-1 可知,它取决于定子电源频率 f_1 和旋转磁场的磁极对数 P。当电源频率 $f_1 = 50$ Hz 时,同步转速 n_1 与磁极对数 P 的关系如表 8-1-1 所示。

表 8-1-1　$f_1 = 50$ Hz 的同步转速

磁极对数 P	1	2	3	4	2
同步转速 n_1(r/min)	3 000	1 500	1 000	750	600

（3）旋转磁场的转向

旋转磁场在空间的旋转方向是由电流相序决定的，设电源的相序为 1 →2 →3，则图 8-1-6 所示的旋转磁场是按顺时针方向旋转的，磁场 N 极从与电源 L_1 相连接的 U_1 出发，先经过与电源 L_2 相连接的 V_1，再经过与电源 L_3 相连接的 W_1，然后回到 U_1，如图 8-1-7(a)所示。若把定子绕组与三相电源相连的三根导线中的任意两根对调位置，则旋转磁场将反向旋转，例如绕组 U_1 接电源 L_1 相不变，把绕组 V_1 改接电源 L_3 相，把绕组 W_1 改接电源 L_2 相，即流过绕组 U_1U_2 的电流仍为 i_1，而流过绕组 V_1V_2 的电流变为 i_3，流过 W_1W_2 的电流变为 i_2。也就是说电源的相序仍为 1 →2 →3 不变，而通过三相定子绕组中电流的相序由 U →V →W 变为 U →W →V，则按前述同样分析可得出旋转磁场将按逆时针方向旋转，即从 U_1 经 W_1 再经 V_1 回到 U_1，如图 8-1-7(b)所示。如果 L_3 相不变，而把 L_1、L_2 相对调，则旋转磁场也按逆时针方向旋转，如图 8-1-7(c)所示。也就是说，把定子绕组与三相电源连接的三根导线中的任意两根对调，旋转磁场的转向便会改变。

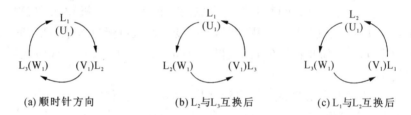

图 8-1-7　旋转磁场的转向与电流相序的关系

二、转子的转动

设某瞬间定子电流产生的磁场如图 8-1-8 所示，它以同步转速 n_1 按顺时针方向旋转，与静止的转子之间有着相对运动，这相当于磁场静止而转子导体朝逆时针方向切割磁感线，于是在转子导体中就会产生感应电动势，其方向可用右手定则来确定。由于转子电路通过短接端环（绕线转子通过外接电阻）自行闭合，所以在感应电动势作用下将产生转子电流 I_2(图 8-1-8 中仅标出上、下两根导线中的电流)。通有电流 I_2 的转子导体因处于磁场中，又会与磁场互相作用，根据左手定则，便可确定转子导体受

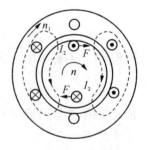

图 8-1-8　异步电动机的转动原理

磁场力 F 作用的方向。电磁力 F 对转轴形成的电磁转矩 T，其方向与旋转磁场的方向一致，于是转子就顺着旋转磁场的方向转动起来。

由以上分析可知，异步电动机转子转动的方向与旋转磁场的方向一致，但转速 n 不可能达到与旋转磁场的转速 n_1 相等，因为产生电磁转矩需要转子中存在感应电动势和感应电流，如果转子转速与旋转磁场转速相等，两者之间就没有相对运动，磁感线就不切割转子导

体,则转子电动势、转子电流及电磁转矩都不存在,转子也就不可能继续以 n_1 的转速转动。所以转子转速与旋转磁场转速之间必须有差别,即 $n < n_1$。这就是"异步"电动机名称的由来(另有一种交流电动机,其转子的转速与旋转磁场的转速相等,称为同步电动机)。另外,由于异步电动机的运转是靠电磁感应的作用,所以异步电动机也称为"感应电动机"。

三、转差率

同步转速 n_1 与转子转速 n 之差称为转速差,转速差与同步转速的比值称为转差率,用 s 表示,即

$$s = \frac{n_1 - n}{n_1} \tag{8-1-2}$$

转差率是分析异步电动机运行情况的一个重要参数。例如起动时,$n = 0$,$s = 1$,转差率 s 最大;稳定运行时 n_1 接近 n,s 很小;额定运行时 s 约为 $0.01 \sim 0.06$;空载时 s 在 0.005 以下;若转子的转速等于同步转速,即 $n_1 = n$,则 $s = 0$,这种情况称为理想空载状态,在异步电动机实际运行中是不存在的。

由上述分析还可知道,异步电动机转子的转动方向总是与旋转磁场的转向一致,如果旋转磁场反转,则转子也随之反转。因此,若要改变三相异步电动机的旋转方向,只需把定子绕组与三相电源连接的三根导线对调任意两根以改变旋转磁场的转向即可。

例 8-1-1　一台三相异步电动机的额定转速 $n_N = 1\,460$ r/min,电源频率 $f = 50$ Hz,求该电动机的同步转速、磁极对数和额定运行时的转差率。

解:由于电动机的额定转速小于且接近于同步转速,对照表 8-1-1可知,与 1 460 r/min 最接近的同步转速为 $n_1 = 1\,500$ r/min,与此对应的磁极对数 $p = 2$,是 4 极电动机。

额定运行时的转差率为

$$s = \frac{n_1 - n}{n_1} = \frac{1\,500 - 1\,460}{1\,500} = 0.026\,7$$

8.1.4　三相异步电动机的铭牌数据

每台电动机出厂前,制造厂家为了方便用户使用,在机座外面钉上一块铭牌,如图 8-1-9所示,上面打印着这台电动机的型号、各种额定值、一些基本数据以及使用方式等。看懂铭牌是正确使用电动机的先决条件。下面说明铭牌数据的含义。

一、型号

(1) Y160L-4

Y—(笼型)异步电动机(YR 代表绕线转子异步电动机,YB 代表隔爆型异步电动机,YZ 代表起重冶金用异步电动机,YZR 代表冶金用绕线转子异步电动机,YQ 代表高起动转矩异步电动机。

160:机座中心高为 160 mm;

L:长机座(s 表示短机座,M 表示中机座);

4:4 极电动机;

(2) 额定功率 P_N:指电动机在额定运行时,轴上输出的机械功率,单位 kW,本例 $P_N=2.2$ kW。

(3) 噪声量 dB:为了降低电动机运转时带来的噪声,目前电动机都规定噪声指标,该指标随电动机容量及转速的不同而不同(容量及转速相同的电动机,噪声指标又分"1"、"2"两段)。中小型电动机噪声量的大致范围在 50 至 100 dB 之间,本例电动机噪声为 67 dB。

三相异步电动机					
型号 Y160L‐4		NO			
2.2 kW		380Y/220△V			
6.2/10.6 A		950 RPM			
67 dB	50 Hz	S1	B级绝缘	IP‐44	kg
1.8 mm/s		标准编号		年　月	

图 8‐1‐9　铭牌数据

二、电压

电压是指电动机定子绕组应加的线电压有效值,即电动机的额定电压。Y 系列三相异步电动机的额定电压为 380 V。

某些电动机铭牌上有两种电压值,如 380 V/220 V,是对应于定子绕组采用 Y/△两种连接时应加的线电压有效值。当电源线电压为 380 V 时,电动机应接成 Y 形;当电源线电压为 220 V 时。电动机应接成△形。在两种连接中,电动机的相电压相等,这样就保证了相电流及功率也相等。

三、频率

频率是指电动机所用交流电源的频率,我国电力系统规定为 50 Hz。

四、功率

功率是指在额定电压、额定频率下满载运行时电动机轴上输出的机械功率,即额定功率。

五、电流

电流是指电动机在额定运行(即在额定电压、额定频率下输出额定功率)时,定子绕组的线电流有效值,即额定电流。标有两种额定电压的电动机相应标有两种额定电流值。如 6.2 A/10.6 A 表示当定子绕组作 Y 形连接时,其额定电流为 6.2 A;而作△形连接时,其额定电流为 10.6 A。这两种情况下每相定子绕组上的电流都是 6.2 A。

六、连接方式

电动机在额定电压下,三相定子绕组应采用的连接方法:Y 系列三相异步电动机规定额定功率在 3 kW 及以下的为 Y 形连接,4 kW 及以上的为△形连接。

铭牌上标有两种电压、两种电流的电动机,应同时标明 Y/△形连接。

三相定子绕组的两种连接方法请参见图 8‐1‐10。

三相绕组是用绝缘铜线或铝线绕制成三相对称的绕组,按一定的规则连接嵌放在定子槽中。过去用 A、B、C 表示三相绕组始端,X、Y、Z 表示其相应的末端,这六个接线端引出至接线盒。按现国家标准,始端标以 U_1、V_1、W_1,末端标以 U_2、V_2、W_2。三相定子绕组可以接成如下图所示的星形或三角形,但必须视电源电压和绕组额定电压的情况而定。三相绕组的连接见图 8 – 1 – 10。

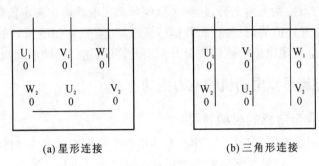

(a) 星形连接　　　　　　　　　(b) 三角形连接

图 8 – 1 – 10　三相异步电机定子绕组接法

七、工作方式

S_1 表示连续工作,允许在额定情况下连续长期运行,如水泵、通风机、空气压缩机等设备所用的电动机。

S_2 表示短时工作,是指电动机工作时间短(在运行期间,电动机未达到允许温升),而停车时间长(足以使电动机冷却到接近周围媒质的温度)的工作方式,例如水坝闸门的启闭,机床中尾架、横梁的移动和夹紧等。

S_3 表示断续周期工作,又叫重复短时工作,是指电动机运行与停车交替的工作方式,如起重机等。

工作方式为短时和断续的电动机若以连续方式工作时,必须相应减轻其负载,否则电动机将因过热而损坏。

八、绝缘等级

绝缘等级是按电动机所用绝缘材料允许的最高温度来分级的,有 A、E、B、F、H、C 等几个等级,如表 8 – 1 – 2 所示。目前一般电动机采用较多的是 E 级绝缘和 B 级绝缘。

表 8 – 1 – 2　绝缘等级

绝缘等级	A	E	B	F	H	C
最高允许温度℃	105	120	130	155	180	＞180

在规定的温度内,绝缘材料能保证电动机在一定时期内(一般为 15～20 年)可靠地工作,如果超过上述温度,绝缘材料老化加剧,寿命将大大缩短,一般每超过 8℃,寿命减少一半。

九、温升

电动机的温升是指允许电动机绕组温度高出周围环境温度的最大温差。例如,我国规定环境温度以 40℃ 为标准,电动机铭牌上温升为 75℃,则允许电动机绕组的最高温度为 (40+75)℃＝115℃。由于实际测得的电动机最高温度不是电动机绕组真正的最高温度,因此规定的电动机允许最高温度比其所用绝缘材料的最高允许温度低。

电动机在工作时的损耗都会变成热能而使其温度上升,当电动机的温度与周围介质的温差越大时,它的散热也越快,当电动机在单位时间内向周围散发的热量等于其损耗所产生的热量时,电动机的温度就不再上升,达到了稳定状态。电动机在额定负载范围内正常运行时,温升是不会超出允许值的,只有在超载运行或故障运行(例如电压过低或三根电源线中断掉一根)时,由于电流超出额定值而使温升超出允许值,这将影响电动机的寿命。

8.2　任务二　交流异步电动机的电力拖动

8.2.1　三相异步电机的机械特性

在电源的电压和频率固定为额定值时,电动机产生的电磁转矩 T 与转子转速 n 的关系称为电动机的机械特性,这种关系用曲线表示称为电动机的机械特性曲线,三相异步电动机的机械特性曲线大致如图 8-2-1 所示。

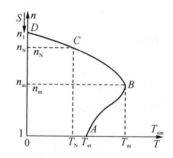

图 8-2-1　三相异步电动机的机械特性曲线

机械特性曲线上值得注意的是四个特殊工作点和两段运行区。

一、特殊工作点

机械特性曲线上有四个特殊点,它们决定了曲线的基本形状和电动机的运行性能。这四个特殊点是:

(1) 同步转速点 $D(n \approx n_1, s = 0, T_{em} = 0)$,$D$ 点是电动机的理想空载点,电动机空载是指电动机通电后已经转动但轴上没有带任何机械,此时电动机的电磁转矩 T_{em} 只是克服电动机本身的机械摩擦和风扇的阻力。由于空载转矩很小,故空载转速 n 接近同步转速 n_1。同步转速又称为理想空载转速。

(2) 额定工作点 $C(n = n_N, s = s_N, T_{em} = T_N)$,电动机的电磁转矩为额定转矩 T_N 时,电动机的转速为额定转速 n_N。

额定转矩是电动机在额定电压下,以额定转速运行,输出额定功率时,其轴上输出的转矩。因为电动机转轴上输出的机械功率等于角速度 ω 和转矩 T 的乘积,即 $P = T\omega$,故

$$T_N = \frac{T_N}{\omega_N} = \frac{P_N \times 10^3}{\dfrac{2\pi n_N}{60}} = 9\,550\,\frac{P_N}{n_N} \qquad (8-2-1)$$

式中，ω 的单位为 rad/s；P_N 的单位为 kW；n 的单位为 r/min；T_N 的单位为 N·m。

异步电动机若运行于额定工作点或其附近，其效率及功率因数均较高。一般不允许电动机在超过额定转矩的负载下长期运行，以免电动机出现过热现象，但允许短时过载运行。

（3）临界点 $B(n=n_m, s=s_m, T_{em}=T_m)$，对应于临界点的电磁转矩是电动机的最大转矩 T_m，此时的转速为临界转速 n_m。

最大转矩 T_m 是电动机能够提供的极限转矩。异步电动机在运行中经常会遇到短时冲击负载，如果冲击负载转矩小于最大转矩 T_m，电动机仍能够运行，而且短时过载也不会引起剧烈发热。为了描述电动机瞬间的过载能力，通常用最大转矩与额定转矩的比值 T_m/T_N 来表示，称为过载系数 λ_m，即

$$\lambda_m = \frac{T_m}{T_N} \tag{8-2-2}$$

过载系数 λ_m 越大，电动机适应电源电压波动的能力及短时过载的能力就越强。λ_m 值在电动机的技术数据中可以查到，一般在 $1.6 \sim 2.5$ 的范围内，特殊用途电动机的 λ_m 可达 3 或更大。

例 8-2-1 已知两台异步电动机的额定功率都是 5.5 kW，其中一台电动机额定转速为 2 900 r/min，过载系数为 2.2，另一台的额定转速为 960 r/min，过载系数为 2.0，试求它们的额定转矩和最大转矩各为多少？

解 第一台电动机的额定转矩

$$T_{N1} = 9\,550\,\frac{P_{N1}}{n_{N1}} = 9\,550\,\frac{5.5}{2\,900} \approx 18.1 \text{ N·m}$$

最大转矩

$$T_{m1} = \lambda_1 T_{N1} = 2.2 \times 18.1 \approx 39.8 \text{ N·m}$$

第二台电动机的额定转矩

$$T_{N2} = 9\,550\,\frac{P_{N2}}{n_{N1}} = 9\,550\,\frac{5.5}{960} \approx 54.7 \text{ N·m}$$

最大转矩

$$T_{m2} = \lambda_2 T_{N2} = 2.0 \times 54.7 \approx 109 \text{ N·m}$$

此例说明，若电动机的输出功率相同，转速不同，则转速低的转矩较大。

（4）起动点 $A(n=0, s=1, T_{em}=T_{st})$

电动机在被接通电源起动的最初瞬间，转速为零，这时电动机所产生的电磁转矩就是起动转矩 T_{st}。显然，只有当起动转矩大于负载转矩时，电动机才能起动。起动转矩大于额定转矩时，电动机才能满载起动。异步电动机的起动能力通常用起动转矩与额定转矩的比值 T_{st}/T_N 来表示，称为起动系数

即

$$\lambda_{st} = \frac{T_{st}}{T_N} \tag{8-2-3}$$

起动系数 λ_{st} 越大,电动机带动负载起动的能力就越强,起动过程历时就越短。起动系数的值也可在电动机的技术数据中查到。一般三相笼型异步电动机的起动系数约为 1.0~2.2。

二、运行区

以临界工作点为界,机械特性曲线分为两个运行区,从空载点到临界点为稳定区,从起动点到临界点为不稳定区。在稳定区内,电动机的转矩随转速的升高而减小,随转速的降低而增大;在不稳定区内,转矩随转速的变化情况相反。

(1) 稳定区

当电动机工作在稳定区上某一点时,电磁转矩 T 能自动地与轴上的负载转矩 T_L 相平衡(忽略空载损耗转矩 T_0)而保持匀速转动。如果负载转矩 T_L 变化,电磁转矩 T 将自动适应随之变化,达到新的平衡而稳定运行。

现以图 8-2-2 来说明,例如当轴上的负载转矩 $T_L = T_a$ 时,电动机匀速运行在 a 点,此时的电磁转矩 $T = T_a$,转速为 n_a。如果 T_L 增大到 T_b,在最初瞬间由于机械惯性的作用,电动机转速仍为 n_a,因而电磁转矩不能立即改变,故 $T < T_L$,于是转速 n 下降,工作点将沿机械特性曲线下移,电磁转矩自动增大,一直增大到 $T = T_b$,即 $T = T_L$ 时,n 不再降低,电动机便稳定运行在 b 点,即在较低的转速下达到新的平衡。同理,当负载转矩 T_L 减小时,工作点上移,电动机又可自动调节到较高的转速下稳定运行。

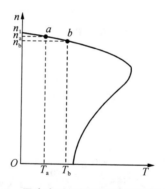

图 8-2-2　异步电动机自动适应机械负载的变化

由此可见,电动机在稳定运行时,其电磁转矩和转速的大小都取决于它所拖动的机械负载。异步电动机机械特性的稳定区比较平坦,当负载在空载与额定值之间变化时,转速变化不大,一般仅为百分之几,这样的机械特性称为硬特性,三相异步电动机的这种硬特性很适合于金属切削机床等工作机械的需要。

(2) 不稳定区

如果电动机工作在不稳定区,则电磁转矩不能自动适应负载转矩的变化,因而不能稳定运行。例如负载转矩 T_L 增大,使转速 n 降低时,工作点将沿机械特性曲线下移,电磁转矩反而减小,会使电动机的转速越来越低,直到停转,这种现象称为堵转(也称闷车);当负载转矩减小时,电动机转速又会越来越高,直至进入稳定区运行。

由于临界点是机械特性上稳定区和不稳定区的分界点,故电动机运行中的机械负载不可超过最大转矩,否则工作点从稳定区下移将越过临界点进入不稳定区,电动机的转速将越来越低,很快导致堵转。电动机发生堵转时,$n = 0$,转子导体与旋转磁场相对切割速度最大,转子电路的电动势和电流达到最大,定子电流一般要上升到额定电流的 4～7 倍,时间一长,电动机会因过热而烧毁。因此,异步电动机在运行中应注意避免出现堵转,一旦出现堵转应立即切断电源。

起动时,如果起动转矩小于负载转矩,即 $T_{st} < T_L$,则电动机不能起动。这时与堵转情况一样,电动机的电流达到最大,容易过热。因此当发现电动机不能起动时,应立即断开电源,停止起动。只有在减轻负载或排除故障后才能重新起动。

如果起动转矩大于负载转矩,即 $T_{st} > T_L$,则电动机的工作点会从起动点开始沿着机械特性曲线上升,转速 n 越来越高,电磁转矩 T 随之逐渐增大,很快越过临界工作点,然后随着 n 的升高,T 又逐渐减小,直到 $T = T_L$ 时,电动机就以某一转速稳定运行。由此可见,只要异步电动机的起动转矩大于负载转矩,一经起动,便迅速进入机械特性的稳定区运行。

三、影响机械特性的两个人为因素

每台电动机都有一定的机械特性,但可以通过降低外加电压和增大转子电阻来改变电动机的机械特性。

图 8 - 2 - 2 和图 8 - 2 - 3 分别为外加电压 U_1 降低时和转子电阻 R_2 增大时的机械特性曲线。可以看出,当外加电压 U_1 下降时,临界点左移,即最大转矩和起动转矩明显下降(电磁转矩与定子电压的平方成正比),但临界转速不变;当转子电路电阻 R_2 增大时,临界点下移,即最大转矩 T_m 不变,但临界转速降低。

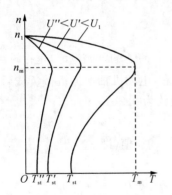

图 8 - 2 - 2　外加电压对机械特性的影响

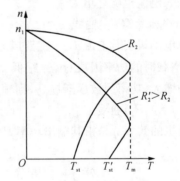

图 8 - 2 - 3　转子电阻对机械特性的影响

四、运行特性

异步电动机从空载到满载,对应于机械特性曲线是稳定区中从空载点到额定工作点的一段,如图 8 - 2 - 4 中粗实线所示。为了正确合理地使用电动机,提高运行效率,节约能源,应了解不同负载情况下电动机的运行情况。

当电源电压 U_1 和电源频率 f_1 固定为额定值时,电动机定子电流 I_1、定子电路的功率因数 $\cos\varphi_1$ 以及电动机效率 η 与电动机输出机械功率 P_2 之间的关系,称为电动机的运行特性。这些关系可用 $I_1 = f(P_2)$、$\cos\varphi_1 = f(P_2)$ 和 $\eta = f(P_2)$ 三条曲线表示,如上图 8 - 2 - 5 所示。

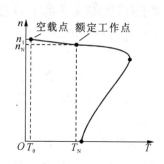

图 8-2-4　空载到满载的稳定工作区

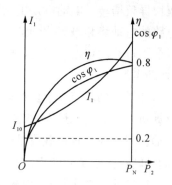

图 8-2-5　异步电动机的运行特性曲线

（1）$I_1 = f(P_2)$ 曲线

空载时，定子绕组中的电流称为空载电流，用 I_{10} 表示。与变压器相比，相同容量的电动机，空载电流要比变压器大得多。大型电动机的空载电流约为额定电流的 20%，小型电动机甚至能达到额定电流的 50%，因此电动机的空载电流不可忽略。

造成上述结果的原因是：旋转磁场的磁通要经过定子与转子之间的空气隙，使磁路的磁阻增大，于是产生磁通所需的励磁电流也增大；另一方面，空载时除有一定的铁损耗和铜损耗外，还有一定的机械损耗，根据能量守恒原理，定子绕组必须向电源取用一定的功率，为此，电动机的空载电流也要相应增大。

电动机轴上加机械负载后，随着负载转矩的增大，输出功率 P_2 也增大，转速有所降低，转子与旋转磁场之间的相对转速增大，使转子绕组感应电流增大。根据能量守恒原理，定子绕组的输入电流也随之增大。

（2）$\cos\varphi_1 = f(P_2)$ 曲线

异步电动机空载电流 I_{10} 中主要成分是用来产生工作磁通的励磁电流，是接近纯电感性的，所以空载时的功率因数 $\cos\varphi_1$ 很低，一般在 0.2 左右，电动机轴上加机械负载后，随着输出功率的增大，功率因数逐渐提高，到额定负载时一般约为 0.7～0.9。

（3）$\eta = f(P_2)$ 曲线

电动机的效率 η 是指其输出功率 P_2 与输入功率 P_1 的比值，即

$$\eta = \frac{P_2}{P_1} \times 100\% = \frac{P_2}{\sqrt{3}U_L I_L \cos\varphi_1} \times 100\%$$
$$= \frac{P_2}{P_2 + \Delta P_{Cu} + \Delta P_{Fe} + \Delta P_m} \times 100\%$$

式中，ΔP_{Cu}、ΔP_{Fe} 和 ΔP_m 分别为铜损耗、铁损耗和机械损耗。

空载时，$P_2 = 0$，而 $P_1 > 0$，故 $\eta = 0$；随着负载的增大，开始 η 上升很快，后因铜损耗迅速增大，η 反而有所下降，η 的最大值一般出现在额定负载的 80% 附近，其值约为 80%～90%。

由图 8-2-5 可见，三相异步电动机在其额定负载的 70%～100% 时运行，其功率因数和效率都比较高，因此应该合理选用电动机的额定功率，使它运行在满载或接近满载的状态，尽量避免或减少轻载和空载运行的时间。

8.2.2　三相异步电机的起动

异步电动机在接通电源后,从静止状态到稳定运行状态的过渡过程,称为起动过程。在起动的瞬间,由于转子尚未加速,此时 $n=0,S=1$,旋转磁场以最大的相对速度切割转子导体,转子感应电动势和电流最大,致使定子起动电流也很大,其值约为额定电流的 4 至 7 倍。尽管起动电流很大,但因功率因数甚低,所以起动转矩较小。

过大的起动电流会引起电网电压的明显降低,而且还影响接在同一电网上的其他用电设备的正常运行,严重时连电动机本身也转不起来。如果是频繁起动,不仅使电动机温度升高,还会产生过大的电磁冲击,影响电动机的寿命。起动转矩小会使电动机起动时间拖长,既影响生产效率又会使电动机温度升高,如果小于负载转矩,电动机就根本不能起动。

根据异步电动机存在着起动电流很大,而起动转矩却较小的问题,必须在起动瞬间限制起动电流,并应尽可能地提高起动转矩,以加快起动过程。

对于容量和结构不同的异步电动机,考虑到大小与性质不同的负载,以及电网的容量,解决起动电流大、起动转矩小的问题,要采取不同的起动方式。下面对笼型异步电动机和绕线转子异步电动机常用的几种起动方式进行讨论。

一、笼型异步电动机的起动

（一）直接起动

所谓直接起动,就是利用刀开关或接触器将电动机定子绕组直接接到额定电压的电源上,故又称全压起动。直接起动的优点是起动设备与操作都比较简单,其缺点就是起动电流大、起动转矩小。对于小容量笼型异步电动机,因电动机起动电流较小,且体积小、惯性小、起动快,一般说来,对电网、电动机本身都不会造成影响。因此,可以直接起动,但必须根据电源的容量来限制直接起动电动机容量。

（二）降压起动

对中、大型笼形异步电动机,可采用降压起动方法,以限制起动电流。待电动机起动完毕,再恢复全压工作。但是降压起动的结果,会使起动转矩下降较多。所以降压起动只适用于在空载或轻载情况下起动电动机。下面介绍几种常用的降压起动方法。

（1）定子电路串接电阻起动

在定子电路中串接起动电阻。起动时,先合上电源隔离开关,将起动电阻串接于定子绕组电路中,待转速接近稳定值时,将起动电阻短接,使电动机恢复正常工作情况。由于起动时,起动电流在起动电阻上产生一定电压降,使得加在定子绕组端的电压降低了,因此限制了起动电流。

调节电阻的大小可以将起动电流限制在允许的范围内。采用定子串电阻降压起动时,虽然降低了起动电流,但也使起动转矩大大减小。定子串电阻降压起动,只适用于空载或轻载起动。由于采用电阻降压起动时损耗较大,它一般用于低压电动机起动中。

（2）星(Y)-三角(△)降压起动

星形-三角形降压起动只适用于正常运行时定子绕组是三角形连接的三相异步电动机,起动时可以采用星形连接,使电动机每相所承受的电压降低,因而降低了起动电流,起动完毕,再接成三角形,故称这种起动方式为星-三角降压起动。起动接线原理图如图 8-2-6 所示。

设电动机的额定电压为 U_N，每相漏阻抗为 Z_s，可得：

Y 形连接时起动电流为

$$I_{stY} = \frac{U_N/\sqrt{3}}{Z_s} \tag{8-2-4}$$

△形连接时直接起动电流（线电流）为

$$I_{st\triangle} = \sqrt{3}\frac{U_N}{Z_s} \tag{8-2-5}$$

于是得到起动电流减小的倍数为

$$\frac{I_{stY}}{I_{st\triangle}} = \frac{1}{3} \tag{8-2-6}$$

可得到起动转矩减小的倍数为

$$\frac{T_{stY}}{T_{st\triangle}} = \frac{1}{3} \tag{8-2-7}$$

星-三角降压起动时，先将开关 QS_2 投向起动侧，将定子绕组接成星形（Y）连接，然后合上 QS_1 进行起动。星-三角降压起动操作方便，起动设备简单，成本低，运行比较可靠，所以广为应用。但它仅适于正常运行时定子绕组作三角形连接的电动机，因此作一般用途的小型异步电动机，当容量大于 4 kW 时，定子绕组都采用三角形连接。由于起动转矩变为直接起动转矩的三分之一，这种起动方法多用于空载或轻载起动。

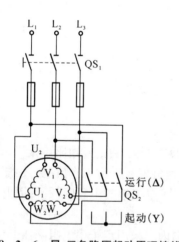

图 8-2-6　星-三角降压起动原理接线图

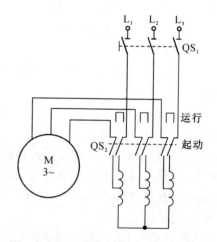

图 8-2-7　自耦降压起动原理接线图

（3）自耦变压器降压起动

自耦减压起动就是用自耦变压器减压起动，其电路如图 8-2-7 所示。三相自耦变压器接成星形，用一个六刀双掷转换开关 QS_2 来控制变压器接入或脱离电路。起动时把 QS_2 扳在起动位置，使三相交流电源接入自耦变压器的一次绕组，而电动机的定子绕组则接到自耦变压器的二次绕组，这时电动机得到的电压低于电源电压，因而减小了起动电流。待电动机转速升高接近稳定时，再把 QS_2 从起动位置迅速扳到运行位置，让定子绕组直接与电源相连,自耦变压器则与电路脱离。

自耦减压起动时,电动机定子电压降为直接起动时的 $1/K$(K 为变比),定子电流(即变压器二次绕组电流)也降为直接起动时的 $1/K$,而变压器一次绕组电流则要降为直接起动时的 $1/K^2$;由于电磁转矩与外加电压的平方成正比,故起动转矩也降低为直接起动时的 $1/K^2$。起动用的自耦变压器专用设备称为自耦减压起动器(曾称为起动补偿器),它通常有两至三个抽头,输出不同的电压,例如分别为电源电压的 80% 和 60%,可供用户选用。

自耦变压器的体积大、重量重,价格较高,维修麻烦,且不允许频繁起动。一般应用在功率较大或者不能用 Y-△ 起动的场合。自耦变压器容量的选取,一般等于电动机的容量;每小时内允许连续起动的次数和每次起动的时间,在产品说明书上都有明确的规定,选配时应注意。

二、绕线转子异步电动机的起动

对于笼型异步电动机,无论采用哪一种降压起动方法来减小起动电流,电动机的起动转矩都随之减小。所以,对某些重载下起动的生产机械(如起重机、带运输机等)不仅要限制起动电流,而且还要求有足够大的起动转矩,在这种情况下就基本上排除了采用笼型转子异步电动机的可能性,而采用起动性能较好的绕线式异步电动机。通常绕线转子异步电动机用转子电路串接电阻方法实现起动。

如图 8-2-8 所示,起动时先将起动变阻器的阻值调至最大,然后合上电源开关 QS,转子开始旋转后,随着转速的升高,逐级减小电阻,待转速接近额定值时,把变阻器短接,使电动机正常运行。

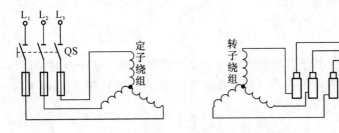

图 8-2-8 转子串电阻起动

在绕线转子异步电动机转子电路中串入电阻起动,有两个作用:

① 使转子电路电阻增加,限制转子绕组的起动电流,从而使定子电流也减小。

② 适当选择起动电阻的阻值,可使起动转矩增大。起动转矩最大时可达到与最大转矩相等,从而具有良好的起动特性。

例 8-2-2 已知一台笼形异步电动机的额定功率是 75 kW,额定转速为 1 480 r/min,起动系数 T_{st}/T_N 为 1.9,负载转矩为 200 N·m,电网的容量不允许电动机直接起动。

试问:(1)电动机能否采用 Y-△ 起动?

(2)如采用 40%、60%、80% 的三个抽头自耦变压器减压起动,应选用哪个抽头?

解 (1)电动机的额定转矩 T_N 和起动转矩 T_{st} 分别为:

$$T_N = 9\,550 \frac{P_N}{n_N} = 9\,550 \frac{75}{1\,480} \approx 484 \text{ N·m}$$

$$T_{st} = \lambda T_N = 1.9 \times 484 \approx 920 \text{ N} \cdot \text{m}$$

若采用 Y-△起动,则起动转矩为

$$T_{stY} = \frac{1}{3} T_{st} = \frac{1}{3} \times 920 \approx 307 \text{ N} \cdot \text{m} > 200 \text{ N} \cdot \text{m}$$

故可以采用

$$T_{m2} = \lambda_2 T_{N2} = 2.0 \times 54.7 \approx 109 \text{ N} \cdot \text{m}$$

（2）采用 40%、60%、80% 的三个抽头减压时,起动转矩 T_{st} 分别为:

$$T_{st1} = (0.4)^2 \times 920 \approx 147 \text{ N} \cdot \text{m} < 200 \text{ N} \cdot \text{m}$$

$$T_{st1} = (0.6)^2 \times 920 \approx 331 \text{ N} \cdot \text{m} > 200 \text{ N} \cdot \text{m}$$

$$T_{st1} = (0.8)^2 \times 920 \approx 589 \text{ N} \cdot \text{m} > 200 \text{ N} \cdot \text{m}$$

可见不能采用 40% 抽头,应采用 60%、80% 的抽头。

8.2.3　三相异步电机的制动

当电动机的定子绕组断电后,转子及拖动系统因惯性作用,总要经过一段时间才能停转。但某些生产机械要求能迅速停机,以提高生产效率和安全度,为此需要对电动机进行制动,也就是在转子上加上与其旋转方向相反的制动转矩。制动方法有机械制动和电气制动两类。

机械制动通常利用电磁铁制成的电磁抱闸来实现,电气制动是在电动机转子导体内产生反向电磁转矩来制动,常见的有以下三种方法。

一、能耗制动

切断电动机电源后,把转子及拖动系统的动能转换为电能在转子电路中以热能形式迅速消耗掉的制动方法,称为能耗制动。其实施方法是在定子绕组切断三相电源后,立即通入直流电。电路如图 8-2-9 所示。

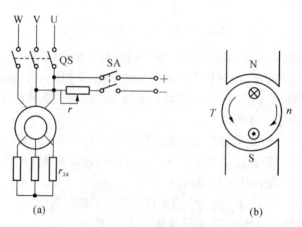

(a)　　　　　　　　　　　　(b)

图 8-2-9　三相异步电动机的能耗制动

停机时,把三极双掷刀开关 QS 从运行位置拉开,并迅速合向制动位置,使电动机脱离三相电源,让直流电通入 V、U 两相绕组,在定子与转子之间形成固定的磁场,如图 8-2-9 所示。设转子因机械惯性向顺时针方向旋转,根据右手定则和左手定则不难确定这时的转子电流与固定磁场相互作用产生的电磁转矩为逆时针方向,所以是制动转矩。在此制动转矩作用下,电动机将迅速停转。制动转矩的大小与通入定子绕组直流电的大小及电动机的转速有关,电流越大,直流磁场越强,产生的制动转矩就越大。

转速越高,制动转矩越大,随着转速的降低,制动转矩越来越小,电动机停转后,制动转矩也随之消失,这时应把制动直流电源断开,以节约电能。

能耗制动的优点是制动平稳,消耗电能少,但需要有直流电源。目前在一些金属切削机床中常采用这种制动方法。在一些重型机床中还将能耗制动与电磁制动器配合使用。先进行能耗制动,待转速降至某值时,令制动器动作,可以有效地实现准确快速停车。

二、反接制动

改变三相电流的相序,使电动机的旋转磁场反转的制动方法称为反接制动。其实施方法是把电动机与电源连接的三根导线任意对调两根,当转速接近零时,再把电源切断。反接制动电路如图 8-2-10 所示,停机时将开关 QS 由运行位置扳向制动位置,使电流的相序改变,旋转磁场反转,但转子因惯性作用仍按原方向旋转,由于受反向旋转磁场作用,转子感应电动势、感应电流、电磁力都反向,所以产生的电磁转矩是制动转矩,它使电动机转速迅速降低,当转速接近于零时,通常利用控制电器(如速度继电器,图中未画出)将电源自动切断,以免电动机反向运转。

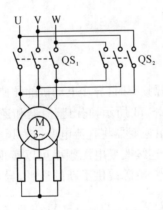

图 8-2-10 三相异步电动机的反接制动

在反接制动时由于旋转磁场与转子的相对速度($n_1 + n$)很大,转差率 $s > 1$,因此电流很大。为了限制电流及调整制动转矩的大小,对于额定功率在 4 kW 以上的电动机,需要在定子电路(笼型)或转子电路(绕线转子型)中串入适当的电阻。

反接制动不需要另备直流电源,比较简单,且制动转矩较大,停机迅速,但机械冲击和耗能也较大,会影响加工的精度,所以使用范围受到一定限制,通常用于起动不频繁,功率小于 10 kW 的中小型机床及辅助性的电力拖动中。

三、发电反馈制动

以上介绍的是两种人为采用的制动方法。其实,转子在转动时,只要顺着旋转方向切割磁感线,就会产生制动转矩。如果磁场静止,属于能耗制动;如果磁场与转子旋转方向相反,属于反接制动;还有一种情况是磁场与转子旋转方向一致,但转子转速比磁场转速快,即 $n>n_1$,也会产生制动转矩,例如多速电动机从高速调至低速瞬间,旋转磁场的转速突然成倍降低,转子由于惯性顺着旋转方向切割磁感线,就会产生制动转矩,迫使电动机转速迅速下降,达到新的低速后进入稳定运行。实际上这时电动机已成为与电网并联的发电机,它将转子的动能转换为电能送入电网,故称为发电反馈制动。另外,当起重机放下重物时,重物受重力作用拖运转子加速下降,这时负载转矩与电动机的电磁转矩同向,转子转速越来越高,一旦超过同步转速,也会产生发电反馈制动,当制动转矩达到与负载转矩相平衡时,重物将匀速下降,这时电动机进入发电机状态,它将重物的位能转换为电能反馈到电网上去。

8.2.4　三相异步电机的调速

在工业生产中,为了获得最高的生产率和保证产品加工质量,常要求生产机械能在不同的转速下进行工作。如果采用电气调速,就可以大大简化机械变速机构。

由异步电动机的转速表达式

$$n=n_1(1-s)=\frac{60f}{P(1-s)}$$

可见异步电动机有三种基本调速方法

(1) 改变电源频率 f 调速。

(2) 改变定子极对数 p 调速。

(3) 改变转差率 s。

一、变频调速

由上式可见,当连续改变电源频率时,异步电动机的转速可以平滑地调节。目前广泛使用的交-直-交变频装置如图 8-2-11 所示,它由整流器和逆变器组成。整流器先将 50 Hz 的三相交流电变换为直流电,再由逆变器将直流电变换为频率可调、电压有效值也可调的三相交流电,供给笼型异步电动机,连续改变电源频率可以实现大范围的无级调速。近年来,晶闸管变流技术的发展为获得变频电源提供了新的途径,异步电动机的调频调速方法逐渐被采用。

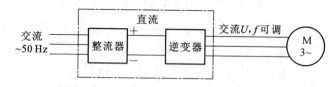

图 8-2-11　交-直-交变频调速方框图

二、变极调速

当定子绕组的组成和接法不同时,可以改变旋转磁场的极对数。当电源频率恒定,电动机的同步转速 n_1 与极对数成反比,所以改变电动机定子绕组的极对数,就可以改变它的转速。改变异步电动机定子绕组的连接,可以改变磁极对数,从而得到不同的转速。

三相异步电动机定子绕组磁极对数可变的原理如图 8-2-12 所示。为清楚起见,只画出三相绕组中的 U 相绕组,它由线圈 U_1U_2 和 $U'_1U'_2$ 组成。当这两个线圈串联时,合成磁场是两对磁极,如图 8-2-12(a)所示;若将这两个线圈并联,则合成磁场是一对磁极,如图 8-2-12(b)所示。所以通过这两个线圈的不同连接,可得到不同的磁极对数,从而改变电动机的转速。为了得到更多的转速,可在定子上安装两套三相绕组,每套都可以改变磁极对数,采用适当的连接方式,就有多种不同的转速。这种可以改变磁极对数的异步电动机称为多速电动机。

由于磁极对数 p 只能成倍地变化,所以这种调速方法属于有级调速。变极调速虽然不能实现平滑无级调速,但它比较简单、经济,在金属切削机床上常被用来扩大齿轮箱调速的范围。常用的 YD 系列多速电动机有双速、三速、四速等几个品种。

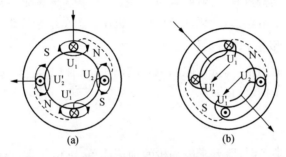

(a)   (b)

图 8-2-12 变极调速原理图

三、改变转差率调速

改变转差率调速方法有:改变电源电压,改变转子回路电阻,电磁转差离合器等。

（1）改变电压 U 调速

当改变外加电压时,由于 $T_M \propto U^2$,所以最大转矩随外加电压 U^2 而改变。当负载转矩 T 不变时,电压由 U 下降至 U' 时,转速将由 n 降为 n'(转差率由 s 上升至 s')。所以通过改变电压 U 可实现调速。这种调速方法,当转子电阻较小时,能调节速度的范围不大;当转子电阻大时,可以有较大的调节范围,但又增大了损耗。

（2）改变转子电阻调速

改变绕线转子异步电动机转子电路电阻(在转子电路中接入变阻器),在一定的负载转矩 T_2 下,电阻越大,转速越低。这种调速方法损耗较大,调速范围有限,主要应用于小型电动机调速中(例如起重机的提升设备)。

（3）电磁转差离合器调速

电磁离合器是由电枢和感应子(励磁线圈与磁场)两基本部分所组成,这两部分没有机械上的连接,都能自由地围绕同一轴心转动,彼此间的圆周气隙为 0.5 mm。

一般情况下,电枢与异步电动机硬轴连接,由电动机带动它旋转,称为主动部分,其转速由异步电动机决定,是不可调的;感应子则通过联轴器与生产机械固定连接,称为从动部分。

当感应子上的励磁线圈没有电流通过时,由于主动与从动部分之间无任何联系,显然主动轴以转速 n_1 旋转,但从动轴却不动,相当于离合器脱开。当通入励磁电流以后,建立了磁场,形成如图 8-2-12(b)所示的磁极,使得电枢与感应子之间有了电磁联系。当二者之间有相对运动时,便在电枢铁芯中产生涡流,电流方向由右手定则确定。根据载流导体在磁场中受力作用原理,电枢受力作用方向由左手定则确定。但由于电枢已由异步电动机拖动旋转,根据作用与反作用力大小相等、方向相反的原理,该电磁力形成的转矩 T 要迫使感应子连同负载沿着电枢同方向旋转,将异步电动机的转矩传给生产机械(负载)。

由上述电磁离合器工作原理可知,感应子的转速要小于电枢转速,即 $n_2 < n_1$,这一点完全与异步电机的工作原理相同,故称这种电磁离合器为电磁转差离合器。由于电磁转差离合器本身不产生转矩与功率,只能与异步电动机配合使用,起着传递转矩的作用,通常将异步电动机和电磁转差离合器装成一体,故又统称为转差电动机或电磁调速异步电动机。

电磁调速异步电动机具有结构简单、可靠性好、维护方便等优点,而且通过控制励磁电流的大小可实现无级平滑调速,所以广泛应用于机床、起重、冶金等生产机械上。

8.2.5　三相异步电机的选择

三相异步电动机应用很广,选用电动机时应以实用、合理、经济、安全为原则,根据被拖动机械的需要和工作条件进行选择。

一、类型的选择

在选择电动机的类型时,既要求电动机的构造简单,价格便宜,运行可靠,维护方便,又要求电动机的性能适应生产机械的需要。

三相异步电动机有笼型和绕线型两种类型。笼型异步电动机结构简单,价格便宜,运行可靠,使用维护方便。对于要求机械特性较硬而无其他特殊要求的生产机械,例如水泵、风机、运输机、压缩机以及各种机床的主轴和辅助机构,应尽可能采用三相笼型异步电动机来拖动。

绕线转子异步电动机起动转矩大,起动电流小,并可在一定范围内平滑调速,但结构复杂,价格较高,使用和维护不便。所以只有在电源容量较小,不能采用笼型异步电动机拖动,以及起动负载大和有一定调速要求的场合,才采用绕线转子异步电动机。例如某些起重机、卷扬机、轧钢机、锻压机等,可选用绕线转子异步电动机来拖动。

二、额定功率的选择

选择电动机的额定功率必须满足以下条件:

(1)电动机的起动转矩应大于起动时的负载转矩,否则电动机不能起动。

(2)电动机的最大转矩应大于被拖动机械可能出现的最大负载转矩,以保证电动机在短时过载情况下能继续运行。

(3)电动机在运行时的温升不能超过其允许值,否则电动机会过热、使用寿命缩短,甚至烧毁。选用的电动机额定功率越大,越能满足以上条件。但如果额定功率选得过大,不仅电动机没有充分利用,浪费了设备成本,而且电动机在轻载状况下工作,其运行效率和功率因数都较低,也不经济,所以应合理选择电动机的额定功率。

通常,电动机的额定功率是由被拖动的机械所需的功率来决定的。对于长期运行的工作机械,可选连续工作制的电动机,其额定功率 P_N 等于或略大于工作机械所需的功率;对于短时工作制或断续周期工作制的工作机械,可以选择专门为这类工作制设计的电动机,也可选择连续工作制电动机。如果选择连续工作制电动机,则根据间歇时间的长短,所要选择的电动机功率可比生产机械负载所要求的功率适当小一些。

这样选择额定功率,电动机运行时的温升一般不会超过其允许值,但起动转矩和最大转矩还需再根据产品目录进行验算。如果转矩不能满足要求,可以选大一挡额定功率,也可选用高起动转矩电动机。

三、额定电压的选择

电动机的额定电压应根据使用场所的电源电压和电动机的功率来决定。一般三相电动机都选用额定电压为 380 V,单相电动机都选用额定电压为 220 V。当所需功率大于 100 kW 时,可根据电源情况和技术条件考虑选用 3 kV、6 kV 或 10 kV 的高压电动机。

四、额定转速的选择

电动机的额定转速取决于生产机械的要求和传动机构的变速比。电动机额定功率一定时,转速越高,则体积越小,价格越低,但如果生产机械的转速较低,则需要减速机构的变速比也越大,减速机构就越复杂。因此,选择电动机的额定转速需要考虑两方面的因素。

实际上,由于受到电源频率和电动机极对数的限制,异步电动机转速的选择范围并不大。通常不低于 500 r/min,当然也不能高于 3 000 r/min。

五、结构的选择

根据不同的冷却方式和保护方式,异步电动机的外形结构有防护式、封闭式、密封式和防爆式等几种,应根据电动机的工作环境进行选择。

(1)防护式:在机壳或端盖处有通风孔,散热好,一般可防雨、防溅及防止铁屑等杂物掉入电机内部,但不能防尘、防潮。冷却方式是在电动机的转轴上装有风扇,冷空气从端盖的两端进入电动机,冷却了定子、转子以后再从机座旁边出去。这种电动机适用于较干燥、灰尘不多且无腐蚀性气体的场所。

(2)封闭式:机座和端盖处均无通风孔,完全是封闭的。内部的空气与机壳外面的空气相互隔开,能防止潮气和灰尘进入,电动机内部的热量通过机壳的外表面散发出去,为了提高散热效果,在电动机外面的转轴上装有风扇和风罩,并在机座的外表面铸出许多冷却片,这种电动机适用于潮湿、多尘或含有酸性气体的场所。

(3)密封式:外壳的密封程度高,外部的气体和液体都不能进入电动机内部,可以浸在液体中使用,如潜水泵电动机。

(4)防爆式:电动机不但有严密的封闭结构,又有足够机械强度的外壳,电动机内部的火花、绕组电路短路、打火等完全与外界隔绝。万一少量爆炸性气体侵入电动机内部发生爆炸时,电动机的外壳能承受爆炸时的压力,火花不会窜到外面以致引起外界气体再爆炸,适用于有爆炸性气体、粉尘的场所,例如在石油、化工企业及矿井中。

六、安装形式的选择

各种生产机械因整体设计和传动方式的不同,在安装结构上不同的电动机也会有不同的要求,应按电动机的安装方式选择电动机的安装形式。国产电动机的几种安装结构形式如图 8-2-13 所示,图(a)机座带底脚,端盖无凸缘;图(b)机座不带底脚,端盖有凸缘;图(c)机座带底脚,端盖有凸缘。这三种为卧式安装形式。图(d)为立式安装形式,机座不带地脚,端盖有凸缘。

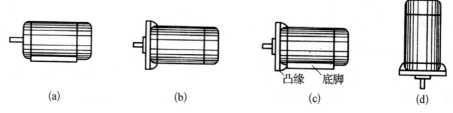

(a)　　　　　　(b)　　　　　　(c)　　　　　　(d)

图 8-2-13　电动机的四种基本安装结构形式

模块二　技能实训

8.3　实训一　三相异步电动机的工作性能研究

一、实训目的

1. 学习三相异步电动机的两种接法。
2. 三相笼型异步电动机的空载特性研究。

二、实训电路和实训设备

1. 三相异步电动机接线电路如图 8-3-1 和图 8-3-2 所示。

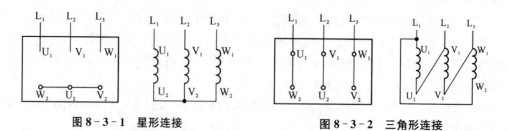

图 8-3-1　星形连接　　　　　　图 8-3-2　三角形连接

2. 三相笼型异步电动机接实训电路如图 8-3-3 所示。

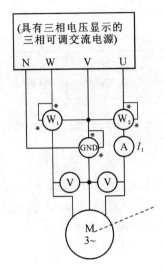

图 8-3-3　三相笼型异步电动机空载试验电路图

3. 实训设备。

(1) 亚龙 YL-195 型单元 1、2、6。

(2) 三相笼型异步电动机。

三、实训内容与实训步骤

1. 三相异步电动机接线端按规定必须是六条引出线,头、尾分别用 U_1、V_1、W_1、U_2、V_2、W_2 标注。其中 U_1、U_2 表示第一相绕组的头、尾端;V_1、V_2 表示第二相绕组的头、尾端;W_1、W_2 表示第三相绕组的头、尾端。不同字母表示不同相别,相同数字表示同为头或尾。

2. 电动机接线方法分为星形(Y)三角形(△)两种连接方法。如图 8-3-3 所示。星形(Y)接法为,U_2、V_2、W_2 串联,U_1、V_1、W_1 接入三相电源。三角形(△)为 U_1 和 V_2 相连、V_1 和 W_1 相连、W_1 和 U_2 相连,U_1、V_1、W_1 接入三相电源。

3. 将三相异步电动机单独放置。按照图 8-3-3 所示电路,接入电流表和两只交流功率表,以及功率因数表。此处采用二瓦特计法测量三相功率,其接法是功率表 W_2 电流线接 U 相电流,电压线圈接线电压 U_{uv},功率表 W_1 电流线圈接 W 相电流,电压线圈接线电压 U_{wv}。可以证明三相电功率 P_e 就是两个功率表示数之和 $P_e = P_1 + P_2$。

4. 测量电动机工作时的功率因数。由于是三相对称负载,所以只用测其中一项就可以。接线时选 V 相的电流和 V 相的相电压接入功率因数表。

5. 三相异步电机接上三相可调交流电源。调节三相电源相电压为 127 V(对应的线电压为 220 V)。记录下空载时的相电压、线电压与相电流,功率 P_1 和 P_2,以及功率因数 $\cos\varphi$。

表 8-3-1　三相异步电动机三角形(△)接法空载特性表

相电压(V)	线电压(V)	相电流(A)	功率 P_1 (W)	功率 P_2 (W)	三相电功率 $P_e = P_1 + P_2$	功率因数 $\cos\varphi$

6. 把电机按照星形接法,重复以上步骤。

表 8 - 3 - 2 三相异步电动机星形(Y)接法空载特性表

相电压(V)	线电压(V)	相电流(A)	功率 P_1 (W)	功率 P_2 (W)	三相电功率 $P_e = P_1 + P_2$	功率因数 $\cos\varphi$

四、实训注意事项

1. 注意根据三相电机的铭牌来判断电机的接线方式。

2. 本试验中使用的电表较多,要注意使用的是交流电表还是直流电表。对于功率表和功率因数表,要注意电压线圈和电流线圈同名端的接法。

3. 注意异步电机的换向是靠互换相序来调节的。

五、实训报告

由上面的试验数据分析空载时定子的线电流和电机的额定电流之比、空载时的功率因数 $\cos\varphi$、空载时消耗的电功率 P_e,它们较好的数据是什么?

8.4 实训二 三相笼式异步电动机机械特性测定

一、实训目的

1. 三相异步电动机的机械特性的测定。

2. 三相笼型异步电动机的调压调速特性的研究。

二、实训电路和实训设备

1. 三相笼型异步电动机接实训电路如图 8 - 4 - 1 所示。

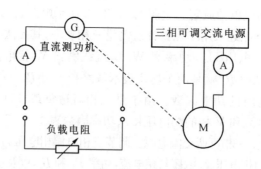

图 8 - 4 - 1 三相笼型异步电动机接实训电路图

2. 实训设备。

(1) 亚龙 YL - 195 型单元 1、2、4、5。

(2) 三相笼型异步电动机。

三、实训内容与实训步骤

1. 三相异步电动机接线端按规定必须是六条引出线,头、尾分别用 U_1、V_1、W_1、U_2、V_2、W_2 标注。其中 U_1、U_2 表示第一相绕组的头、尾端;V_1、V_2 表示第二相绕组的头、尾端;W_1、W_2 表示第三相绕组的头、尾端。不同字母表示不同相别,相同数字表示同为头或尾。

2. 电动机接线方法分为星形(Y)三角形(△)两种连接方法。如图 8-4-1 所示。星形(Y)接法为,U_2、V_2、W_2 串联,U_1、V_1、W_1 接入三相电源。三角形(△)为 U_1 和 V_2 相连、V_1 和 W_1 相连、W_1 和 U_2 相连,U_1、V_1、W_1 接入三相电源。

3. 调节三相线电压为 220 V 并保持恒定,调节测功机负载阻力矩,使 I_G 由 0 挡逐步增大,记录下 I_G 对应的表 8-4-1 的数据。

表 8-4-1　$U_1 = 220$ V

I_G(A)								
I_w(A)								
T_L(N・m)								
n(r/min)								

4. 分别调节 $U_1 = 220$ V、210 V、200 V,…,130 V,并保持测功机负载阻力矩为恒值,测量并填写表 8-4-2 的数据。

表 8-4-2　$I_G =$ 恒值

U_1(V)								
I_w(A)								
T_L(N・m)								
n(r/min)								

四、实训注意事项

1. 注意根据三相电机的铭牌来判断电机的接线方式。

2. 本试验中使用的电表较多,要注意使用的是交流电表还是直流电表。

3. 本试验中,测功机与三相异步电动机对接时要注意两个电机中心轴要对准并在同一直线上,否则会形成轴向扭曲,阻力增加,且会产生振动。

4. 测功机的负载限流电阻置于最大值,起动后再将它逐渐减小。

5. 三相异步电机带负载时要按照铭牌上标注的接线方式正确接线。

五、实训报告

1. 根据试验内容和所得到试验数据,在试验报告纸上绘制 $n = f(T_L)$ 的机械特性曲线,并分析曲线的稳定和不稳定曲线的部分的分界点。

2. 分析定子电压降低时,机械特性曲线的变化情况,并在此基础上,分析采用调节定子电压进行调速的方案的优缺点。

模块三　拓展性任务

8.5　知识拓展——交流异步电机常见故障与处理方法

一、电源接通后电动机不起动

（1）定子绕组接线错误。检查接线，纠正错误。

（2）定子绕组断路、短路或者接地。找出故障点，排除故障。

（3）负载过重或传动机构被卡住。检查负载及传动机构。

（4）绕线转子异步电动机转子回路断线（电刷与滑环接触不良、变阻器断路、引线接触不良）。找出断路点，并加以修复。

（5）电源电压过低，提高电源电压。

二、电动机温升过高或冒烟

（1）负载过重或起动过于频繁。减小负载或者减少起动次数。

（2）三相异步电机断相运行。检查原因，排除故障。

（3）环境温度过高，改善通风条件，降低环境温度。

（4）定子绕组有短路或接地故障，找出短路点或接地点，予以修复。

（5）定子绕组接线错误。检查定子绕组接线，加以纠正。

（6）笼形异步电动机转子断条。修理或者更换断条。

（7）转子与定子摩擦。检查轴承、转子是否变形，进行修理或更换。

（8）绕线式转子异步电机绕组断相运行。找出故障点，加以修复。

三、电动机振动

（1）转子不平衡。校正平衡。

（2）带轮不平稳或轴弯曲。检查并校正。

（3）电动机与负载轴线不对。检查、调整机组的轴线。

（4）电动机安装不良。检查安装情况及地脚螺丝，调整并拧紧地脚螺丝。

（5）负载突然过重。减轻负载。

四、电动机运行时有异常声音

（1）定子、转子相摩擦。检查轴承、转子是否变形，进行修理或更换。

（2）轴承损坏或润滑不良，更换轴承，清洗轴承。

（3）电动机两相运行。查出故障点并加以修复。

（4）风扇叶碰机壳。检查并消除故障。

五、电动机带负载时转速过低

（1）电源电压过低。检查电源并排除故障。

（2）负载过大。核对负载。

（3）笼型异步电机转子断条。铸铝转子必须更换转子,铜条转子可修理或更换。

（4）绕线转子异步电动机转子绕组一相接触不良或断开。检查电刷压力、电刷与滑环接触情况及转子绕组。

六、电动机外壳带电

（1）接地不良或接地电阻太大。按规定接好地线,消除接地不良处。

（2）绕组受潮。进行烘干处理。

（3）绝缘有损坏,有脏物或引出线碰壳。修理,并进行侵漆处理,消除脏物及重新引出线。

项目小结

1. 异步电动机是指由交流电源供电,但转速与交流电源产生的旋转磁场的转速不同步的旋转电机。主要可分为三相异步电动机和单相异步电动机两大类。这是目前应用最广泛的电动机。

2. 旋转磁场是三相异步电动机能旋转的关键所在,而旋转磁场产生的基本条件是在空间相差一定角度的两相或三相绕组。并分别通入在时间上相差一定角度的两相或三相交流电流。

3. 三相异步电动机由定子和转子两大部分组成。其中定子部分的作用是通入交流电产生旋转磁场,转子部分的作用是载流导体在磁场中受力,产生转矩而旋转。

4. 电动机的铭牌标示了该电动机的型号及主要参数,是正确选用该电动机的依据,主要技术参数有额定功率、额定电压、额定电流、额定转速、接法和频率。

5. 三相异步电动机工作特性是指电动机转速、输出转矩、定子电流等物理量与输出功率之间的相互关系,是选用电动机的重要依据。

6. 作用在电力拖动系统中的转矩有拖动转矩 T 和负载转矩 T_L,这两者的大小决定了整个系统的运行状态。

7. 机械特性是指电动机的拖动转矩和负载转矩之间的相互关系,负载通常可分为恒转矩负载、恒功率负载和通风机型负载三大类。在电力拖动系统中负载的机械特性与电动机的机械特性两者相互依存,相互制约。

8. 三相异步电动机的机械特性是一条非线性曲线,一般情况下,以最大转矩为分界点,其线性段为稳定运行区,而非线性段为不稳定运行区。固有机械特性的线性段属于硬特性。

9. 小容量的三相异步电动机可采用直接起动,容量较大的笼形异步电动机可以采用降压起动和星三角起动。星三角起动只适用于三角形连接的电动机,其起动电流和起动转矩均降为直接起动的三分之一,它适用于轻载起动。

10. 三相异步电动有三种制动状态:能耗制动、反接制动(电源两相反接)和回馈制动。三相异步电动机的调速有三种:变极调速、变频调速和变转差率调速,其中变频调速是现代交流调速技术的主要方向,它可实现无级调速,适用于恒转矩和恒功率负载。

项目思考与习题

1-1　三相异步电动机主要由_____和_____两部分组成,前者的作用是_____。

1-2　三相笼型电动机降压起动方法有_____、_____、_____。

1-3　三相异步电动机在电动状态下,其转差率的变化是在_____之间。

1-5　只有运行时三相绕组_____接法的电动机才能用 Y-△接换方式起动。此方式起动电流为全压起动时的_____;起动转矩是全压起动的_____。

1-6　三相异步电动机的额定电流,是指电动机额定运行时通过定子绕组的额定相电流。(　　)

1-7　三相异步电动机的额定功率等于额定电压与额定电流乘积的 3 倍。

1-8　三相异步电动机定子绕组中串电阻降压起动的目的是提高功率因数。(　　)

1-9　三相异步电动机的额定温升,是指电动机额定运行时的额定温度。(　　)

1-10　在三相异步电动机的定子绕组中通入三个电流,可以形成旋转磁场。(　　)

1-11　三相异步电动机降压起动时要求电动机空载或轻载起动。这是因为重载起动时起动电流比空载或轻载起动电流大。(　　)

1-12　异步电动机的电源电压降为原来电压的 70% 时,其电磁转矩会减小到原电磁转矩的(　　)

A. 49%　　　　　　　B. 70%　　　　　　　C. 不变

1-13　三相异步电动机的负载转矩是额定负载转矩,则当电源电压降低后,电动机必将处于(　　)运行状态。

A. 额定　　　　　　B. 过载　　　　　　C. 轻载

1-14　三相异步电动机降压起动适用于(　　)状态起动。

A. 轻载或空载　　　B. 重载　　　　　　C. 额定

1-15　三相异步电动机,若三相绕组的首端为 U_1、V_1、W_1,分别接 L_1、L_2、L_3 三相电源,则改变其转向的方法有(　　)

A. U_1、V_1、W_1 分别接 L_2、L_3、L_1

B. U_1、V_1、W_1 分别接 L_1、L_3、L_2

C. U_1、V_1、W_1 分别接 L_3、L_1、L_2

1-16　三相异步电动机的铭牌数据如下:$P_e=10 \text{ kW}$,$n_e=960 \text{ r/min}$,Y-△连接,$\eta=0.868$,$\cos\varphi=0.85$,$T_q/T_e=1.5$,$I_q/I_e=6.5$,380/220 V。

试求:(1) I_e 和 T_e。

(2) 电源电压为 380 V 时,电动机的接法及直接起动的起动电流和起动转矩。

(3) 电源电压为 220 V 时,电动机的接法及直接起动的起动电流和起动转矩。

(4) 要求采用 Y-△降压起动,此时能否带 $70\%T_N$ 和 $30\%T_N$ 负载?

1-17　三相四极异步电动机的铭牌数据如下：$P_e = 3$ kW，$S_N = 0.05$，$T_M/T_N = 2.1$，$f = 50$ Hz。

试求电动机的额定转矩与最大转矩。

1-18　解释三相异步电动机的铭牌。

三相异步电动机		
Y112M-4	2.5 kW	380 V
50 Hz	9.7 A	1 460 r/min
67 dB	S_1	B 绝缘
1.8 mm/s	IP44	
三角形连接		

项目九　继电–接触器控制

模块一　学习性任务

现代的生产机械绝大多数是由电动机拖动的，称为电力拖动或电气传动。应用电力拖动是实现生产自动化的一个重要前提。为了使电动机按照生产机械的要求运转，必须用一定的器件组合成控制电路，对电动机进行控制。利用继电器、接触器、按钮等有触点电器组成控制电路，是对生产机械实现控制的一种常用的简便方法，称为继电–接触器控制。

本章以三相异步电动机为控制对象来讨论继电–接触器控制，其控制原理和方法原则上也适用于其他各种电气设备（如直流电动机、电磁阀等）的控制。下面先介绍常用低压电器的结构和功能，然后通过对三相异步电动机的起动和正反转控制的分析，讲述继电–接触器控制电路的自锁、互锁、联锁等基本环节和行程控制、时间控制的基本原理以及常用的电气保护方法，最后介绍继电–接触器控制电路图的阅读方法。

9.1　任务一　常用低压电器

9.1.1　开关

开关是手动操作的低压电器,一般用于接通或分断低压配电电源和用电设备,也常用来直接起动小容量的异步电动机。

一、刀开关

刀开关是结构最简单的一种手动电器,如图9-1-1(a)所示,它由静插座、手柄、触刀、铰链支座和绝缘底板组成。

刀开关安装时,手柄要向上,不得倒装或平装。如果倒装,拉闸后手柄可能会因自重下落而引起误合闸,造成人身及设备安全事故。接线时将电源线接在刀开关的上端,负载线接在其下端。

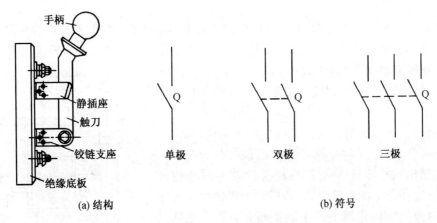

图 9 - 1 - 1　刀开关

刀开关一般不宜在带负载时切断电源,在继电-接触器控制电路中通常用来将电路与电源隔离,以便对电动机等电气设备安全地进行检修,此时又称为"隔离开关"。但对于一些小功率负载,也可用刀开关不频繁地接通和切断电路。

刀开关按极数不同分为单极(单刀) 双极(双刀)和三极(三刀)三种,它们在电路图中的图形符号如图9-1-1(b)所示。

二、组合开关

组合开关又称转换开关,实质上也是一种刀开关,不过它的刀片是转动式的。它由装在同一根轴上的单个或多个单极旋转开关叠装在一起组成,有单极、双极、三极和多极结构,根据动触片和静触片的不同组合,有许多接线方式。图9-1-2所示为常用的三极组合开关,它有三对静触片,每个触片的一端固定在绝缘垫板上,另一端伸出盒外,连在接线柱上,三个动触片套在装有手柄的绝缘轴上。转动手柄就可将三个触片同时接通或断开。在转轴上装有加速动作的操纵机构,使触片接通和分断的速度与手柄旋转速度无关,从而提高其灭弧性能。

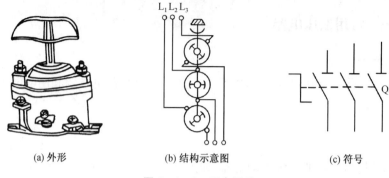

(a) 外形　　　　　　(b) 结构示意图　　　　　(c) 符号

图 9 - 1 - 2　组合开关

组合开关常用作生产机械的电源引入开关,也可用于小容量电动机的不频繁控制及局部照明电路中。

三、自动开关

自动开关又称低压断路器,是低压配电网络和电力拖动系统中非常重要的一种电器,不仅可以接通和分断电路,还能对电路或电气设备发生的短路、过载及失压等进行保护,同时也可用于不频繁地起停电动机。

自动空气开关的工作原理如图 9 - 1 - 3 所示,图中是一个三级断路器,三个主触头串接于三相电路中,经操作机构将其闭合,此时传动杆 3 由锁扣 4 钩住,保持主触头的闭合状态,同时分闸弹簧 1 已被拉伸。当主电路出现过电流故障且达到过电流脱扣器的动作电流时,过电流脱扣器 6 的衔铁吸合,顶杆向上将锁扣 4 顶开,在分闸弹簧 1 的作用下使主触头断开。当主电路出现欠压、失压或过载时,则欠压、失压脱扣器及过载脱扣器分别将锁扣顶开,使主触头断开。

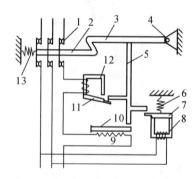

图 9 - 1 - 3　自动空气开关工作原理

自动空气开关与带熔断器的刀开关相比,结构紧凑、安装方便、操作安全,且在进行过载、短路保护时,用电磁脱扣器将三相电源同时切断,可以有效避免电动机缺相运行。另外,自动空气开关的脱扣器可以重复使用,不必更换。

9.1.2　主令电器

一、按钮

按钮也是一种简单的手动开关,通常用于发出操作信号,接通或断开电流较小的控制电路,以控制电流较大的电动机或其他电气设备的运行。按钮的实物图如图 9 - 1 - 4 所示。

图 9 - 1 - 4　按钮实物图

按钮主要由按钮帽、动触片、静触片和复位弹簧等构成。按钮的结构如图9-1-5(b)所示。

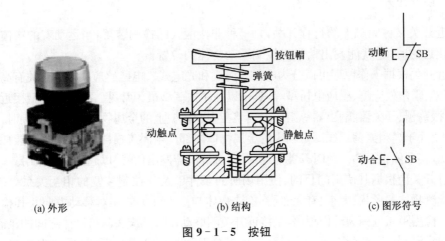

(a) 外形　　　　　　(b) 结构　　　　　　(c) 图形符号

图 9-1-5　按钮

在按钮未受压时,动触片是与上面的静触片接通(闭合)的,这对触片组成的触点称为常闭触点;这时动触片与下面的静触片则是断开的,这对触片组成的触点称为常开触点。当按动按钮帽时,动触片下移,与上面的静触片断开,而与下面的静触片接通,即常闭触点断开,而常开触点闭合。当松开按钮帽时,动触片在复位弹簧的作用下复位,使常闭触点和常开触点都恢复原来状态。常闭触点和常开触点在电气原理图中的图形符号如图9-1-5(c)所示,文字符号用SB表示。

按钮在结构形式上多种多样,触点数目各不相同。按钮帽分绿色、红色、黄色、蓝色等,用于不同的控制。如绿色按钮多用于"起动",红色按钮多用于"停止"。

二、行程开关

行程开关又称限位开关,它是利用机械部件的位移来切换电路的自动电器。它的结构和工作原理都与按钮相似,只不过按钮靠手按,而行程开关靠运动部件上的撞块来撞压。当撞块压着行程开关时,就像按下按钮一样,使其动断触点断开,动合触点闭合;而当撞块离开时,就如同手松开了按钮,靠弹簧作用使触点复位。行程开关有直动式、单滚轮式、双滚轮式等,如图9-1-6所示,文字符号用SQ表示。其中双滚轮式行程开关无复位弹簧,不能自动复位,它需要两个方向的撞块来回撞击,才能重复工作。

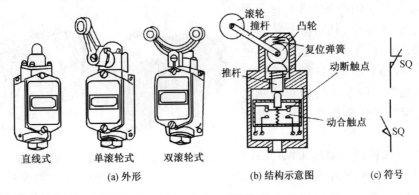

直线式　　单滚轮式　　双滚轮式

(a) 外形　　　　　　(b) 结构示意图　　　　(c) 符号

图 9-1-6　行程开关

三、接近开关

接近开关又称无触点的行程开关，是一种非接触式的检测装置，当运动着的物体在一定范围内接近它时，它就能发出信号以控制运动物体的位置。

接近开关根据工作原理可以分为电磁感应式和光电式。电磁感应式接近开关有高频振荡型、电容型、霍尔效应型、感应电桥型等，其中以高频振荡型最为常见。高频振荡型接近开关由感应头、振荡器、开关器、输出器等组成。当装在生产机械上的金属物体接近感应头时，由于感应作用，使处于高频振荡器线圈磁场中的金属物体内部产生涡流损耗，振荡回路因能耗增加而振荡减弱，直到停止振荡。此时开关导通，并通过输出器发出信号，以起到控制作用。

接近开关应根据其使用的目的、使用场所的条件以及与控制装置的相互关系等来选择。要注意检测物体的形状、大小、有无镀层，检测物体与接近开关的相对移动方向及其检测距离等因素。检测距离也称为动作距离，是接近开关刚好动作时感应头与检测体之间的距离，如图9-1-7所示。接近开关多为三线制。三线制接近开关有2根电源线（通常为直流24 V）和1根输出线。接近开关具有工作稳定可靠、使用寿命长、重复定位精度高、操作频率高、动作迅速等优点，因此，应用越来越广泛。接近开关的图形符号及文字符号如图9-1-8所示。

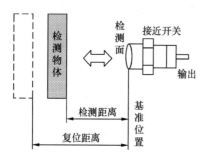

图9-1-7　接近开关的检测距离

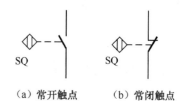

（a）常开触点　　（b）常闭触点

图9-1-8　接近开关的图形符号及文字符号

四、万能转换开关

万能转换开关也称为波段开关，是一种多挡控制多个回路的开关电器。一般用于多挡位的功能选择控制，也可以作为电气测量仪表的换相开关或作为小容量电动机的起动、制动、调速和换向开关。其换接线路多，用途十分广泛。

万能转换开关由凸轮机构、触点系统和定位装置等组成，其实物及结构示意图如图9-1-9所示。它依靠操作手柄带动转轴和凸轮转动，使触点动作或复位，从而按预定的顺序接通与分断电路，同时由定位机构确保其动作的准确可靠。

常用的万能转换开关有LW8、LW6系列。其中LW6系列万能转换开关还可以装配成双列形式，列与列之间用齿

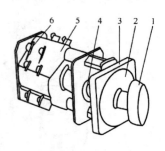

1-手柄　2-面板　3-绝缘垫板
4-凸轮　5-绝缘杆　6-接线端子

图9-1-9　万能转换开关实物及结构示意图

轮啮合，并由公共手柄进行操作，因此装入的触点数最多可达 60 对。

万能转换开关的图形符号及文字符号，如图 9-1-10 所示。图(a)虚线表示操作位置，若在其相应触点下涂黑圆点，即表示该触点在此操作位置是接通的，没有涂黑点则表示该触点在此操作位置是断开状态。图 9-1-10(b)所示的通断表，为用通断状态表示的转换开关触点形式，表中以"×"或"+"表示触点闭合，用"—"或无记号表示分断。

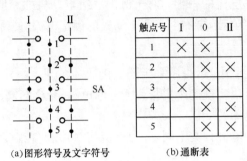

触点号	I	0	II
1	×	×	
2		×	×
3	×	×	
4		×	×
5		×	×

(a)图形符号及文字符号　　　(b)通断表

图 9-1-10　万能转换开关的图形符号及文字符号

9.1.3　熔断器

熔断器是一种当流过其内部的电流超过规定值一定时间后，以其自身产生的热量使熔体熔化，在配电系统和用电设备中主要起短路保护作用的低压电器。使用时熔断器串接在被保护的电路中，在正常情况下，它相当于一根导线，当流过它的电流超过规定值时，熔体产生的热量使自身熔化而切断电路。熔体是用低熔点的金属丝或金属薄片做成的。

熔断器主要由熔体和绝缘底座组成。熔体材料基本上分为两类：一类由铅、锌、锡及锡铅合金等低熔点金属制成，主要用于小电流电路；另一类由银或铜等较高熔点金属制成，用于大电流电路。图 9-1-11 所示为四种常用的熔断器，其中管式熔断器主要用于大电流的配电装置中，插入式和螺旋式熔断器则用于小容量电路中，插入式多用于低压配电电路，螺旋式多用于机床电气控制电路。熔断器的图形符号及文字符号如图 9-1-12 所示。

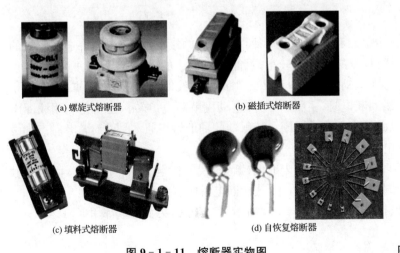

(a) 螺旋式熔断器　　　(b) 磁插式熔断器

(c) 填料式熔断器　　　(d) 自恢复熔断器

FU

图 9-1-11　熔断器实物图　　　**图 9-1-12　熔断器的符号**

在照明和电热电路中选用的熔体额定电流应等于或略大于被保护设备的额定电流。

保护电动机的熔体为了防止在起动时被熔断,又能在短路时尽快熔断,可根据负载情况,按下列公式估算:

$$熔体额定电流＝电动机起动电流/(1.5\sim2.5)$$

如果是频繁地重载起动,熔体的额定电流可取大些,反之则取小些。一般选用熔体的额定电流约等于电动机起动电流的一半。对于保护一组电动机的熔断器,可先估算出保护最大容量电动机的熔体额定电流,再加上其余电动机的额定电流,便是所选熔体的额定电流。

9.1.4　接触器

接触器是一种自动控制电器,可用来频繁地接通和断开主电路。它的主要对象是电动机、变压器等电力负载,可以实现远距离接通或分断电路,允许频繁操作,是电力拖动自动控制系统中应用最广泛的电器。

接触器按线圈通过的电流种类不同,分为交流接触器和直流接触器。本节只介绍交流接触器。

图 9 - 1 - 13 是交流接触器的外形、结构示意图和图形符号。其电磁铁的铁芯分静铁芯和动铁芯两部分,静铁芯固定不动,动铁芯与动触片连接在一起可以左右移动。当电磁铁的吸引线圈通过额定电流时,静、动铁芯间产生电磁吸力,动铁芯带动动触片一起右移,使常闭触点断开,常开触点闭合;当吸引线圈断电时,电磁力消失,动铁芯在弹簧的作用下带动动触片复位,使常闭触点和常开触点恢复原状。可见利用接触器线圈的通电或断电可以控制接触器触点的闭合或分开。

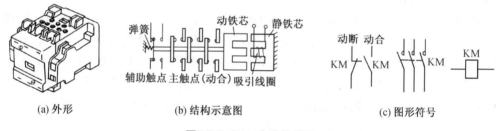

(a) 外形	(b) 结构示意图	(c) 图形符号

图 9 - 1 - 13　交流接触器

交流接触器的触点分主触点和辅助触点两种。主触点的接触面较大,允许通过较大的电流(一般大于 10 A);辅助触点的接触面较小,只能通过较小的电流(5 A 以下)。主触点通常是三对常开触点,可接在电动机的主电路中。当接触器线圈通电时,主触点闭合,电动机就通电旋转;当接触器线圈断电时,主触点分开,电动机就断电停转。这就是利用线圈中小电流的通断来控制主电路中大电流的通断。接触器的辅助触点通常是两对常开触点和两对常闭触点,可用于控制电路中。

所谓常开触点,是指原始状态(即线圈未通电)断开、线圈通电后闭合的触点;而常闭触点是指原始状态闭合、线圈通电后断开的触点,线圈断电后所有触点复原。

接触器的线圈和触点符号如图 9 - 1 - 13(c)所示,各部分的文字符号都用 KM 表示。

9.1.5　继电器

继电器是一种自动动作的电器。当给继电器输入电压、电流或频率等电量或温度、压力和转速等非电量并到达规定值时,继电器的触头便接通或分断所控制或保护的电路。继电器一般由输入感测机构和输出执行机构两部分组成。前者用于反映输入量的高低,后者用于接通或分断电路。由于控制简单方便,继电器被广泛应用于电力拖动系统、电力保护系统以及各类遥控和通信系统中。继电器种类很多,下面对几种常见的继电器做简单介绍。

一、时间继电器

从获得输入信号(线圈的通电或断电)时起,经过一定的延时后才有信号输出(触点的闭合或断开)的继电器,称为时间继电器,它是一种用来实现触点延时接通或断开的控制电器。按其动作原理与构造不同,可分为电磁式、空气阻尼式、电动式、晶体管式及数字式等类型,如图 9-1-14 所示。随着科学技术的发展,现代机床中,时间继电器已逐步被可编程序器件所代替。

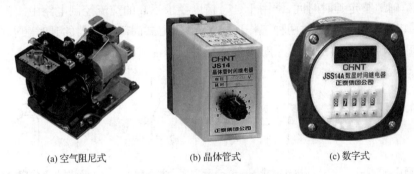

(a) 空气阻尼式　　　　(b) 晶体管式　　　　(c) 数字式

图 9-1-14　时间继电器实物图

(1) 空气阻尼式时间继电器

空气阻尼式时间继电器是利用空气阻尼作用获得延时的,有通电延时和断电延时两种类型。图 9-1-15 所示为 JS7-A 系列时间继电器的结构示意图,它主要由电磁系统、延时机构和工作触点 3 部分组成。

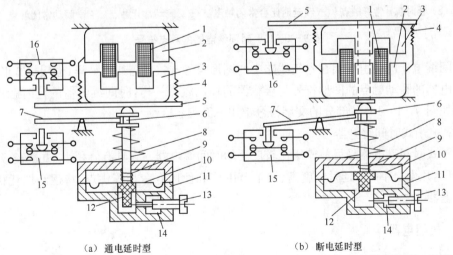

(a) 通电延时型　　　　　　　(b) 断电延时型

1-线圈　2-铁芯　3-衔铁　4-复位弹簧　5-推板　6-活塞杆　7-杠杆　8-塔形弹簧　9-弱弹簧
10-橡皮膜　11-空气室壁　12-活塞　13-调节螺杆　14-进气孔　15,16-微动开关

图 9-1-15　JS7-A 系列时间继电器结构示意图

如图 9-1-15(a)所示,当线圈 l 得电后衔铁(动铁芯)3 吸合,活塞杆 6 在塔形弹簧 8 作用下带动活塞 12 及橡皮膜 10 向上移动,橡皮膜下方空气室的空气变得稀薄,形成负压,活塞杆只能缓慢移动,其移动速度由进气孔气隙大小来决定。经一段时间延时后,活塞杆通过杠杆 7 压动微动开关 15,使其触点动作,起到通电延时作用。

将电磁机构翻转 180°安装后,可得到如图 9-1-15(b)所示的断电延时型时间继电器。其结构、工作原理与通电延时型相似,微动开关 15 是在吸引线圈断电后延时动作的。当衔铁吸合时推动活塞复位,排出空气。当衔铁释放时,活塞杆在弹簧作用下使活塞向下移动,实现断电延时。在线圈通电和断电时,微动开关 16 在推板 5 的作用下都能瞬时动作,其触点即为时间继电器的瞬动触点。

空气阻尼式时间继电器结构简单,价格低廉,延时范围为 0.4 s～180 s。但是延时误差较大,难以精确地整定延时时间,常用于延时精度要求不高的交流控制电路中。

根据通电延时和断电延时两种工作形式,空气阻尼式时间继电器的延时触点有:延时断开常开触点、延时断开常闭触点、延时闭合常开触点和延时闭合常闭触点。

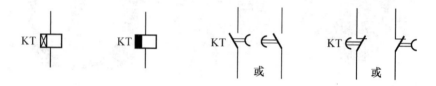

　(a)通电延时线圈　　(b)断电延时线圈　　(c)延时闭合常开触点　　(d)延时断开常闭触点

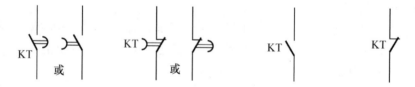

　(e)延时断开常开触点　　(f)延时闭合常闭触点　　(g)瞬动常开触点　　(h)瞬动常闭触点

图 9-1-16　时间继电器的触点符号

时间继电器的吸引线圈在电气线路中的图形符号与接触器线圈一样,也用长方形表示,时间继电器的瞬动触点的图形符号与接触器的辅助触点一样,时间继电器的延时触点的图形符号如图 9-1-16,各部分的文字符号都用 KT 表示。

(2)电子式时间继电器

电子式时间继电器是目前应用比较广泛的时间继电器。它具有体积小、重量轻、延时时间长(可达几十个小时)延时精度高、调节范围广和使用寿命长等优点,将逐渐取代机电式时间继电器。

二、热继电器

热继电器是根据电流通过发热元件所产生的热量,使双金属片受热弯曲而推动执行机构动作的一种电器。双金属片式热继电器结构简单、体积小、成本低,主要用于电动机的过载、缺相以及电流不平衡的保护。电动机在实际运行中,常会遇到过载情况,但只要过载不

严重,时间短,绕组不超过允许的温升,是允许的。但如果过载情况严重、时间长,则会加速
电动机绝缘的老化,甚至烧毁电动机,因此必须对电动机进行长期过载保护。

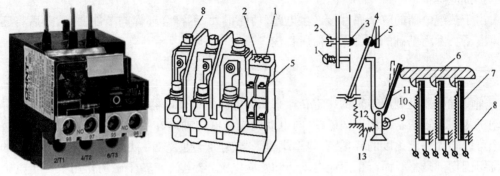

(a) 热继电器外观与实物图　　　　　(b) 热继电器原理示意图

1-复位按钮　2-复位调节螺钉　3-辅助常开触点　4-动触头　5-辅助常闭触点　6-推动导板
7-主双金属片 8-接线端子　9-偏心轮　10-热元件　11-补偿双金属片　12-支撑件　13-弹簧

图 9 - 1 - 17　热继电器外观及原理示意图

热继电器主要由热元件、双金属片和触点 3 部分组成,其原理如图 9 - 1 - 17(b)所示。
工作时,把热元件(一段阻值不大的电阻丝)接在电动机的主电路中。当电动机过载时,流过
热元件的电流增大,热元件产生的热量使双金属片(由两种不同热膨胀系数的金属辗压而
成)向上弯曲。经过一定时间后,弯曲位移增大,造成脱扣。扣板在弹簧的拉力作用下,将常
闭触点断开(此触点串接在电动机的控制电路中),控制电路断开使接触器的线圈断电,从而
断开电动机的主电路。经一段时间冷却后能自动复位或通过按下复位按钮手动复位。

热继电器按发热元件的组数分为两相结构和三相结构,一般情况下可选用两相结构的
热继电器。若电网电压均衡较差,或三相负载严重不对称,则应选用三相结构的热继电器。
如果三相电源线中有某一相断开,电动机处于单相运行状态,定子电流显著增大,不管接在
主电路中是两组发热元件还是三组发热元件,都能保证至少有一组发热元件起作用,使电动
机得到保护。热继电器图形符号及文字符号如图 9 - 1 - 18 所示。

热继电器动作后,应检查并消除电动机过载的原因,
待双金属片冷却后,用手指按下复位按钮,可使动触片复
位,与静触片恢复接触,电动机又能重新操作起动,或者
通过调节螺钉(图上未画出)待双金属片冷却后,使动触
片自动复位。

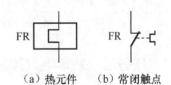

(a) 热元件　　(b) 常闭触点

图 9 - 1 - 18　热继电器图形符号及文字符号

热继电器的主要技术数据是整定电流。所谓整定电
流是指长期通过发热元件而不动作的最大电流。电流超
过整定电流 20％时,热继电器应当在 20 min 内动作,超过的数值越大,则发生动作的时间
越短。整定电流的大小可以在一定范围内调节。选用热继电器时一般应取其整定电流等于
电动机的额定电流。

由于热继电器是间接受热而动作的,即使通过发热元件的电流短时间内超过整定电流
几倍,热继电器也不会立即动作。只有这样,在电动机起动时才不会因起动电流大而动作,
否则电动机将无法起动。反之,即使电流超过整定电流不多,但时间一长,也会动作。

　　热继电器与熔断器的作用是不同的,热继电器只能作过载保护而不能作短路保护,而熔断器对电动机只能作短路保护而不能作过载保护。因此,在一个较完善的控制电路中,这两种保护都应具备。

　　由于热继电器的双金属片接入主电路,功耗很大,不符合环保与节能要求,今后将逐步被以电子技术为基础的综合保护器所替代。

三、速度继电器

　　速度继电器是利用转轴的一定转速来切换电路的自动电器。它的工作原理与笼型异步电动机相似。转子是一块永久磁铁,与电动机或机械转轴连在一起,随轴转动,它的外边有一个可以转动一定角度的环,装有笼型绕组。当转轴带动永久磁铁旋转时,定子外环中的笼型绕组因切割磁感线而产生感应电动势和感应电流,该电流在转子磁场作用下产生电磁力和电磁转矩,使定子外环跟随转子转动一个角度。如果永久磁铁按逆时针方向转动,则定子外环带着摆杆靠向右边,使右边的动断触点断开,动合触点接通;当永久磁铁顺时针方向旋转时,使左边的触点改变状态;当电动机转速较低(例如小于 100 r/min)时,触点复位。速度继电器的触点符号如图 9-1-19(c)所示,文字符号用 KV 表示。

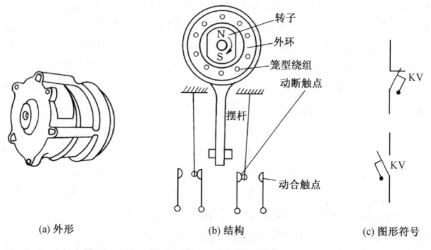

(a) 外形　　　　　　　(b) 结构　　　　　　　(c) 图形符号

图 9-1-19　速度继电器

9.2　任务二　基本电气控制电路

　　电力拖动自动控制设备在各行业的生产机械中得到广泛使用,它以各类电动机或其他执行电器作为控制对象,采用电气控制的方法实现对电动机或其他执行电器运行方式的控制。

　　电气控制的方法有继电器接触器控制法、可编程逻辑控制法和计算机控制法等,其中继电器接触器控制法是最基本、应用最广泛的方法,也是其他控制方法的基础。该控制方法是由各种开关器件经导线的连接来实现各种逻辑控制,控制电路图直观形象、控制装置结构简单、价格便宜、抗干扰能力强,但是由于采用固定的接线方式,通用性、灵活性较差。

9.2.1　三相异步电动机全压起动

除了用闸刀开关或组合开关直接起动和停止小型电动机以外,一般电动机的控制线路都是由多种电器连接而成。其原理图可分为主电路和控制电路两部分,电动机等元件通过大电流的电路称为主电路,接触器或继电器线圈等元件通过小电流的电路称为控制电路。需要注意的是,一个电器元件的各部分在原理图中不一定画在一起,可以按照画图的方便分开画,要用规定的图形符号和文字符号来表示。

一、点动控制线路

所谓点动是指按下按钮时电动机转动工作,松开按钮时电动机停止工作。生产机械在调整状态时,需要进行点动控制。点动控制线路如图9-2-1(a)所示,它由起动按钮 SB、热继电器 FR 和接触器 KM 组成,其控制过程如下:合上电源开关 QS,按下按钮 SB,接触器 KM 的吸引线圈通电,动铁芯吸合,其常开主触头 KM 闭合,电动机接通电源开始运转;松开 SB 后,接触器吸引线圈断电,动铁芯在弹簧作用下与静铁芯分离,常开主触头断开,电动机断电,停止转动。

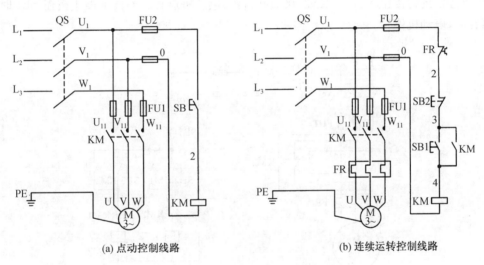

(a) 点动控制线路　　　　　　　　　　　　(b) 连续运转控制线路

图 9-2-1　异步电动机正转控制线路

二、连续控制线路

大多数生产机械需要连续工作,例如水泵、通风机、机床等,如仍采用点动控制电路,则需要操作人员一直按着按钮来工作,这显然不符合生产实际要求。为了使电动机在按过按钮以后能保持连续运转,需用接触器的一对动合触点与按钮并联,如图9-2-1(b)所示。

当按下起动按钮 SB1 以后,接触器线圈 KM 通电,其主触点 KM 闭合,电动机运转。同时辅助触点 KM 也闭合,它给线圈 KM 另外提供了一条通路。因此,按钮松开后线圈能保持通电,于是电动机便可继续运行。接触器用自己的常开辅助触点"锁住"自己的线圈电路,这种作用称为自锁。此时该常开辅助触点称为自锁触点。

这时的按钮 SB1 已不再起点动作用,故改称它为起动按钮。另外,电路中还串接了一个停止按钮 SB2,用它的常闭触点。没按它时,它是闭合的,对电路不产生影响,当需要电动机停止转动时,按下 SB2 使常闭触点断开,线圈 KM 失电,主触点和自锁触点同时断开,电动机便停止转动。

自锁触点除了自锁功能外,还可起到失压保护的作用。

三、正反转控制线路

生产上许多设备需要正、反两个方向的运动,例如机床主轴的正转和反转、工作台的前进和后退、起重机吊钩的上升和下降等,都要求电动机能够正转和反转。为了实现三相异步电动机的正反转,只要将接到电源的三根连线中的任意两根对调,改变旋转磁场的方向,即可改变电动机的转向。因此,可利用两个接触器和三个按钮组成正反转控制电路。

（1）接触器互锁的正反转控制线路

在图 9-2-2 中,KM1 为正转接触器,KM2 为反转接触器,SB2 为正转按钮,SB3 为反转按钮,SB1 为停止按钮。正转接触器 KM1 的三对主触点把电动机按相序 L1-U1、L2-V1、L3-W1 与电源相接;反转接触器 KM2 的三对主触点把电动机按相序 L3-U1、L2-V1、L1-W1 与电源相接。因此,当按下正转按钮 SB2 时,KM1 接通并自锁,电动机正转;如果按下反转按钮 SB3,则 KM2 接通并自锁,电动机反转。当按下停止按钮 SB1 时,接触器释放,电动机停转。

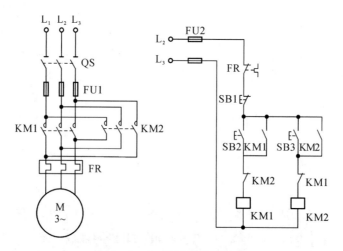

图 9-2-2　正反转控制线路

从主电路可以看出,KM1 和 KM2 的主触点是不允许同时闭合的,否则会发生相线间短路,因此要求在各自的控制电路中串接入对方的辅助常闭触点。当正转接触器 KM1 线圈通电时,其常闭触点断开,即使按下 SB3 也不能使 KM2 线圈通电;同理,当反转接触器 KM2 线圈通电时,其常闭触点断开,即使按下 SB2 也不能使 KM1 线圈通电。这两个接触器利用各自的触点,封锁对方的控制电路,称为互锁。这两个常闭触点称为互锁触点。控制电路中加入互锁环节后,就能够避免两个接触器同时通电,从而防止了相间短路事故的发生。

（2）复合互锁的正反转控制电路

在上述电路中,当电动机在正转时,如果要使其反转,必须先按停止按钮 SB1 令 KM1 失电,常闭触点 KM1 闭合,然后按下 SB3,才能使 KM2 得电,电动机反转。如果不按 SB2

而直接按 SB3 将不起作用。反之，
由反转改为正转也要先按停止按
钮。这种操作方式适用于功率较
大的电动机及一些频繁正反转的
电动机。因为电动机如果由正转
直接变为反转或由反转直接变为
正转时，在换接瞬间，旋转磁场已
经反向，而转子由于惯性仍按原方
向旋转，转子导线与旋转磁场的切
割速度突然增大，感应电动势和感
应电流随之增大，电磁转矩也突然
增大。这时的转差率接近等于 2，
不仅会引起很大的电流冲击，而且

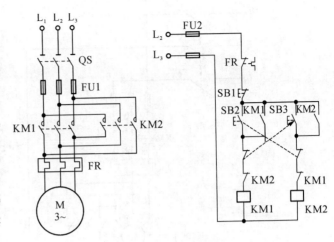

图 9-2-3　复合互锁正反转控制线路

会造成相当大的机械冲击；如果频繁正反转还会使热继电器动作，切断电动机的电源；如果
电动机功率较大，还会造成电网电压波动。因此，对功率较大的电动机及一些频繁正反转的
电动机一般应先按停止按钮，待转速下降后再反转。图 9-2-3 所示的控制电路能防止因
操作失误而造成直接改变转向。

　　该电路在接触器互锁正反转控制电路的基础上再加上按钮的互锁，即将两个起动按钮
SB2 和 SB3 的常闭触点分别接到对方的控制电路中。当电动机正转时，按下反转按钮 SB3，
它的常闭触点断开，使正转接触器线圈 KM1 断电；同时它的常开触点闭合，使反转接触器
线圈 KM2 通电，于是电动机由正转直接变为反转。同理，当电动机反转时，按下 SB2 可以
使电动机直接正转，操作比较方便。该电路既有接触器动断触点的互锁，又有按钮动断触点
的互锁，故称为复合互锁。

9.2.2　三相异步电动机降压起动控制电路

　　三相异步电动机采用直接起动，控制电路简单，但当电动机容量较大时，起动电流过大，
应采用降压起动。

　　三相笼型异步电动机降压起动方法有：定子电路串电阻或电抗器降压起动、自耦变压器
降压起动、Y/△ 降压起动、延边三角形降压起动等，三相绕线式异步电动机的转子回路可以
采用转子串电阻的方式。

一、Y/△ 降压起动控制线路

　　Y/△ 降压起动针对正常运行时电动机额定电压等于电源线电压、定子绕组为 △ 接法的
三相交流异步电动机。电动机起动时，定子绕组接成 Y，这样每相绕组电压降为电源电压额
定值的 $1/\sqrt{3}$，达到降压的目的，起动电流降为全压起动时电流值的 1/3。待电机转速上升到
接近额定转速时，将定子绕组换接成 △，电动机进入全压下的正常运转状态。

　　图 9-2-4 为 Y/△ 降压起动电路。KM1 为线路接触器，KM△ 为 △ 连接接触器，KMY
为 Y 连接接触器，KT 为星形连接换三角形连接的时间继电器，SB1、SB2 为停止与起动按
钮，具有短路保护、过载保护和失压保护等功能。

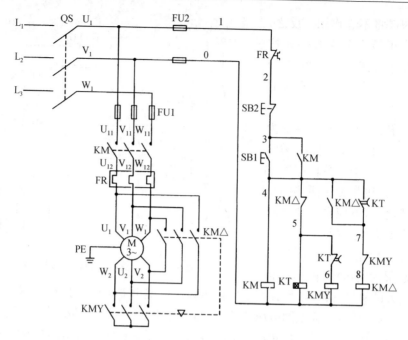

图 9 - 2 - 4　Y/Δ 减压起动电路

原理分析:首先合上电源开关 QS。

1. 起动

起动时,按起动按钮 SB1,接触器 KM 和 KM Y 线圈通电,其主触点闭合,电动机定子绕组接成星形,电动机降压起动。这时与 SB1 并联的动合辅助触点 KM 闭合自锁。在按下 SB1 的同时,时间继电器线圈 KT 也通电,经过一定时间,其延时断开的动断触点和延时闭合的动合触点同时动作,使接触器 KMY 断电,而 KMΔ 通电,于是电动机定子接成 Δ 形,进入全电压正常运行状态。流程图如下图 9 - 2 - 5 所示。

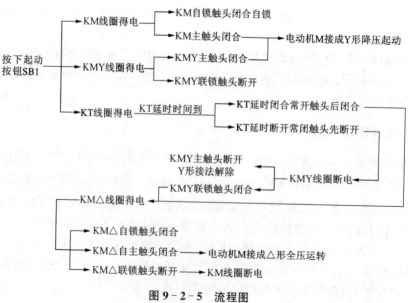

图 9 - 2 - 5　流程图

2. 停止

停机时，只要按下停机按钮 SB2，使 KM 和 KMΔ 的线圈断电，其主触点断开，电动机停转。

控制电路中，KMΔ 和 KMY 的常闭辅助触头作星形连接和三角形连接的互锁触头，确保 KMΔ 和 KMY 不会同时通电，否则会造成电源短路。

二、定子绕组串电阻控制线路

在三相异步电动机定子绕组串接电阻或电抗器起动时，起动电流在电阻或电抗上产生电压降，使电动机定子绕组上的电压低于电源电压，起动电流减小。待电动机转速接近额定转速时，再将电阻或电抗短接，使电动机在额定电压下运行，电抗器降压起动通常用于高压电动机，电阻降压起动一般用于低压电机。这种起动方式不受电动机接线形式的限制，较为方便。但串接电阻起动时，在电阻上消耗了大量的电能，所以不宜用于经常起动的电动机上。若用电抗器代替电阻，虽能克服这一点，但设备费用较大。

图 9-2-6 是按时间原则自动短接电阻降压起动电路。图中 KM1 为起动接触器，KM2 为运行接触器，KT 为时间继电器。

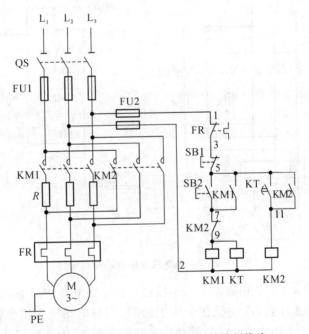

图 9-2-6 定子串电阻降压起动控制线路

电路工作原理：合上开关 QS，按下起动按钮 SB2，KM1、KT 线圈同时通电并自锁，此时电动机定子绕组串接电阻 R 进行降压起动。当电动机转速接近额定转速时，时间继电器 KT 通电延时闭合触头闭合，KM2 线圈通电并自锁，KM2 常闭触头断开并切断 KM1、KT 线圈电路，使 KM1、KT 断电释放。于是构成先由 KM1 主触头串接定子回路电阻，后由 KM2 主触头短接定子电阻，电动机经 KM2 主触头在全压下进入正常运转状态。

9.2.3 三相异步电动机电气制动控制电路

电动机在脱离电源后,由于机械惯性的存在,需要一段时间才能完全停止。而实际生产机械往往要求电动机快速、准确地停车,这就需要电动机采用有效措施进行制动。异步电动机常见的电气制动方式有电源反接制动、能耗制动等。

一、电源反接制动控制线路

反接制动是在电动机的原三相电源被切断后,立即通上与原相序相反的三相交流电源,以形成与原转向相反的电磁转矩,利用这个制动力矩使电动机迅速停止转动。这种制动方式必须在电动机转速接近零时切除电源,否则电动机会反转,造成事故。图9-2-7为电动机反接制动控制线路。图中 KM1 为电动机运行接触器,KM2 为反接制动接触器;KV 为速度继电器,R 为反接制动电阻。

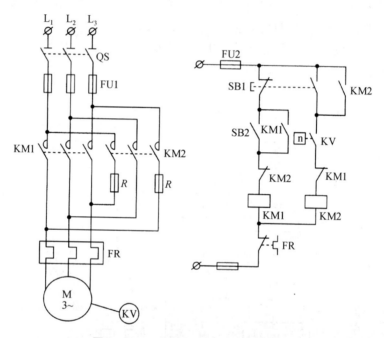

图9-2-7 电动机反接制动控制线路

电路工作原理:合上三相电源开关 QS,接通控制电路电源,按下起动按钮 SB2,KM1 线圈通电并自锁,主触头闭合,电动机在全压下起动,当与电动机有机械联系的速度继电器 KV 转速超过其动作值 100 r/min 时,其相应常开触头闭合,为反接制动做准备。需停车制动时,按下停止按钮 SB1,KM1 线圈断电释放,其三对主触头断开,切除三相交流电源,但电动机因惯性继续旋转。当 SB1 按到底时,SB1 常开触头闭合,使 KM2 线圈通电并自锁,电动机定子串入不对称电阻,接入反相序三相电源进行反接制动,电动机转速迅速下降,当电动机转速低于 100 r/min 时,速度继电器 KV 的常开触头复位,使 KM2 线圈断电释放,电动机断开反相序电源,反接制动结束,电动机自然停车至速度为零。

二、能耗制动控制线路

所谓能耗制动，就是在电动机脱离三相交流电源之后，定子绕组上加一个直流电压，即通入直流电流，以产生静止磁场，利用转子的机械能产生的感应电流与静止磁场的作用来达到制动的目的。根据能耗制动的时间原则，可以利用时间继电器进行控制，也可以根据能耗制动的速度原则，用速度继电器控制。下面主要介绍按时间原则控制的能耗制动控制线路。

图 9-2-8 为按时间原则进行能耗制动控制电路。图中 KM1 为电动运行接触器，KM2 为能耗制动接触器，KT 为时间继电器，T 为整流变压器，VC 为桥式整流电路。

电路工作情况：合上电源开关 QS，按下正转起动按钮 SB2，KM1 通电并自锁，电动机正常运行。若要使电动机停转，按下停止按钮 SB1，KM1 线圈断电，电动机定子绕组脱离三相交流电源，KM2、KT 线圈同时通电并自锁。KM2 主触头将电动机两相定子

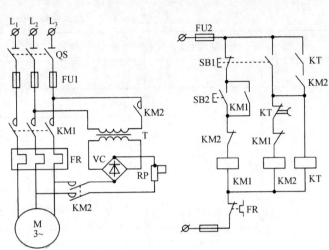

图 9-2-8　能耗制动控制电路

绕组接入直流电源进行能耗制动，使电动机转速迅速降低，当转速接近零时，时间继电器 KT 延时时间到，其常闭延时断开触头动作，使 KM2、KT 线圈相继断电，制动过程结束。

该电路中，将 KT 常开瞬动触头与 KM2 自锁触头串接，是考虑时间继电器线圈断线或者其他故障，致使 KT 常闭通电延时断开触头打不开而导致 KM2 线圈长期通电，造成电动机定子长期通入直流电流。引入 KT 常开瞬动触头后，则避免了上述故障的发生。

模块二　技能性任务

9.3　任务一　常用低压电器的认识

一、实验目的

1. 认识常用的低压电器，掌握常用低压电器的结构、型号、参数。
2. 掌握常用低压电器的选用。

二、实验设备

1. 低压元器件

交流接触器、热继电器、时间继电器、熔断器、闸刀开关、按钮、行程开关、转换开关、自动

开关等。

2. 仪表工具

常用电工工具、万用表等。

三、实验步骤

1. 识别低压电器的实物,并将元件名称、数量以及元件上的型号记录在表 9-3-1 中。

表 9-3-1　电气元件识别记录表

序　号	元件名称	型号规格	数　量	备　注
1				
2				
3				
4				
5				
6				
7				
8				
9				

2. 选一交流接触器进行拆卸,认识内部主要零部件,测量并填写表 9-3-2 中的数据。

表 9-3-2　交流接触器的拆卸与测量记录表

型　号		规　格		主要零部件	
				名　称	作　用
触点数					
主触点	辅助触点	常开触点	常闭触点		
常开触点		常闭触点			
动作前	动作后	动作前	动作后		
电磁线圈					
工作电压(V)		直流电阻(Ω)			

3. 选一热继电器进行拆卸,认识内部主要零部件,测量并填写表 9-3-3 的数据。

表9-3-3　热继电器的拆卸与测量记录表

型　号	规　格	主要零部件	
		名　称	作　用
热元件的电阻值　（Ω）			
U相	V相	W相	
整定电流的调整值(A)			

四、实验分析、思考与报告

1. 熟记各种元件的电气符号。

2. 了解选用电气元件时的注意事项。

9.4　任务二　三相异步交流电机正反转控制线路的安装与调试

一、实验目的

1. 识别三相交流异步电动机正、反转控制线路工作原理。

2. 能根据线路图安装三相交流异步电动机正、反转控制线路。

3. 知道基本控制线路检修的一般方法。

二、实验设备

1. 所需元器件

三相交流异步电动机	380 V/8.8 A,1 440 r/min	1
自动开关	C65N D10/3P	1
熔断器	RL1-15/2 A	5
交流接触器	CJ10-10,380 V	2
热继电器	FR36-20/3	1
按钮	LA10-3H	3
导线	BV-1.5 mm²	若干
网孔板	500 mm×400 mm	1

2. 仪表工具

常用电工工具、万用表等。

三、实验步骤

1. 根据图9-2-3画出元件布置图,如图9-4-1所示。

2. 根据元件布置图安装元件,各元件的安装位置整齐、匀称、间距合理、便于元件的更换,元件紧固时用力均匀、紧固程度适当。

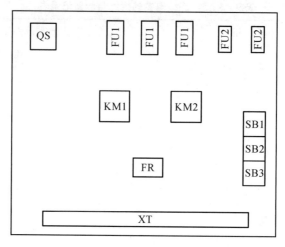

图 9-4-1   电气布置图

3. 布线时以接触器为中心,由里向外、由低至高,先电源电路再控制电路后主电路进行,以不妨碍后续布线为原则。

4. 连接电动机和电源。

5. 通电前检查有无错接、漏接造成不能正常运转或短路事故的现象。

6. 通电试车。试车时,应注意观察接触器情况,观察电动机运转是否正常,若有异常现象应马上停车。

四、实验分析、思考与报告

1. 如果反转不工作,试分析可能的故障原因。

2. 试画出正、反转点动控制线路。

9.5 任务三 Y-△降压起动线路的安装与调试

一、实验目的

1. 识读掌握三相异步电动机 Y-△降压起动控制线路的工作原理图。

2. 了解 Y-△降压原理。

3. 对线路出现的故障能正确、快速地排除。

二、实验设备

1. 所需材料

三相交流异步电动机	380 V/8.8 A,1 440 r/min	1
自动开关	C65N D10/3P	1
熔断器	RL1-15/2 A	5
交流接触器	CJ10-10,380 V	3
热继电器	FR36-20/3	1
时间继电器	JS7-2A,380 V	1

按钮	LA10-3H	2
导线	BV-1.5 mm²	若干
网孔板	500 mm×400 mm	1

2. 仪表工具

常用电工工具、万用表、钳形电流表等。

三、实验步骤

1. 根据图9-2-4画出元件布置图,如图9-5-1所示。

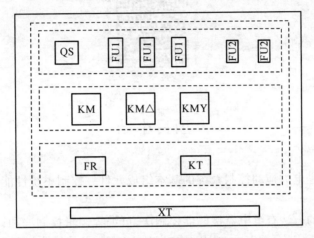

图9-5-1 电气布置图

2. 根据元件布置图安装元件,各元件的安装位置整齐、匀称、间距合理。

3. 布线时以接触器为中心,由里向外、由低至高,先电源电路再控制电路后主电路进行,以不妨碍后续布线为原则。

4. 整定热继电器。

5. 整定定时时间。

6. 连接电动机和电源。

7. 通电前检查有无错接、漏接造成不能正常运转或短路事故的现象。

8. 通电试车。试车时,应注意观察接触器、继电器运行情况,观察电动机运转是否正常,若有异常现象应马上停车。

9. 试车完毕,应遵循停转、切断电源、拆除三相电源线、拆除电动机线的顺序。

四、实验分析、思考与报告

1. 完整推导出 Y-△ 降压过程。

2. 试总结出接线、调试过程最容易出现的问题及对策。

模块三　拓展性任务

9.6　继电-接触器控制电气原理图的阅读

打开手机微信,扫描以下二维码获得本节内容。

项目小结

1. 低压电器是电力拖动控制系统的基本组成元件。控制系统性能的好坏与所用低压电器直接相关。

2. 电气控制的方法有继电器接触器控制法、可编程逻辑控制法和计算机控制法等,其中继电器接触器控制法是最基本、应用最广泛的方法,也是其他控制方法的基础。

3. 三相异步电动机最基本的控制方式是起动保持电路。在起动保持电路中去掉自锁触点就实现点动控制;将两个起动保持电路并联再加上互锁,就实现电动机的正反转控制。

4. 三相异步电动机采用直接起动,控制电路简单,但当电动机容量较大时,由于起动电流会明显影响电网中其他电气设备的正常运行,应采取措施将起动电压降下来,等起动完毕后再恢复全压运行。三相笼型异步电动机降压起动方法有:定子电路串电阻或电抗器降压起动、自耦变压器降压起动、Y/△降压起动、延边三角形降压起动等,三相绕线式异步电动机的转子回路可以采用转子串电阻的方式。

项目思考与练习

9-1　什么是常开触点和常闭触点? 按钮和接触器的常开触点和常闭触点有何不同?

9-2　一个按钮的常开触点和常闭触点有无可能同时闭合和同时断开?

9-3　自动开关一般具有哪几种保护功能?

9-4　常用的继电器有哪些? 分别具有什么特点?

9-5　什么叫"自锁"、"互锁"? 试举例说明各自的作用。

9-6　什么是失压、欠压保护? 哪些电器可以实现失压和欠压保护?

9-7　点动和长动有什么不同? 各应用于什么场合? 试画出既有点动又有长动的控制电路。

9-8 试分析图9-1中各个电路图,通电操作时会发生什么情况?

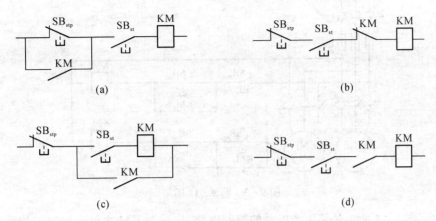

(a)   (b)

(c)   (d)

图 9-1　题 9-8 图

9-9 有一正反转控制电路如图9-2所示(主电路未画出),试分析操作时会不会有问题?

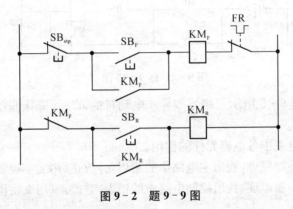

图 9-2　题 9-9 图

9-10 某机床主轴和润滑油泵各由一台电动机带动。现要求:

(1) 主轴电动机必须在油泵电动机开动后才能开动;

(2) 若油泵电动机停车,则主轴电动机应同时停车;

(3) 主轴电动机可以单独停车;

(4) 两台电动机都需要有短路、零压及过载保护。

试画出电气控制原理图。

9-11 设计一小车运行的控制线路,小车由异步电动机控制,其动作程序如下:

(1) 小车由原位开始前进,到终端后自动停止;

(2) 在终端停留 2 min 后自动返回原位停止;

(3) 要求在前进或后退途中任意位置都能停止或起动。

试画出电气控制原理图。

9-12 某生产机械由两台鼠笼式异步电动机 M1、M2 拖动,要求 M1 起动后 M2 才能起动,M2 停转后 M1 才能停转,即顺序起动,逆序停转。现有人拟定一控制电路如图9-3所示,试分析电路有何错误,应如何改正?

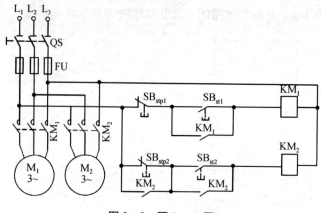

图 9-3 题 9-12 图

9-13 图 9-4 所示是某生产机械的控制电路,接触器 KM 主触点控制三相异步电动机,在开车一定时间后能自动停车,试说明该电路的工作原理。

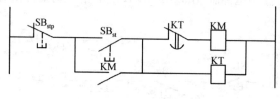

图 9-4 题 9-13 图

9-14 请分析图 9-5 所示三相笼型异步电动机的 Y-△ 降压起动控制电路,并回答下列问题:

(1) 指出下面的电路中各电器元件的作用。

(2) 根据电路的控制原理,找出主电路中的错误,并改正(用文字说明)。

(3) 根据电路的控制原理,找出控制电路中的错误,并改正(用文字说明)。

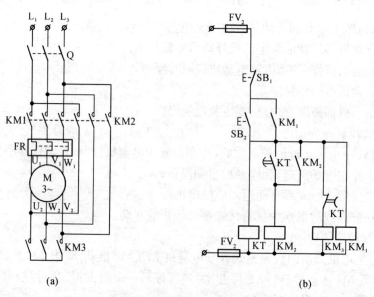

(a)　　　　　　　　　　(b)

图 9-5 题 9-14 的电路图

9-15　图9-6为两台三相异步电动机的控制电路,试说明此电路具有什么控制功能。

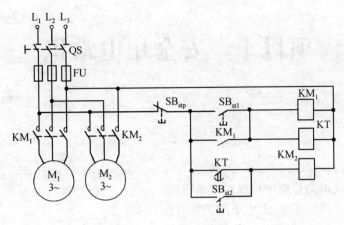

图9-6　题9-15图

9-16　图9-7为两台三相异步电动机按顺序起、停控制的电气原理图,试说明控制功能。

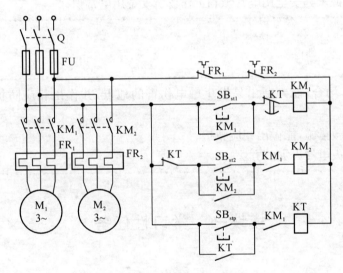

图9-7　题9-16图

项目十 安全用电常识

1. 学习现代电力系统的构成和主要特点。
2. 学习用户供电系统、配电系统的构成和工作状态。
3. 了解触电方式、触电对人体的伤害,掌握各种保护措施。
4. 认识电气火灾发生的原因,掌握扑灭电气火灾的方法。
5. 认识雷电特点,掌握防雷措施。
6. 熟练掌握家庭安全用电常识和工作场所安全用电常识。

技能目标

1. 在工作场合,能判断出易发生触电伤害的地点,并作出相应防护,预防事故发生。
2. 了解急救措施,能做出相应救护。
3. 掌握扑灭电气火灾的方法。

模块一 学习性任务

10.1 任务一 学习现代供电与配电方式

电能是现代社会使用最广泛的能源形式,在人们的生产、生活等诸多领域起着举足轻重的作用。电能分为直流电能、交流电能,这两种电能可以相互转换。

电能是二次能源,我们使用的电能,主要来自其他形式能量的转换,包括水能(水力发电)热能(火力发电)原子能(核电)风能(风力发电)化学能(电池)及光能(光电池、太阳能电池等)等。

电能也可转换成其他所需能量形式,如热能、光能、动能等。

电能以功率形式表达时,俗称为电力。它的生产、传输和分配是通过电力系统来实现的。

10.1.1　认识电力系统的构成

电力系统是由发电、变电、输电、配电和用电等环节组成的电能生产、传输、分配和消费的系统。

它将自然界的一次能源通过发电机转化成电能,再经输电、变电和配电将电能供应到各级用户。为实现这一功能,电力系统在各个环节和不同层次还具有相应的信息与控制系统,对电能的生产过程进行测量、调节、控制、保护、通信和调度,以保证用户获得安全、经济、优质的电能。

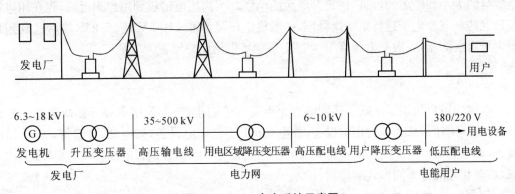

图 10-1-1　电力系统示意图

电力系统中从发电厂将电能输送到用户的部分称为电力网,是由输电线路与变电所构成的网络,简称电网。

电力系统的主体结构由发电厂、电力网和电能用户三个基本部分组成,如图 10-1-1 所示。

一、发电厂

发电厂又称发电站,是将自然界蕴藏的各种一次能源转换为电能(二次能源)的工厂。是电力系统中提供电能的部分。

现在的发电厂有多种发电途径:靠燃煤或石油驱动涡轮机发电的称火力发电厂,靠水力发电的称水电站,还有些靠太阳能、风力和潮汐发电的小型电站,而以核燃料为能源的核电站已在世界许多国家发挥越来越大的作用。

我国目前由于煤矿资源较为丰富,火力发电占据了主导地位,占总发电量的 70%~80%;其次是水力发电,占总发电量的 10%~20%;另外,核电的发展也相当快,其所占的地位日趋重要。而风力发电、地热发电、潮汐能发电、太阳能发电还只在局部地方使用。但太阳能和风能等是取之不尽、没有污染的绿色能源,是应该大力发展的,在未来一次能源日渐短缺的情况下,其重要性必将日益突显。

二、电网

电力网是由变压器、电力线路等变换、输送、分配电能设备所组成的部分。它的功能是将电源发出的电能升压到一定等级后输送到用电区域变电所,再降压至一定等级后,经配电线路与用户相连。它把分布在广阔地域内的发电厂和用电户连成一体,把集中生产的电能送到分散用电的千家万户。

发电厂通常远离用户，而输电线路越长则线路上损耗的电能越多（$P=I^2R$）。为了减少线路上的损耗，通常采用升高电压的方法。因为当容量一定时，电压越高，电流越小，线路上的损耗越低。因此需要用变压器把电压升高进行远距离高压输电，到达用户地区又要降低电压进行配电。

输配电电压等级中，6 kV、10 kV、20 kV 为中压；35 kV、110 kV、220 kV 为高压；330 kV、500 kV、750 kV 为超高压；直流 800 kV、交流 1 000 kV 及以上为特高压。根据输送容量的大小和距离的远近，决定升压后的电压。当高压电输送到用户附近后，先在用电地区设置的区域变电所进行第一次降压，一般将电压降为 6～10 kV 或 35 kV，然后送到用户变电所再次降压，一般把电压降至 380 V/220 V 供给用户设备。

三、用户

电网的用户包括了家庭生活用电和企事业单位的生产、办公用电等。在众多的用电设备中，按其用途可分为动力用电设备（如电动机）工艺用电设备（如电解、电镀等）电热用电设备（如电炉），以及照明用电设备和实验用电设备等。它们分别将电能转换为机械能、化学能、热能和光能等不同形式的能量。

10.1.2　了解用户供电系统

一般电力用户的电源进线电压是 6～10 kV，电能先经高压配电所集中，再由高压配电线路将电能分送电力变压器，将 6～10 kV 的高压电降为一般低压用电设备所需的电压，然后由低压配电线路将电能分送给各用电设备使用。

从电能输送线路进入用户到所有用电设备进线端子的整个电路系统称为用户供电系统。由于工厂中可能使用高压用电设备，工厂配电一般有 6～10 kV 高压和 380 V/220 V 低压两种。对于容量较大的泵、风机等一些采用高压电动机传动的设备，直接由高压配电供给；大量的低压电气设备需要 380 V/220 V 电压，由低压配电供给。

图 10-1-2 所示系统具有两路互相独立的高压电源进线，各供一部分负荷，当一路发生故障时，可将高压隔离开关合上，由另一路供电，保证生产的正常进行。

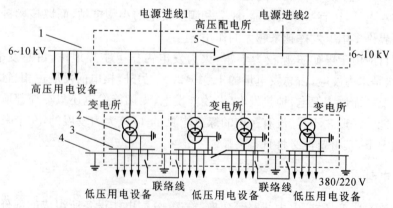

1-高压配电线　2-电力变压器　3-低压配电线　4-地线　5-高压隔离开关
图 10-1-2　工厂供电系统示意图

10.1.3　了解配电系统

将电力系统中从降压变压器出口到用户端的这一段系统称为配电系统。配电系统是由多种配电设备和配电设施所组成的直接向终端用户分配电能的一个电力网络系统。由于配电系统作为电力系统的最后一个环节直接面向终端用户,它的完善与否直接关系着广大用户的用电可靠性和用电质量,因而在电力系统中具有重要的地位。

配电系统可划分为高压配电系统、中压配电系统和低压配电系统三部分。我国配电系统的电压等级,根据《城市电网规划设计导则》的规定,35 kV、63 kV、110 kV 为高压配电系统,6 kV、10 kV 为中压配电系统,380 V、220 V 为低压配电系统。

在低压配电系统中,照明线路与动力线路可以分开,但通常采用三相四线制,由三相变压器供电,如图 10-1-2 所示。变压器的一次绕组采用星形(Y)连接,二次绕组采用有中性线引出的星形(YN)连接。为使系统正常运行,这些二次绕组的中性线与大地相连接,称为工作接地。由于中性线对地电压为零,故又称为零线。为了接地的可靠性并防止中性线由于偶然事故出现断路,通常将变压器的中性线都连接起来,成为一个网络,并每隔一定的距离进行重复接地。

对于某些电源进线电压为 35 kV 及以上的大型工厂,一般都设置总降压变电所,内设大容量降压变压器。先经总降压变电所将 35 kV 及以上的电源电压降为 6~10 kV 的配电电压,再经过高压配电线将电能输送到各个次级变电所,降为 380 V/220 V 提供给低压用电设备使用,前后共经过两次降压。

对于采用电力部门的 380 V/220 V 低压配电线路供电的小型工厂只需设置一个低压配电所即可。

变电所与配电所的区别在于配电所只接收电能和分配电能,而变电所除有这两个功能外,还要变换电压。所以,变电所中除了配电装置外,还装有变压器。

10.2　任务二　了解触电伤害并掌握其防护措施

因为人体中含有大量的水分以及一些金属离子,当人体接触电源或设备的带电部分并形成电流通路的时候,就会有电流流过人体,从而造成触电。触电时电流对人身造成的伤害程度与电流流过人体的电流强度、持续的时间、电流频率、电压大小及流经人体的途径等多种因素有关。

10.2.1　认识触电方式

人体的触电方式可分为直接接触触电、间接接触触电、跨步触电、雷击触电等。

一、直接接触触电

直接接触触电是指人体直接接触正常工作时的带电体而发生的触电,即通常所说的直接触及相线的触电事故。直接接触触电时,通过人体的电流较大,危险性也较大,往往导致触电伤亡事故。直接接触触电一般可分为单相触电、两相触电。

1. 单相触电

当人体碰触一根相线时,电流通过人体流入大地,这种触电现象称为单线触电。对于高压带电体,人体虽未直接接触,但距离小于安全距离时,高电压对人体放电,造成单相接地而引起的触电,也属于单线触电。低压电网通常采用降压变压器低压侧中性点直接接地和中性点不直接接地的接线方式,单相触电也分这两种方式进行讨论。

（1）中性点接地的单相触电

在三相四线制中性点接地的低压电网中,当人体发生单相直接触电,电流从相线通过人体经大地回到中性点,如图10-2-1所示。这时回路电压是220 V相电压,回路电阻为人体电阻、人与带电导体之间的接触电阻、人与地面之间的接触电阻以及接地极电阻之和,其中最关键的是人与地面之间的接触电阻,它决定于人站立的地面和穿什么鞋子,比如赤脚站在湿地上十分危险,而穿绝缘鞋站在地板上却很安全,因此电工在工作时,必须穿绝缘鞋。

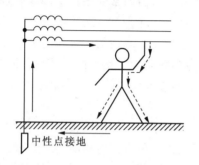 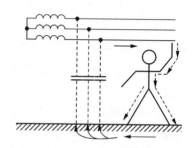

图 10-2-1　中性点接地的单相触电　　　　图 10-2-2　中性点不接地的单相触电

（2）中性点不接地的单相触电

如果供电系统的中性点不接地,则输电线与大地之间有分布电容存在,如图10-2-2所示,当人体接触到一根相线时,由于交流电可通过分布电容形成回路,回路电阻除了人体电阻、人与带电导体之间的接触电阻、人与地面之间的接触电阻之外,还有分布电容的阻抗。人体与分布电容构成三相不对称负载星形连接,这时接触电阻越小,人体承受的电压就越高。若穿着绝缘鞋,人体承受的电压就会很小。

2. 双相触电

人体同时接触带电设备或线路中的两相导体,或在高压系统中,人体同时接近不同相的两相带电导体,而发生电弧放电,电流从一相导体通过人体流入另一相导体,构成一个闭合电路,这种触电方式称为双线触电。如图10-2-3所示,在发生双线触电时,作用于人体上的电压等于线电压(在380 V/220 V电网中是380 V,大于单相触电的220 V),而且绝缘鞋在这种情况下,也起不到防护作用,所以这种触电是最危险的。

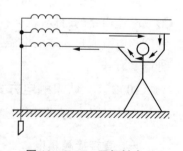

图 10-2-3　双相触电

除了误触电气设备的带电部分外,已停电的设备忽然来电,也是造成直接触电的主要原因。尤其在停电检验时,由于作业职员心理预备不足,一旦停电设备忽然来电,就可能造成伤亡事故。因此,即使在停电检验时,作业职员也必须清楚地意识到,已停电的设备有忽然来电的危险。作业职员应认真采取预防措施,并做好个人的防护工作。

二、间接接触触电

间接接触触电是由于电气设备内部的绝缘故障，而造成其外露可导电部分（例如金属外壳）可能带有危险电压，当人员误接触到设备的外露可导电部分时，便可能发生触电。在设备正常情况下，其外露可导电部分是不会带有电压的。

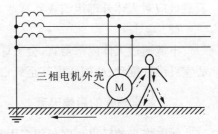

图 10 - 2 - 4　间接接触触电

间接触电大都发生在大风刮断架空线或接户线后，搭落在金属物或广播线上，相线和电杆拉线搭连，或电动机等用电设备的线圈绝缘损坏而引起外壳带电等情况下。

如图 10 - 2 - 4 所示，三相电机带电部件与外壳相连，发生碰壳故障，这时人体一旦与其接触，就可能发生触电，其触电情况与直接触电的单相触电情况相似。

三、跨步电压触电

当高压电气设备发生接地故障（或高压线断落地面），接地电流通过接地体向大地流散，在地面上形成电位分布时，在其接地点 10～20 m 范围形成若干同心圆的分布电位，离接地点越近，地面电位越高。若人在接地点周围行走，其两脚之间的电位差，就是跨步电压。由跨步电压引起的人体触电，称为跨步电压触电。跨步电压 U 的大小及变化规律如图 10 - 2 - 5 所示。跨步电压的大小受接地电流大小、鞋和地面特征、两脚之间的跨距、两脚的方位以及离接地点的远近等很多因素的影响。

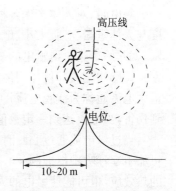

图 10 - 2 - 5　跨步电压触电

人受到跨步电压作用时，电流沿着人的下身，从脚经腿、胯部又到脚与大地形成通路。当人受到较高的跨步电压作用时，双脚会抽筋，使身体倒在地上。这不仅使作用于身体上的电流增加，而且使电流经过人体的路径改变，完全可能流经人体重要器官，如从头到手或脚。经验证明，人倒地后，电流在体内持续作用 2 秒钟，这种触电就会致命。

当发觉跨步电压威胁时，应赶快把双脚并在一起，然后马上用一条腿或两条腿跳离危险区。

四、雷击触电

雷云对地面突出物产生放电，它是一种特殊的触电方式，雷击感应电压高达几十至几百万伏，危害性极大。

10.2.2　触电的伤害

一、触电伤害的主要形式

触电伤害的主要形式可分为电击和电伤两大类。

（1）电伤

电流通过体表时，会对人体外部造成局部伤害，即电流的热效应、化学效应、机械效应以及磁效应对人体外部组织或器官造成伤害，如电弧灼伤、金属溅伤、电烙印等。

（2）电击

电流通过人体内部器官，会破坏人的心脏、肺部、神经系统等，使人出现痉挛、呼吸窒息、心室纤维性颤动、心搏骤停甚至死亡。大多数的触电死亡是由电击造成的。

二、触电伤害的影响因素

触电伤害的轻重程度与很多因素有关。

（1）电流的种类和频率

电流的种类和频率不同，触电的危险性也不同。根据实验可以知道，交流电比直流电危险程度略为大一些，交流电中 50 Hz 左右的频率对人体的伤害是最大的。频率很低或者很高的电流触电危险性比较小些。电流的高频集肤效应使得高频情况下电流大部分流经人体表皮，避免了内脏的伤害，所以生命危险小些。但是集肤效应会导致表皮严重烧伤。

（2）电流的大小

触电时，对人体产生各种生理影响的主要因素是电流的大小。人体允许通过的电流强度与人体重量、心脏大小、触电时间的长短有关。触电时流入人体电流的大小超过一定的界限，就开始产生所谓触电的知觉，此时的电流一般称感知电流，工频感知电流大约为 1 mA 左右。感知电流即使作用体内相当长的时间，也不产生伤害。正常人触电后能自主摆脱的最大电流通称为摆脱电流，工频摆脱电流约为 16 mA 左右。超过摆脱电流，人体可能会受到伤害，当电流达到一定数值时，就可能致命。直流电流在 50 mA 以下对人体是不致命的。

当过量电流通过心脏时，引起心室纤维颤动，甚至会停止心跳。电流通过中枢神经时，可能引起呼吸中枢抑制及心血中枢衰竭，触电后呼吸肌痉挛性收缩，而引起窒息。由于电流的热效应，也可能使触电的人体组织损伤、烧伤、产生坏死等。

在短时间内危及生命的最小电流称为致命电流，工频致命电流为 30～50 mA，一般把 30 mA 作为安全电流值。

（3）触电持续时间

触电持续时间也是很重要的一个因素。如直流 50 mA 以下的数值对人体是安全的，但并不是绝对安全。人体所能承受的电流常常和电击时间有关，如果电击时间极短，人体能耐受高得多的电流而不至于伤害；反之电击时间很长时，即使电流小到 8～10 mA，也可能使人致命。

（4）电流通过的途径

触电对人体的危害还跟电流通过人体的路径有关。电流通过头部会使人昏迷，电流通过脊髓会使人瘫痪，电流通过中枢神经会引起中枢神经系统严重失调而导致死亡。

（5）人体电阻

人体电阻由皮肤电阻和人体内部电阻组成。皮肤电阻取决于一定因素，比如皮肤潮湿度，接触面积，施加的压力和温度等，一般为 $10^4\sim10^5$ Ω，但在电压较高时会发生击穿。皮肤击穿后电阻迅速下降，甚至接近于零，这时只有人体内部电阻。人体内部电阻在 50/60 Hz 交流电时，成人为 1 000 Ω 左右。

10.2.3 安全电压与安全距离

1. 安全电压

安全电压,是指不致使人直接致死或致残的电压。

我国规定的安全电压额定值的等级为 42、36、24、12、6 伏,以对应不同的现场和工况。当电气设备采用的电压超过对应的安全电压时,必须按规定采取防止直接接触带电体的保护措施。

2. 安全距离

安全距离是为防止人体触及或接近带电体,确保作业者和电气设备不发生事故的距离。

为了防止人体触及或过分接近带电体,或防止车辆和其他物体碰撞带电体,以及避免发生各种短路、火灾和爆炸事故,在人体与带电体之间、带电体与地面之间、带电体与带电体之间、带电体与其他物体和设施之间,都必须保持一定的距离。电气安全距离的大小,应符合有关电气安全规程的规定。

10.2.4 绝缘防护

绝缘防护就是使用绝缘材料将带电导体封护或隔离起来,使电气设备及线路能正常工作,防止人身触电事故的发生。绝缘防护是应用最广泛的安全防护措施之一。

按绝缘的部位可分为外壳绝缘、场地绝缘、工具绝缘等,按绝缘的程度可分为基本绝缘、附加绝缘、双重绝缘、加强绝缘。

10.2.5 保护接地

为防止电气装置的金属外壳、配电装置的构架和线路杆塔等带电危及人身和设备安全而进行的接地,称为保护接地。

保护接地就是将正常情况下不带电,而在绝缘材料损坏后或其他情况下可能带电的电器金属部分用导线与接地体可靠连接起来的一种保护接线方式。接地体可用埋入地下的钢管或角钢。通常在电气设备比较集中的地方或必要的地方装设接地极,称为局部接地极,同时在接地条件较好的地方设主接地极,然后将各接地极用干线连接起来,凡需要接地的设备都与接地干线连接,这样就形成了一个保护接地系统。接地系统的接地电阻不应大于 4 Ω。

保护接地可分为三种不同类型,即 TT 系统、IT 系统和 TN 系统。一般将 TT 系统、IT 系统称为接地保护,TN 系统称为接零保护。

一、TT 系统

TT 系统是指将电气设备的金属外壳直接接地的保护系统,称为保护接地系统。第一个字母 T 表示电力系统中性点直接接地;第二个字母 T 表示负载设备外露不与带电体相接的金属导电部分与大地直接连接,采用与系统接地极无关的独立接地极。如图 10 - 2 - 6 所示。

当发生单相碰壳故障时,接地电流经保护线 PE、设备接地装置电阻 R_d、大地、电源的工作接地装

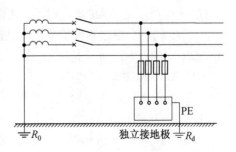

图 10 - 2 - 6 TT 系统

置电阻 R_0 所构成的回路流过。此时若有人触及带电的外壳,则由于设备接地装置的电阻远小于人体的电阻,根据并联电流的分配规律,接地电流主要通过接地电阻,而通过人体的电流很小,从而对人体起到保护作用。

　　当电气设备的相线碰壳或设备绝缘损坏而漏电时,低压断路器不一定能跳闸。若熔断器较大没有熔断,则设备外壳始终带电,造成漏电设备的外壳对地电压高于安全电压,属于危险电压。另外,当漏电电流比较小时,即使有熔断器也不一定能熔断,所以还需要漏电保护器作保护,TT 系统接地装置耗用钢材多,而且难以回收、费工时、费料。

二、IT 系统

　　IT 方式供电系统的 I 表示电源侧没有工作接地,或经过高阻抗接地。第二个字母 T 表示负载侧电气设备进行接地保护。如图 10‑2‑7 所示。

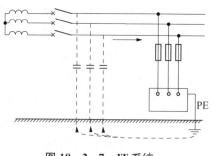

图 10‑2‑7　IT 系统

　　IT 方式供电系统在供电距离不是很长时,供电的可靠性高、安全性好。运用 IT 方式供电系统,即电源中性点不接地,一旦设备漏电,单相对地漏电流很小,不会破坏电源电压的平衡,所以比电源中性点接地的 TT 系统安全。

　　但是,如果用在供电距离很长时,供电线路对大地的分布电容就不能忽视了。在负载发生短路故障或漏电使设备外壳带电时,漏电电流经大地形成架路,保护设备不一定动作,这是危险的。只有在供电距离不太长时才比较安全。这种供电方式在工地上很少见。一般用于不允许停电的场所,或者是要求严格地连续供电的地方,例如电力炼钢、大医院的手术室、地下矿井等处。

三、TN 系统

　　TN 系统就是中性点直接接地,电气装置的外露可接近导体通过保护接地线与该接地点相连接,即设备不单独接地,只系统接地的低压配电系统。第一个字母 T 表示电力系统中性点直接接地;第二个字母 N 表示负载设备外露不与带电体相接的金属导电部分与电力系统的接地点(通常就是中性点)直接电气相连。

　　TN 系统的电力系统中性点直接接地,负载设备的外露可导电部分通过保护线与该点连接。当发生碰壳短路时,短路电流即经金属导线构成闭合回路。在金属导线内形成单相短路,从而产生足够大的短路电流,使保护装置能可靠动作,及时切断电源。

　　TN 系统中,根据其保护线和中性线是否分开,TN 系统又可分为 TN‑C 系统、TN‑S 系统、TN‑C—S 系统等几种。

　　1. TN‑C 系统

　　TN‑C 方式供电系统是用中性线(工作零线)兼作接地保护线,可以称作保护中性线,可用 PEN(或 NPE)表示。

　　如图 10‑2‑8 所示,TN‑C 系统是三相四线制,PEN 即是中性线,又是接地保护线。为了确保安全,严禁在中性线的干线上装设熔断器和开关。除了在电源中性点进行工作接地外,还要在中性线干线的一定间隔距离及终端进行多次接地,即重复接地。

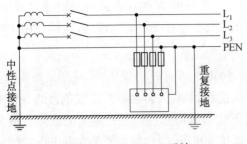

图 10-2-8　TN-C 系统

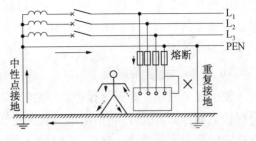

图 10-2-9　TN-C 系统的错误接法

如图 10-2-9 所示的为错误的接法,保护线必须连接在 PEN 的干线上,不可把保护线就近接在用电设备的中性线端子上,这样当中性线断开时,即使设备不漏电,也会将相线的电位引至外壳造成触电事故。

在 TN-C 系统中,一旦负载设备某一相绕组的绝缘损坏而与外壳相通时,就形成单相短路。短路电流很大,足以将这一相的熔断器烧断或使电路中的断路器断开,切断电源,使外壳不再带电,保证了人身安全和其他设备或电路的正常运行。

TN-C 方式供电系统只适用于三相负载基本平衡的场合。如果三相负载严重不平衡,中性线上有较大不平衡电流,则对地有一定电压,与保护线连接的用电设备外露可导电部分都将带电。如果中性线断线,则漏电设备的外露可导电部分带电,人触及会触电。

所以 TN-C 系统普遍用于有专用变压器,三相负荷基本均衡的工业企业。

2. TN-S 系统

TN-S 方式供电系统是把中性线 N 和专用保护线 PE 严格分开的供电系统,从而形成三相五线制供电系统。如图 10-2-10 所示。

系统正常运行时,专用保护线 PE 上没有电流,中性线 N 上可能有不平衡电流。PE 线对地没有电压,所以电气设备金属外壳接地保护是接在专用的保护线 PE 上,安全可靠。若保护线 PE 上出现电流,则表明负载设备有漏电情况。

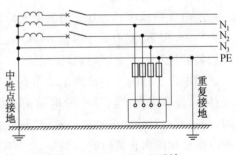

图 10-2-10　TN-S 系统

专用保护线 PE 不许断线,所以不许装设漏电开关、断路器、熔断器等。中性线不得有重复接地,PE 线有重复接地,除 PE 线外其他干线需接入漏电保护器。

TN-S 方式供电系统安全可靠,适用于工业与民用建筑等低压供电系统。

3. TN-C-S 系统

TN-C-S 系统是 TN-C 与 TN-S 系统的混合系统,系统中一部分是 TN-C 系统,而另一部分是 TN-S 系统。TN-C-S 系统适用于配电系统环境条件较差而局部用电对安全可靠性要求较高的场所。比如建筑施工临时供电中,如果前部分是 TN-C 方式供电,而施工规范规定施工

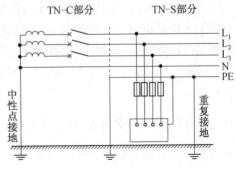

图 10-2-11　TN-C-S 系统

现场必须采用 TN‐S 方式供电系统,则可将 TN‐C 系统的 N 线在进入现场时重复接地,并在接地点另外引出 PE 线,在该点以后 N 线与 PE 线不应有任何电气连接,这样在施工现场便成为 TN‐S 系统。

10.2.6 漏电保护器

漏电保护器也称为触电保护器,是用来防止因设备漏电、人体触电而造成危害的一种安全保护电器,同时还能防止由漏电引起火灾和用于监测或切除各种一相碰地的故障。按其保护功能和用途分类进行叙述,一般可分为漏电保护继电器、漏电保护开关和漏电保护插座三种。

1. 漏电保护继电器

漏电保护继电器是一种具有对漏电流检测和判断的功能,而不具有切断和接通主回路功能的漏电保护装置。漏电保护继电器由零序互感器、脱扣器和输出信号的辅助接点组成。它可与大电流的自动开关(如空气开关、交流接触器等)配合,作为低压电网的总保护或主干路的漏电、接地或绝缘监视保护。

2. 漏电保护开关

漏电保护开关不仅具有对漏电流检测和判断的功能,当主回路中发生漏电或绝缘破坏时,漏电保护开关可根据判断结果将主电路接通或断开。它与熔断器、热继电器配合可构成功能完善的低压开关元件。有的漏电保护开关还兼有过载、过压或欠压及缺相等保护功能。目前这种形式的漏电保护装置应用最为广泛。

3. 漏电保护插座

漏电保护插座是指具有对漏电流检测和判断并能切断回路的电源插座。其额定电流一般为 20 A 以下,漏电动作电流 6~30 mA,灵敏度较高,常用于手持式电动工具和移动式电气设备的保护及家庭、学校等民用场所。

漏电保护器的主要性能是动作电流和动作切除时间。额定漏电动作电流是指在规定的条件下,使漏电保护器动作的电流值。例如 30 mA 的保护器,当通入电流值达到 30 mA 时,保护器即动作断开电源。额定漏电动作时间是指从突然施加额定漏电动作电流起,到保护电路被切断为止的时间。例如 30 mA×0.1 s 的保护器,从电流值达到 30 mA 起,到主触头分离为止的时间不超过 0.1 s。

漏电保护器如果是用于人身保护,应选用动作电流不超过 15 mA 或 30 mA,切除时间在 0.1 s 以内的漏电保护器;在浴室、游泳池等场所漏电保护器的额定动作电流不宜超过 10 mA。在触电后可能导致二次事故的场合,应选用额定动作电流为 6 mA 的漏电保护器。对于不允许断电的电气设备,如公共场所的通道照明、应急照明、消防设备的电源、用于防盗报警的电源等,应选用报警式漏电保护器接通声、光报警信号,通知管理人员及时处理故障。

如用于线路保护与防火,可选用动作电流为 50~1 000 mA 的漏电保护器,切除时间可延长到 0.2~0.4 s。

10.3 任务三 掌握触电急救措施

如果遇到有人触电的情况,要沉着冷静、动作迅速、救护得法。首先要使触电者尽快脱离电源,然后根据具体情况,采用相应的急救措施,直到医护人员到来。

1. 脱离电源

尽快使触电者脱离电源以尽量减小触电者所受的伤害是抢救的第一步,是采取其他急救措施的前提,也是最重要的一步。但在脱离电源前,营救人员不可用手直接接触触电者身体,以免发生新的触电事故。

如开关箱在附近,可立即拉下闸刀或拔掉插头,断开电源。如距离闸刀较远,应迅速用绝缘良好的电工钳或有干燥木柄的利器(斧、锹等)砍断电线,或用干燥的木棒、竹竿、硬塑料管等物迅速将电线拨离触电者。若现场无任何合适的绝缘物,救护人员亦可用几层干燥的衣服将手包裹好,站在干燥的木板上,拉触电者的衣服,使其脱离电源。如果触电者在高空作业,还须预防触电者在脱离电源时坠落。

对高压触电,应立即通知有关部门停电,或由有经验的人采取特殊措施切断电源。

2. 急救措施

触电者脱离电源后,应立即打 120 电话请急救中心前来救护,并视受伤害程度立即进行急救处理,可按以下三种情况分别处理:

(1)触电伤员如神志清醒,应使其就地躺平,严密观察,暂时不要站立或走动。

(2)触电伤员如神志不清,应就地仰面躺平,且确保气道通畅,并用 5 s 时间,呼叫伤员或轻拍其肩部,以判定伤员是否意识丧失。禁止摇动伤员头部呼叫伤员,可掐人中、十宣、涌泉等穴位。

(3)对触电后无呼吸但心脏有跳动者,应立即采用口对口人工呼吸;对有呼吸但心脏停止跳动者,则应立刻进行胸外心脏按压法进行抢救。

(4)如触电者心跳和呼吸都已停止,则须同时采取人工呼吸和胸外心脏按压法等措施交替进行抢救。不要耽搁时间,抢救要分秒必争。

触电急救必须分秒必争,在医务人员未接替救治前,不应放弃现场抢救,更不能只根据没有呼吸或脉搏擅自判定伤员死亡,放弃抢救。

10.4　任务四　学习电气防火防爆措施

电气火灾和爆炸是指由电气原因引起的火灾和爆炸事故。电气火灾和爆炸事故在火灾和爆炸事故中占有很大的比例,仅就电气火灾而言,不论是发生频率还是所造成的经济损失,在火灾中所占的比例都有逐年上升的趋势。配电线路、高低压开关电器、熔断器、插座、照明器具、电动机、电热器具等电气设备均可能引起火灾。电力电容器、电力变压器等电气装置除可能引起火灾外,本身还可能发生爆炸。电气火灾火势凶猛,如不及时扑灭,势必迅速蔓延。电气火灾和爆炸事故除可能造成人身伤亡和设备损坏外,还可能危及电网,造成大面积停电,必须严加防范。

10.4.1　了解电气火灾和爆炸的原因

电气火灾和爆炸发生的原因是多种多样的,例如过载、短路、接触不良、电弧火花、漏电、雷电或静电等都能引起火灾。有的火灾是人为过失的,比如:操作不当,玩忽职守,不遵守有关防火法规,违犯操作规程等。从电气防火角度看,电气设备质量不高,安装使用不当,保养不良,雷击和静电是造成电气火灾的几个重要原因。

1. 过载

电气设备或导线的绝缘材料,大都是可燃材料。属于有机绝缘材料的有油、纸、麻、树脂、沥青、漆、塑料、橡胶等。只有少数属于无机材料,例如陶瓷、石棉和云母等是不易燃材料。过载使导体中的电能转变成热能,当导体和绝缘物局部过热,达到一定温度时,就会引起火灾。

2. 短路、电弧和火花

短路时,在短路点或导线连接松弛的电气接头处,会产生电弧或火花。电弧温度很高,可达 6 000℃以上,不但可引燃它本身的绝缘材料,还可将它附近的可燃材料、蒸气和粉尘引燃。电弧还可能是由于接地装置不良或电气设备与接地装置间距过小,过电压时使空气击穿引起。切断或接通大电流电路时,或大截面熔断器爆断时,也能产生电弧。

3. 接触不良

接触不良,会形成局部过热,形成潜在引燃源。

4. 烘烤

电热器具、照明灯泡,在正常通电的状态下,就相当于一个火源或高温热源。当其安装不当或长期通电无人监护管理时,就可能使附近的可燃物受高温而起火。

5. 雷电

雷电总要伴随高温和强烈火花的产生,使建筑物破坏,输电线或电气设备损坏,油罐爆炸、堆场着火。

6. 静电

静电是物体中正负电荷处于静止状态下的电。随着静电电荷不断积聚而形成很高的电位,在一定条件下,对金属物或地放电,产生有足够能量的强烈火花。此火花能使飞花麻絮、粉尘、可燃蒸气及易燃液体燃烧起火,甚至引起爆炸。近年来,随着石油化工、塑料、橡胶、化纤、造纸、印刷、金属磨粉等工业的发展,静电火灾愈来愈受到人们的高度重视。

10.4.2　掌握电气火灾和爆炸的防护技术

电气火灾和爆炸的防护必须是综合性措施。它包括合理选用和正确安装电气设备及电气线路,保持电气设备和线路的正常运行,保证必要的防火间距,保持良好的通风,装设良好的保护装置等技术措施。

一、防爆电气设备

火灾和爆炸危险环境使用的电气设备,应选用防爆电气设备。防爆电气设备在结构上应能防止由于在使用中产生火花、电弧或危险温度而成为安装地点爆炸性混合物的引燃源。因此,火灾和爆炸危险环境使用的电气设备是否合理,直接关系到工矿企业的安全生产。

二、电气线路防爆

电气线路故障可以引起火灾和爆炸事故。确保电气线路的设计和施工质量,是抑制火源产生、防止爆炸和火灾事故的重要措施。

电气线路一般应敷设在危险性较小的环境或远离存在易燃、易爆物释放源的地方,或沿建、构筑物的墙外敷设。对于爆炸危险环境的配线工程,应采用铜芯绝缘导线或电缆,而不用铝质的。电气线路之间原则上不能直接连接。必须实行连接或封端时,应采用压接、熔焊或钎焊,确保接触良好,防止局部过热。线路与电气设备的连接,应采用适当的过渡接头,特别是铜铝相接时更应如此。

三、隔离和间距

隔离是将电气设备分室安装,并在隔墙上采取封堵措施,以防止爆炸性混合物进入。有些电气设备工作时产生火花和较高温度,其防火、防爆要求比较严格,应适当避开易燃物或易燃建筑构件,保持规定的防火间距。

四、接地

为了防止电气设备带电部件发生接地产生电火花或危险温度而形成引爆源,对《电力设备接地设计技术规程》中规定在一般情况下可以不接地的部分,在爆炸危险区域内仍应接地。

五、电气火灾的监控

为了有效防护电气火灾,必须对电气火灾发生和蔓延的可能性、火灾的种类、火灾对人身和财产可能造成的危害、电气设备安装场所的特点等进行正确分析,并根据分析结果确定相应的火灾监测系统和灭火方法。

10.4.3 了解电气火灾的扑灭方法

火灾发生后,电气设备和电气线路可能仍带电,如不注意,可能导致触电事故。根据现场条件,可以断电的应断电灭火;无法断电的则带电灭火。电力变压器、多油断路器等电气设备内充有大量的油,着火后可能发生喷油甚至爆炸事故,造成火焰蔓延,扩大火灾范围。

1. 先断电再灭火

发生电气火灾时,应首先考虑切断所有电源,然后再扑救,以保证消防人员的安全。切断电源时要注以下几点:

(1) 火灾发生后,由于开关设备可能受烟熏、火烤或受潮,导致其绝缘性下降,因此切断电源时应使用绝缘工具操作,以免触电。

(2) 高压电源的切断程序,要符合其操作规程。

(3) 电源切断后应尽量不影响后续灭火工作的用电。

(4) 如需剪断电线时,不同相的电线应在不同部位剪断,以免造成短路。

2. 带电灭火安全要求

如果由于各种原因,不能断电,则需要带电灭火。带电灭火须注意以下几点:

(1) 应选择适当的灭火器,灭火剂不能导电。

(2) 需要用水枪灭火时宜采用喷雾水枪,并让灭火人员做好绝缘防护。

(3) 人体与带电体之间保持必要的安全距离。

3. 充油电气设备的灭火

充油电气设备着火时,危险性很大。除切断电源外,有事故储油坑的应设法将油放进储油坑,坑内和地面上的油火可用泡沫扑灭,不能用水。要防止燃烧着的油流入电缆沟而顺沟蔓延,电缆沟内的油火只能用泡沫覆盖扑灭。

10.5 任务五 了解防雷措施

雷电是自然界中一种伴有闪电和雷鸣的放电现象。雷电往往随着雷雨云出现,其放电冲击电流很大,电压很高,防护不当,就会造成人员伤亡或设备损失,必须给予重视。

10.5.1 雷电的特点

1. 雷电与雷击

地面上的水受热变为蒸汽,并且随地面的受热空气而上升,在空中与冷空气相遇,使上升的水蒸气凝结成小水滴、小冰晶,形成积云。水滴、冰晶随气流运动,摩擦生电。云中电荷的分布较复杂,但总体而言,云的上部以正电荷为主,下部以负电荷为主。因此,云的上、下部之间形成一个电位差。当电位差达到一定程度后,就会产生放电,这就是我们常见的雷电现象。

由于静电感应,带负电的雷云底层会在大地表面感应出正电荷。这样雷云与大地间形成了一个大的电容器。当电场强度很大,超过大气的击穿强度时,即发生了雷云与大地间的放电,就是一般所说的雷击。

云层之间的放电对人们的危害并不大,但雷云对地面放电时可能会产生严重的破坏作用。

2. 雷电的种类

雷电可分为直击雷、感应雷、雷电侵入波、球形雷四种。

(1) 直击雷

直击雷是云层与地面凸出物之间的放电形成的。直击雷可在瞬间击伤、击毙人畜。巨大的雷电流流入地下,使雷击点及与其连接的金属设施产生极高的对地电压,可能直接导致接触电压或跨步电压的触电事故。

(2) 感应雷

雷电感应分为静电感应和电磁感应两种。

静电感应是由于雷云接近地面,在地面凸出物顶部感应出大量异性电荷所致。雷云与其他部位放电后,凸出物顶部的电荷失去束缚,以雷电波形式,沿突出物极快地传播。

电磁感应是由于雷击后,巨大雷电流在周围空间产生迅速变化的强大磁场所致。这种磁场能在附近的金属导体上感应出很高的电压,造成对人体的二次放电,从而损坏电气设备。

(3) 雷电侵入波

雷电侵入波是由于雷击而在架空线路上或空中金属管道上产生的冲击电压沿线或管道迅速传播的雷电波。雷电侵入波可毁坏电气设备的绝缘,使高压窜入低压,造成严重的触电事故。例如雷雨天室内电气设备突然爆炸起火或损坏,人在屋内使用电器或打电话时突然遭电击身亡都属于这类事故。

(4) 球形雷

巨大的冲击雷电流有时会产生炽热的等离子体,形成一种球形、发红光或极亮白光的火球,直径一般在 20 cm 以上,运动速度大约为 2 m/s,在空中飘动或沿地面滚动,能从门、窗、烟囱等通道侵入室内,或无声消失,或伤害人身和破坏物体,甚至发生剧烈的爆炸,引起严重的后果,极其危险。

3. 雷电的特点

(1) 冲击电流大

闪电的平均电流是 3 万安培,最大电流可达 30 万安培。

(2) 冲击电压高

闪电的电压很高,约为 1 亿至 10 亿伏特。

(3) 放电时间短

一般雷击分为三个阶段,即先导放电、主放电、余光放电。整个过程一般不会超过 60 微秒。

（4）雷电流变化陡度大

雷电流陡度是指在波头部分,雷电流对时间的变化率。雷电流变化陡度很大,有的可达50千安/微秒。

4. 雷电的危害

雷电是能量的瞬间急剧释放,可能危及地面的人员、车辆安全。瞬间遭雷击可能引起建筑、仓库、油库等着火和爆炸,造成物资和人员的巨大损失和伤亡。雷电产生的巨大冲击电流和电磁场,可能危及电力系统和各种信号传输系统,造成巨大经济损失。

10.5.2　防雷措施

一、防护对象

防护雷电的对象可分为人体、建筑物、易燃易爆场所、计算机场地、高电压设备等。不同的对象,雷电的防护措施也有所不同。

1. 人体防雷电

人在遭受雷击时,电流迅速通过人体,可引起呼吸中枢麻痹、心脏骤停,造成不同程度的烧伤,严重者可发生脑组织缺氧而死亡。在雷电多发的夏季,人们对防雷电应该引起高度的重视。

（1）注意关闭门窗,室内人员应远离门窗、水管、煤气管等金属物体。

（2）关闭家用电器,拔掉电源插头,防止雷电从电源线入侵。

（3）在室外时,要及时躲避,不要在空旷的野外停留。在空旷的野外无处躲避时,应尽量寻找低洼之处（如土坑）藏身,或者立即下蹲,降低身体高度。

（4）远离孤立的大树、高塔、电线杆、广告牌。

（5）立即停止室外游泳、划船、钓鱼等水上活动。

（6）如多人共处室外,相互之间不要挤靠,以防雷击中后电流互相传到。

（7）如果你处于暴露区域,孤立无援,当雷电来临时,你感到头发竖起,预示将遭雷击,则应立即蹲下,身子向前弯曲,并将手放在膝盖上。切勿在地下躺平,也不得把手放在地上。

2. 建筑物防雷电

城市的高大建筑物不断增加,建筑物内通信、计算机网络等抗干扰能力较弱的现代化电子设备越来越普及;不少高大建（构）筑物的防护设施不完善使它们的防雷能力先天不足;大量通信、计算机网络系统等未严格按照国家技术规范设计安装防雷电装置便投入使用,这些都成为雷电灾害频繁发生的重要原因。

杜绝雷电灾害重在预防。高大建筑物要按规范要求安装防雷电设施,要严格对建筑物防雷电设施的设计审查、施工监督、竣工验收。

3. 易燃易爆场所防雷电

加油站、液化气站、天然气站、输油管道、储油罐（池）油井、弹药库等易燃易爆场所,如果缺少必要的防雷电设施,将会因雷电灾害造成重大的损失。这类场所除安装防直击雷的设施外,还必须安装防静电感应雷、防电磁感应雷的装置,并指定专人维护。

4. 计算机网络防雷电

为防止计算机及其局域网或广域网遭雷击,首先是合理地加装电源避雷器,其次是加装信号线路和天馈线避雷器。在各设备前端分别要加装串联型电源避雷器（多级集成型）,以最大限度地抑制雷电感应的能量。同时，计算机中心的 MODEM、路由器甚至 HUB 等都有线路出户，这些出户的线路都应视为雷电引入通道，都应加装信号避雷器。对楼内计算机等电子设备进行防护的同时，对建筑物再安装防雷设施就更安全了。

5. 高压设备防雷电

电力系统的发电站、高压变电站、高压输电线路等的高电压设备，在雷电发生时极容易产生超高电压，造成设备损毁。通常在工程上，往往要根据设备的重要性和对高电压的耐受能力采用一级或多级设防。通过采用输电网金具接地、相线与地线间并联电容器或变压器隔离等方法把高电压雷电脉冲的幅值降低，使设备受到保护。

二、防雷装置

1. 避雷针

避雷针由接闪器、引下线和接地装置三部分组成。接闪器是接收雷电用的，安装在高层建筑的顶部或独立的支架上，处于周围建筑物或设备的最高点，是耸立于天空的尖端。引下线是用来连接接闪器和接地体的，引下线应安装于墙外，尽可能短而直，避免弯曲。接地体用以使雷电流均匀地流散入地，可利用废钢管或扁铁等焊接成接地网埋入地下，接地体的电阻应远比附近其他设备接地体的电阻小。

2. 避雷带和避雷网

避雷带是指在屋顶四周的女儿墙或屋脊、屋檐上安装金属带做接闪器的防雷电措施。避雷带的防护原理与避雷线一样，由于它的接闪面积大，接闪设备附近空间电场强度相对比较强，更容易吸引雷电先导，使附近，尤其是比它低的物体受雷击的概率大大减少。

避雷网分明网和暗网。明网防雷电是将金属线制成的网，架在建（构）筑物顶部空间，用截面积足够大的金属物与大地连接的防雷电措施。暗网是利用建（构）筑物钢筋混凝土结构中的钢筋网进行雷电防护。只要每层楼的楼板内的钢筋与梁、柱、墙内的钢筋有可靠的电气连接，并与层台和地桩有良好的电气连接，就能形成可靠的暗网。

3. 避雷器

避雷器又称作电涌保护器。避雷器防雷电是把因雷电感应而窜入电力线、信号传输线的高电压限制在一定范围内，保证用电设备不被击穿。常用的避雷器种类繁多，可分为三大类，有放电间歇型、阀型和传输线分流型。

10.6　任务六　学习安全用电常识

打开手机微信，扫描以下二维码获得本小节内容。

项目小结

1. 电力系统中从发电厂将电能输送到用户的部分称为电力网,是由输电线路与变电所构成的网络,简称电网。

2. 电力系统是由发电、变电、输电、配电和用电等环节组成的电能生产、传输、分配和消费的系统。

3. 电力系统的主体结构由发电厂、电力网和电能用户三个基本部分组成。

4. 将电力系统中从降压变压器出口到用户端的这一段系统称为配电系统。配电系统是由多种配电设备和配电设施所组成的直接向终端用户分配电能的一个电力网络系统。

5. 人体的触电方式可分为直接接触触电、间接接触触电、跨步触电、雷击触电等。

6. 触电伤害的轻重程度与电流的种类和频率、电流的大小、触电持续时间、电流通过的途径、人身体电阻等因素有关。

7. 保护接地可分为三种不同类型,即 TT 系统、IT 系统和 TN 系统。一般将 TT、IT 系统称为接地保护,TN 系统称为接零保护。

8. 电气火灾和爆炸是指由电气原因引起的火灾和爆炸事故。电气火灾和爆炸事故在火灾和爆炸事故中占有很大的比例。

9. 电气火灾和爆炸的防护必须是综合性措施。它包括合理选用和正确安装电气设备及电气线路,保持电气设备和线路的正常运行,保证必要的防火间距,保持良好的通风,装设良好的保护装置等技术措施。

10. 雷电是自然界中一种伴有闪电和雷鸣的放电现象。雷电往往随着雷雨云出现,其放电冲击电流很大、电压很高,防护不当,就会造成人员伤亡或设备损失,必须给予重视。

11. 常见的触电事故,大多数是由于不熟悉安全用电常识,一时疏忽大意,或为了省事不遵守安全操作规程引起的。应掌握在日常生活中要注意的家庭安全用电常识和在与电有关的工作中要用的工作场所安全用电常识。

思考与练习

10-1　什么是电力系统? 电力系统由哪几部分构成? 各部分的作用是什么?

10-2　什么是工厂供电系统? 什么是配电系统?

10-3　变电所与配电所有什么区别?

10-4　根据规定,我国配电系统的电压等级分为哪些?

10-5　人体触电有哪几种方式?

10-6　什么是直接接触触电? 可分为哪几种形式? 哪种更危险?

10-7　什么是间接接触触电? 一般发生在什么情况下?

10-8　什么是跨步电压触电? 应怎样避免?

10-9　触电伤害的主要形式有哪些? 对人体的伤害有什么不同?

10 - 10　　触电伤害的影响因素有哪些？

10 - 11　　什么是安全电压？我国规定的安全电压额定值是多少？

10 - 12　　保护接地可分为哪些类型？叙述每种保护接地系统的工作原理。

10 - 13　　漏电保护器有哪几种类型？它们之间的区别是什么？

10 - 14　　发现有人触电后的急救措施有哪些？

10 - 15　　引发电气火灾和爆炸的原因有哪些？应怎样防护？

10 - 16　　雷电的种类及其特点有哪些？有哪些防雷措施和防雷装置？

10 - 17　　叙述家庭用电常识和工作场所用电常识。

项目十一　电工测量基础

打开手机微信,扫描以下二维码获得项目十一的内容。

附录和部分习题答案

打开手机微信,扫描以下二维码获得附录和部分习题答案。

参考书目

[1] 周新云. 电工技术[M]. 北京:科学出版社,2005.

[2] 王文槿. 电工技术[M]. 北京:高等教育出版社,2005.

[3] 孔晓华. 新编电工技术项目教程[M]. 北京:电子工业出版社,2007.8.

[4] 曹建林. 电工学[M]. 北京:高等教育出版社,2004.

[5] 席时达,电工技术[M]. 北京:高等教育出版社,2007.

[6] 郑彤,电工技术基础[M]. 北京:国防工业出版社,2005.

[7] 林平勇,电工电子技术:少学时[M]. 北京:高等教育出版社,2004.

[8] 史仪凯,电工技术(电工学 I)[M]. 北京:科学出版社,2005.

[9] 董力,电工技术[M]. 北京:化学工业出版社,2005.

[10] 刘蕴陶. 电工电子技术[M]. 北京:高等教育出版社,2005.

[11] 林育兹,电工电子学[M]. 北京:电子工业出版社,2005.

[12] 叶淬,电工电子技术[M]. 北京:化学工业出版社,2004.

[13] 李中发. 电工技术[M]. 北京:中国水利水电出版社,2005.

[14] 宋军,陆秀令,电工技术[M]. 长沙:湖南大学出版社,2004.

[15] 刘国林. 电工电子技术教程与实训[M]. 北京:清华大学出版社,2006.

[16] 顾伟驷,现代电工学[M]. 北京:科学出版社,2005.

[17] 符磊,王久华,电工技术与电子技术基础,上册,电工技术[M]. 北京:清华大学出版社,2005.

[18] 王仁道. 电路原理[M]. 北京:科学出版社,2004.

[19] 邢江勇. 电工电子技术[M]. 北京:科学出版社,2011.

[20] 张静,张明芹. 电工与电子技术[M]. 北京:北京邮电大学出版社,2009.

[21] 陈小虎. 电工电子技术:多学时[M]. 北京:高等教育出版社,2006.